流域农业面源污染
监测评估方法及应用

刘宏斌　翟丽梅　雷秋良　等　著

中国农业科学技术出版社

图书在版编目（CIP）数据

流域农业面源污染监测评估方法及应用 / 刘宏斌等著. --北京：中国农业科学技术出版社，2022.7
ISBN 978-7-5116-5804-3

Ⅰ.①流… Ⅱ.①刘… Ⅲ.①农业污染源-面源污染-污染源监测-研究-中国 Ⅳ.①X501

中国版本图书馆 CIP 数据核字（2022）第 111668 号

责任编辑 陶 莲
责任校对 李向荣
责任印制 姜义伟 王思文

出 版 者 中国农业科学技术出版社
北京市中关村南大街 12 号 邮编：100081
电 话 （010）82109705（编辑室） （010）82109702（发行部）
（010）82109709（读者服务部）
网 址 http://www.castp.cn
经 销 者 各地新华书店
印 刷 者 北京建宏印刷有限公司
开 本 185 mm×260 mm 1/16
印 张 11.5
字 数 273 千字
版 次 2022 年 7 月第 1 版 2022 年 7 月第 1 次印刷
定 价 128.00 元

《流域农业面源污染监测评估方法及应用》

著者名单

主　　著：刘宏斌　翟丽梅　雷秋良

参著人员（按姓氏汉语拼音排序）：

杜新忠　范先鹏　付　斌　郭树芳　胡万里
华玲玲　雷秋良　李文超　李旭东　李　影
连慧姝　刘宏斌　潘君廷　秦丽欢　任天志
王洪媛　武淑霞　习　斌　夏　颖　闫铁柱
翟丽梅　张富林　张　亮

前　言

近年来，我国农业面源污染日益突出，成为湖泊富营养化的重要原因。农业面源污染治理攻坚战已成为新时期国家生态文明建设的重大行动。农业面源污染具有分散性、不确定性、滞后性等特点，导致其监测与评估难度大，对监测技术与评估方法提出了更高的要求。欧美等发达国家在流域农业面源污染监测与评估方面起步较早，目前已形成了较为系统的监测技术体系与定量、定性评估方法。我国在农业生产方式、污染源组成、地形地貌单元、面源污染物迁移输出路径等方面与发达国家差别显著，需要基于我国农业面源污染特征与现状构建监测技术与评估方法，支撑农业面源污染的有效治理与水质改善。

开展流域尺度农业面源污染动态化和规范化监测评估，掌握我国典型流域农业面源污染贡献和来源组成，是加强流域农业面源污染防治工作的基础和重要抓手。本书在2期公益性行业（农业）科研专项的支持下，以我国太湖、三峡库区、洱海等典型流域为研究区域，通过建立3个流域尺度农业面源污染监测与评估试验站，开展了流域农业面源污染监测评估方法的研究与应用。经过十年来的长期探索和实践，逐渐形成了适合我国的流域农业面源污染监测评估方法体系，研究成果可为我国科学开展流域农业面源污染监测评估提供理论指导与技术支撑。本书可为生态学、环境科学等专业的科研工作者、大专院校师生提供研究方法与技术参考，也可为农业环境保护领域的专业技术人员提供技术借鉴与管理依据。

本书由中国农业科学院农业资源与农业区划研究所、云南省农业科学院农业环境资源研究所、湖北省农业科学院植保土肥研究所、上海交通大学等科研院所与高等院校的专家共同撰写，本书是对研究团队典型流域农业面源污染监测与评估研究工作的系统总结。相关研究也得到了中国农业科学院科技创新工程、第二次全国污染源普查科技专项的资助。在此，向所有参与本书相关研究工作的研究人员与技术支撑人员致以衷心的感谢。

在写作过程中，我们力求数据可靠、分析详实、观点客观。由于水平有限，书中不足之处恐难避免，敬请广大读者批评指正。

著　者

2022 年 7 月

目　录

第一部分　流域农业面源污染评估方法介绍

第二部分　定量评估方法在我国典型流域的应用

第三部分　定性评估方法在我国典型流域的应用

第一部分

流域农业面源污染评估方法介绍

1 方法概述

农业是中国经济平稳发展的基石，但不合理的农业生产管理措施也引发了农业面源污染。农业面源污染是指在农业生产和农村生活区域，氮、磷等营养盐及其他污染物受水力驱动以随机、分散、无组织方式进入受纳水体引起的水质恶化。随着工业、城镇污染治理的日益普及，农业面源污染对水环境质量的影响日益凸显，受到世界各国的普遍关注。在美国，面源污染是造成河流、湖泊等地表水体污染的第一大污染源，输出了污染物总量的2/3，其中农业面源污染的贡献占75%左右（USEPA，2003）。在英国，农业面源污染对总磷输出负荷的贡献率在30%~50%（White et al.，2006）。瑞典的农业面源总磷输出量占到了波罗的海入湖负荷的40%（Brandt et al.，2003）。爱尔兰某一农业流域，59%的总磷输出量来源于农业面源污染（McGarrigle et al.，2003）。国外在流域农业面源污染监测评估方面起步较早，目前已形成了较为系统的覆盖流域农业面源污染监测、防控、管理等方面的标准化技术体系，其中美国和欧盟国家走在前列，美国自1972年颁布《清洁水法案》以来，相继出台了流域农业面源污染监测、防治方面相关系列技术规范，欧盟自实施《水框架计划》以来也颁布了一系列有关流域农业面源污染监测、防控方面的技术规范和标准。

进入2000年以后，我国逐步开展农业面源污染相关研究。随着太湖、滇池、巢湖等水域污染事件的不断发生，2007年我国启动了第一次全国污染源普查，结果显示，农业源化学需氧量、总氮和总磷排放量分别占全国排放总量的43.7%、57.2%和67.4%。农业面源污染问题突出，引起了政府和社会的广泛关注。自此，从地方到国家对农业面源污染防治都非常重视，一系列政策规划均明确指出要加强农业面源污染研究与防治。《水污染防治行动计划》提出“控制农业面源污染，制定实施全国农业面源污染综合防治方案。”《农业部关于打好农业面源污染防治攻坚战的实施意见》提出“力争到2020年农业面源污染加剧的趋势得到有效遏制”，并明确要“建立完善农田氮磷流失、畜禽养殖废弃物排放、农田地膜残留、耕地重金属污染等农业面源污染监测体系，摸清农业面源污染的组成、发生特征和影响因素，进一步加强流域尺度农业面源污染监测，实现监测与评价、预报与预警的常态化和规范化，定期发布《全国农业面源污染状况公报》。”

随着以上国家政策和行动计划的实施，农业面源污染防治成为我国的战略性任务。开展流域尺度农业面源污染动态化和规范化监测评估，掌握农业面源污染现状和发展趋势，是加强农业面源污染防治工作的基础和重要抓手。然而，我国农业面源监测评估工作起步晚，监测评估的系统化、规范化水平还较低，对农业面源污染的认识不足，严重制约了农业面源污染防治工作的开展。从2010年公益性行业（农业）科研专项“主要农区农业面源污染监测预警与氮磷投入阈值研究（201003014）”启动至2013年公益性行业（农业）科研专项“典型流域农业源污染入湖负荷及防控技术研究与示范

（201303089）”实施，以中国农业科学院农业资源与农业区划研究所为技术支撑单位，在我国太湖、三峡库区、洱海等典型流域建立了3个流域尺度农业面源污染监测评估试验站。经过十多年的长期探索和实践，逐渐形成了适合我国的流域农业面源污染监测评估方法体系。

农业面源污染的形成受到地形、地貌、气候、人类活动等多重因素的综合影响，影响因素的空间异质性决定了面源污染在较大空间尺度上的均一性较差（空间异质性）；影响农业面源污染形成的部分因素如降水（气候条件）、施肥（人类活动）、植被覆盖（地貌）等在时间上存在一定的变化，决定了农业面源污染在较大时间尺度上的均一性较差（时间异质性）；此外，在迁移过程中，部分污染物会被沉降、吸附或被植物、微生物等生物利用从而滞留在沟渠、河道上，甚至发生形态变化而损失，如氮素反硝化，因此，农业面源污染物的迁移过程非常复杂（迁移过程复杂性）。农业面源污染的时空分异、迁移过程复杂、影响因子多等特点，使得其形成机理非常复杂，难以对其进行多源全过程监测，导致农业面源污染的评估难度较大，严重制约了农业面源污染的防控工作。为了实现农业面源污染的有效防控，国内外科学家对其评估方法进行了广泛而深入的研究，形成了一系列方法。目前，应用较为广泛的评估方法主要有以下五类：①基于监测数据的分析方法，如水文分割法；②定性评估方法，如指数法；③基于小单元监测获得的经验系数法，如输出系数法及全国第一次污染源普查采用的产排污系数法；④基于长时间序列数据建立的输入-输出回归关系法；⑤基于农业面源污染物发生-输移转化过程的机理模型法，如SWAT模型。

1.1 定量评估方法

1.1.1 监测分析法

监测分析法主要应用经验模型（Empirical Models）或称为实证模型（Positivism Models），有时也称为统计模型（Statistic Models）开展流域农业面源污染负荷评估研究。它的研究基础是统计分析，根据长序列降水、水文和水质监测数据，建立面源污染负荷和降水、径流之间的响应关系，通过回归分析构建经验公式来估算流域面源污染负荷。水文分割法是利用经验模型进行监测分析的方法之一，也有研究者称之为平均浓度法。这一方法的主要研究思路是将河流径流过程划分为地表径流和基流两个过程，该方法认为降水径流冲刷是产生面源污染的原动力，面源污染主要由汛期地表径流携带引起，而非汛期的水污染主要由点源污染引起。方法主要应用多年的水文和水质监测数据，分别测算汛期和非汛期流域出口处面源污染物的平均浓度，再根据流域出口处的径流量，计算整个流域的污染负荷并将面源污染负荷从总负荷中区分出来。由水文分割法进一步发展而来的还有降水量差值法，该方法认为只有发生较大降水并产生地表径流时，面源污染物才会流失并进入水体，降水量跟面源污染负荷之间存在相关关系，可以对任意两场洪水产生的污染负荷之差与降水量之差进行回归分析，从而获得降水量与面源污染负荷之间的相关关系。根据该相关关系，结合降水和水文、水质监测数据，估算流域面源污染负荷（蔡明等，2005）。除水文分割法以外，神经网络和灰色关联分析法实质上也属于经验模型，少数研究者应用这些方法也开展了一些探索性研究（杨珏等，2009）。此外，还有一些研究者提出用流域总负荷减去点源污染负荷的方法来估算流域面源污染负荷的思路（于涛等，2008）。

1.1.2　系数法

1.1.2.1　产排污系数法

系数法目前是我国核算农业源氮磷产生和排放量的重要方法。畜禽养殖业和水产养殖业系数分为产污系数和排污系数。其中，产污系数是指在典型的正常生产和管理条件下，一定时间内单个或单位重量的养殖对象所产生的面源污染物的量；排污系数是指正常的养殖生产和管理条件下，一定时间内单个或单位重量的养殖对象所产生的面源污染物未经处理利用而直接排放到环境中的污染物量。种植业为氮磷流失系数，氮磷流失途径分为地表径流和地下淋溶两种，通过对径流和淋溶水量及其含氮量的测定，获取当地农田淋溶和径流损失的总氮、硝态氮和总磷等，结合氮磷肥用量计算农田系统氮磷淋溶和径流系数。种植业氮磷地表径流流失系数指以地表径流途径流出农田的氮磷量占施用肥料量的比例，此系数计算的流失量为农田区域地表径流途径的流失发生量，并不是最终进入周边河流、湖泊或海洋中的量。地下淋溶流失系数指的是以地下淋溶途径淋出根系活动层以下的氮磷量占施用肥料量的比例。系数法一直是我国全国污染源普查中农业源排放（流失）量核算的重要方法，为摸清我国农业生产过程中污染物的排放（流失）量做出重要贡献。由于排放到环境中的污染物进入地表水体还需要经历不同的路径、伴随不同的衰减过程，而系数法并未考虑这些过程，因此，该方法不能明确进入地表水体的污染物中农业源的贡献比例。

1.1.2.2　输出系数模型

输出系数模型（Export Coefficient Models）来自一种称为“单位负荷测算（Unit Load Approach）”的研究思路，这种思路大约是 20 世纪 70 年代在美国发展起来的（Shen et al.，2011），其核心是测算每个计算单元（人、畜禽或单位土地利用类型面积）的污染物产生量，将每个计算单元的平均污染物产生量与人口、畜禽养殖量和土地利用类型面积相乘，估算研究范围内面源污染的潜在产生量。输出系数模型忽略了面源污染复杂的迁移转化过程，可以使用统计数据开展污染负荷计算（Shrestha et al.，2008），其计算区域，既可以是边界明确的流域，也可以是不同等级的行政单元，输出时间步长通常为年平均，也有研究通过方法改进输出时间步长为月和季节的结果。虽然输出系数法不确定性通常比机理模型高（其计算结果只是面源污染的产生潜力，而不是真正进入水体的污染量），但对尺度不敏感，可移植性好，并可以在较大尺度和较长时间段对面源污染负荷进行估算。输出系数模型可以通过系数与各统计量计算汇总的方式得到流域的污染物输出负荷，同时可以解析主要污染物、污染源和污染区（王文章等，2018），具有简单、实用的特点，但也需要一定的实测数据为基础。有研究表明，输出系数模型对于污染物输出的负荷估算较为准确，可在缺乏数据的地区，将净氮/磷输入模型和输出系数模型相结合，进行流域的养分循环及污染风险的评估（Lian et al.，2018）。

1.1.3 机理模型法

机理模型（Physically Based Models）主要基于面源污染发生与迁移过程的机理，通过数学模型对降水径流等水文过程以及其驱动的污染物迁移转化过程进行模拟。机理模型分为陆面和河道两个过程，通常包括计算单元划分、产汇流计算、污染物流失转化和河流水质模拟等子模块，不仅考虑污染物的输入和输出情况，还考虑污染物的迁移转化过程。机理模型一般需要与GIS进行耦合，通过GIS进行地形分析和计算单元划分。机理模型对数据量和数据精度要求较高，通过基于实测数据模型参数的率定和验证，能够获得较高的计算精度，并且由于其机理和过程比较明晰，具有一定的可移植性。目前，无论是国内还是国外，机理模型在面源污染负荷计算方法中都占据了主导地位，国内广泛使用的机理模型主要包括，SWAT（Soil and Water Assessment Tool）、AGNPS（Agricultural Non－point Source pollution）、AnnAGNPS（Annualized Agricultural Non－point Source Pollution）和HSPF（Hydrologic Simulation Program Fortran）等。除此以外，ANSWERS（Areal Non-point Source Watershed Environment Response Simulation）、SWMM（Storm Water Management Model）、WEPP（Water Erosion Prediction Project）等也有一定的应用。

SWAT是目前国内外应用最多的机理模型，以水文响应单元（HRU，Hydrologic Response Unit）作为基本计算单元，参数设置方面将土地利用、土壤和作物类型等属性数据储存在查找表（Lookuptables）中，在北美地区使用时，用户输入研究区域的空间、坡度、土壤性质以及土地管理方式等信息，模型可自动从模型默认的数据库中提取所需要的参数；此外，AnnAGNPS和HSPF模型也有一定的应用（Zhuang et al.，2013；Wang et al.，2015），AnnAGNPS模型的基本原理与SWAT模型类似，在基本计算单元等方面略有差异，AnnAGNPS模型计算单元为不同规格形状的Cell，HSPF模型计算单元为子流域；此外，还有研究者将SWMM模型、WEPP模型等用于面源污染负荷计算研究，与其他模型大多基于源-汇过程开展污染物模拟不同，SWMM模型的污染物模拟基于累积-冲刷原则，由于具有强大的管道水力计算功能，SWMM模型主要应用于城市面源污染负荷的研究（Zischg et al.，2017），WEPP模型则更多应用于土壤侵蚀的研究（Kinnell，2017）。通过汇总分析257篇机理模型的研究结果发现，模型对水文过程的模拟效果总体好于对水质的模拟效果，如氮磷等（Wellen et al.，2015），这与主要的流域面源污染机理模型都是在水文模型的基础上发展起来的有关。由于目前机理模型主要以国外开发为主，相关参数与模拟过程与国内的面源污染发生过程存在差异，因此，目前已有一些学者尝试对模型的参数进行本土化，改进模型的一些模拟过程，以提升模拟结果准确性与合理性。鉴于SWAT模型代码开源界面友好，目前模型改进还主要集中在SWAT模型上。

1.2　定性评估方法

1.2.1　指数法

指数模型基于面源污染物来源和污染物迁移过程的主要影响因子，应用 GIS 空间数据对不同因子进行打分和权重分配，得出面源污染物流失风险分布。目前面源污染评估方面常用的指数模型有磷指数（Phosphorus Index，PI）（Sharpley，1995；Gburek et al.，2000）、氮指数、农业潜在污染指数（Agricultural Pollution Potential Index，APPI）（Yang et al.，2013；Guo et al.，2004），潜在面源污染指数（Potential Non－point Pollution Index，PNPI）（Munafo et al.，2005），磷等级体系（Phosphorus Ranking Scheme，PRS）（Hughes et al.，2005）等。磷指数模型，是发展最早且应用最为广泛的指数模型，其最早由 Lemunyon 和 Gilbert 于 1993 年提出，包括了影响磷素流失的土壤侵蚀、地表径流等迁移因子和土壤测试磷、化学磷肥和有机磷肥的施用量和施用方法等源因子。磷指数模型法最初用于评价农田尺度上磷的流失风险，Gburek（2000）在考虑距离对磷流失潜力影响的基础上，对 Lemunyon 和 Gilbert 的磷指数评价指标体系做了进一步的修正，引入了距离因子，使得该评价体系在流域尺度上具有较强的可操作性（Andersen，2006）。随后，磷指数模型得到了广泛应用和不断发展。作为磷素综合管理的工具，美国 48 个州及欧洲大多发达国家都已建立了各自的磷指数评价体系（Sharpley et al.，2012）。张淑荣（2003）最早将磷指数模型引入中国，将其作为磷素管理工具应用到于桥水库，对磷素面源流失风险进行了评价。此后，磷指数模型法在中国也得到了广泛应用和进一步的发展。目前在磷指数模型法的基础上逐渐演变出了氮指数评价法和氮磷综合指数评价法，应用尺度也逐渐由田块尺度拓展到流域尺度。

1.2.2　人类活动净氮/磷输入法

为了评估人类活动对流域养分平衡的影响，Howarth 等（1996）首先提出人为净氮/磷输入（Net Anthropogenic Nitrogen/Phosphorus Inputs，NANI/NAPI）的概念，用来估算流域中由人类活动导致的不同氮/磷源的输入强度，其结果可以表征区域氮/磷循环受人类活动的影响。对于一个流域而言，有 3 个主体与人类活动息息相关：人类、作物和牲畜（Swaney et al.，2012）。人为净氮/磷输入主要分析人类生产生活所带来的氮/磷素输入状况。净氮输入主要由化肥施用、作物固氮、大气沉降和食品/饲料净投入等四部分组成；净磷输入主要由化肥施用、食品/饲料净投入和洗涤剂等三部分组成（Howarth et al.，1996）。这些过程代表了进入流域的外来输入量（Hong et al.，2011），而污水排放、动物粪便等过程由于不带入新的氮/磷则被看作是氮/磷素在流域内重新分配和循环的过程，因此不作为 NANI/NAPI 的一部分。输入到流域生态系统中的氮/磷元素，主要去向包括流域河流输出、储存在土壤中或进入地下水、氮素还可以通过微生物的反硝化作用重新进入大气。其中，通过河流输出对水环境的危害最大，而被储存的部分可再次释放重新进入水体，具有潜在的危害（Han et al.，2011）。目前，NANI/NAPI

及其衍生方法在美国、欧洲及亚洲地区的不同时空尺度上得到了广泛应用（高伟等，2016；Russell et al.，2008；McIsaac et al.，2002；Han et al.，2014），并且在评估流域人为氮素/磷素输入量与河流养分输出之间的关系（Zhang et al.，2017；Zhang et al.，2015；Han et al.，2013；Han et al.，2011；Chen et al.，2015）方面得到了较好的应用，如利用河流氮磷输出与 NANI/NAPI 的响应关系模拟和分析河流的氮/磷通量。由于氮/磷输入与输出关系易受自然气候、社会经济条件的影响，也有研究模拟不同情景下氮/磷素输出及其变化情况，分析未来水质状况，并且以此为基础，制定不同的管理对策（Han et al.，2009）。人为净氮/磷输入已成为一个摸清流域当前氮/磷素累积和盈余、水体污染状况非常简便、有效的工具。

1.3 常用方法适用性

1.3.1 常用负荷评估方法的适用范围

总体而言，系数法、指数法与物料平衡法的适用范围最广，可以适用于田块、流域及行政区面源污染的评估，且无尺度限制；监测分析法主要应用在一些中小尺度的流域；机理模型的应用范围一般也较广，但以中小流域为主。对于监测数据的依赖性方面，系数法往往是在实测数据的基础上得来；指数法对实测数据的依赖度最小；监测分析完全依赖于实测数据进行分析；机理模型依赖于实测数据对模型进行校准和验证（表 1.1）。

表 1.1 主要评估方法的适用范围分析

类别	实测数据需求度	应用尺度	评估边界	适用区域	目前主要应用国家
监测分析	完全依赖实测数据	以中小尺度流域为主	流域	绝大多数区域	世界大部分国家
系数法	建立在实测数据的基础上	无尺度限制	田块、流域、行政区	绝大多数区域	世界大部分国家
指数法	实测数据需求较小	无尺度限制	田块、流域、行政区	绝大多数区域	美国
人类活动净氮/磷输入法	主要基于统计数据；利用实测数据可建立人类活动净氮/磷输入量与水质响应关系	无尺度限制	流域（居多）、行政区	绝大多数区域	世界大部分国家
机理模型	依赖于实测数据对模型进行校准验证	中小尺度流域应用为主	流域	平原水网区适用性较差	美国、欧洲国家、中国等

经验模型，根据实测数据建立经验公式来预测污染负荷，由于其依赖于实测，且不同流域影响面源污染发生的因子变异较大，该方法的移植性较差。一般适用于内部结构

比较单一的小流域，大多是线性关系或者简单的非线性关系。经验模型同样不考虑污染的迁移转化，无法从机理上对计算公式进行解释，加之这些公式都是通过回归分析获得，因此，模型通常不可移植，在其他流域使用时，必须根据该流域的水文、水质监测数据重新进行分析，但如果研究的流域面积不大、结构简单且能够在流域出口处获得足够长系列的水文、水质监测数据，该方法也可以获得较高的计算精度。指数法可以定性评估空间单元的污染物流失强度或风险，便于识别高风险单元或关键区，但无法估算污染负荷。系数法可以简单方便地估算空间单元或单位的排放负荷，但估算的负荷多通过小区实验（小尺度）获得系数外推获得。小尺度参数在本研究区及外研究区的代表性有多大有待考量，因为面源污染的形成受到地形、地貌、气候、人类活动等多重因素的综合影响，上述因素的空间异质性决定了面源污染在大尺度上的均一性较差。机理模型，以数学模型方式来刻画面源污染的发生和迁移过程，模型的结构机理更加科学明确，但由于机理模型往往由几百上千个参数组成，对基础数据的需求较多，运算繁杂。有关研究表明，当前流域面源污染模型对污染物在输移过程中的变化模拟存在欠缺（Shang et al.，2012）。许多学者采用经验模型、监测分析、机理模型、污染物输入-输出平衡模型等方法对氮、磷、有机物等典型污染物在传输过程中的输移变化进行了估算和预测。然而污染物在水体中的转化过程十分复杂，受到很多因素的影响。水体中污染物的转化过程一般概括为物理、化学、生物等三类过程（Birgand et al.，2007），这些过程均会随着水生环境条件的变化而变化，它们相互之间也存在着交互作用（表1.2）。

表1.2　常用研究方法的优缺点分析

类型	功能作用	优缺点	方法代表
监测分析	估算负荷，识别关键期	结果可信度高，但依赖长期实测数据、成本高	水文分割、降水差值等
指数法	计算氮磷流失潜力，识别流失风险区	方法简单、灵活、可移植；但指数体系的确定缺乏统一标准，主观性强，且仅能获得污染物的流失风险	氮指数、磷指数、APPI等
系数法	估算负荷，识别关键区	方法简单、实用、可移植；一般无法反映污染物流失的时间变化	输出系数、产排污系数
机理模型	估算输出负荷、了解污染形成过程识别关键期/区，预测污染变化	反映面源污染形成机理，功能强大，可以实现多种研究目的；但模型结构复杂，数据需求量大，计算效率低	SWAT、AGNPS、HSPF、ANSWERS等

1.3.2　常用负荷评估方法的应用注意事项

采用监测分析法评估农业面源污染时应注意，在自然流域由于农业面源污染受降水条件影响较大，而降水又具有发生时间的不确定性，野外监测很难获得较为全面的降水类型，因此，常规野外监测得出的污染物流失规律扩展性较差。加之，缺乏对氮、磷从原位到目标水体的输移变化的量化，无法获知某一污染源对受纳水体污染负荷的贡献。

因此，在应用该方法时，可以结合机理模型，有效补充常规监测的不足。

输出系数法对农业面源污染时空分异的特征考虑不足。为减少输出系数这方面的不确定性，可以通过引入流域特性的空间异质性因子，对模型进行改进。例如通过引入传输系数表征污染物向水体传播过程中的损失，考虑采用浓度代替输出负荷，并考虑降水量的空间异质性，采用降水因子和地形因子对输出系数的时空差异性做校正，使模拟结果在空间上有更好的表现。通过上坡贡献区和下坡分配区的识别，引入径流因子和截污因子校正输出系数。还有些研究基于"径流-土地利用类"参数的面源氮磷负荷估算方法，通过监测得到的污染负荷与径流和地类的相关关系建立污染负荷与径流和地类参数的函数，径流由 SCS 方程及修正方程获得，地类参数由土地利用图获得。

鉴于我国耕地面积分布较广，农业生产方式繁多，农田生态系统复杂等特征，在我国建立和应用磷指数模型评价体系时需要注意以下 3 个问题：①因子权重值的确定在参考他人方法的基础上，可以借鉴本研究区内前人发表的磷流失的小区试验结论进行相应的修正；此外，可以根据单位面积施磷量（纯量）和单位面积表层（一般 0~20cm）土壤含磷量确定施肥和土壤磷水平之间的权重值，有机肥和无机肥的权重值可以根据化肥和有机肥施用配比（纯量）确定。②因子等级的划分应以实测数据为基础，如参考研究区小区试验建立的因子——磷素流失曲线划定本研究区的分级标准；由于不同研究区土壤磷含量整体水平不同，应根据实测数据在不同的研究区建立不同的土壤磷水平分级标准。③由于我国的农业区域沟渠系统错综复杂，磷素迁移过程定量化较为困难，借助地理信息系统，以人为汇水区取代栅格作为磷指数计算的单元更加适合我国的情况。为更好地反映流域内污染源情况，欧洋（2008）在源因子中加入了畜禽养殖和农村生活因子。周慧平和高超（2008）对磷指数也进行了一定的改进：污染源因子中增加了土壤磷吸持指数和磷饱和度指标，以期反映土壤磷在水土界面迁移能力的差异；在迁移因子中又考虑了污染源与巢湖的距离，以反映污染源对最终受纳水体的影响。国内其他大多数磷指数模型只是在国外方法的基础上根据研究区实际情况进行了简单修正，如因子水平的优化。Buchanan 等（2013）通过对降水径流的迁移特征进行分析，并以迁移时间作为磷指数的迁移因子，提出了迁移时间-磷指数。该方法使得对迁移因子的评价更加客观合理，也为磷指数向定量化发展迈进了一步。

平原河网区产汇流计算结果不理想，是目前机理模型存在的主要问题之一。国内一些研究者在平原河网区的产汇流方面开展了探索性研究，针对模型无法在平原河网区自动划分汇流区的问题，提出了多边形河网划分法（Yin et al.，2008）与河道嵌入法（Burn-in Algorithm）（Zheng et al.，2010；Xie and Cui，2011）等解决方案，前者运用多边形河网来划分汇流区，将一些骨干河网构成的不规则多边形作为汇流区，多边形汇流区的产水量则根据一定的计算规则分别汇入四周的河道；河道嵌入法首先根据调查资料，概化并绘制研究区域的骨干河网，运用 GIS 软件的"Burn-in"功能，根据河网的空间分布格局，对数字高程模型（Digital Elevation Model，DEM）进行改造，使河道流经地区格点的高程低于周边地区，离河道越近，高程越低，通过这种方法，人为增加研究区的高程起伏，使子流域划分和汇流计算能够顺利完成。但国内在模型改进方面的研究目前主要局限于对水文模拟技术的改进，而水质模拟方面则较少涉及，总体上不够系统和深入。

参考文献

蔡明，李怀恩，庄咏涛，2005. 估算流域非点源污染负荷的降雨量差值法［J］. 西北农林科技大学学报：自然科学版，33（4）：102-106.

高伟，高波，严长安，等，2016. 鄱阳湖流域人为氮磷输入演变及湖泊水环境响应［J］. 环境科学学报（9）：3137-3145.

欧洋，2008. 基于 GIS 的流域非点源污染关键源区识别与控制［D］. 北京：首都师范大学.

王文章，敖天其，史小春，等，2018. 基于输出系数模型的射洪县农村面源污染负荷估算［J］. 环境工程，36（1）：5：173-177.

杨珏，钱新，张玉超，等，2009. 两种新型流域非点源污染负荷估算模型的比较［J］. 中国环境科学，29（7）：762-766.

于涛，孟伟，ONGLEY E D，等，2008. 我国非点源负荷研究中的问题探讨［J］. 环境科学学报，28（3）：401-407.

张淑荣，陈利顶，傅伯杰，等，2003. 农业区面源污染潜在危险性评价-以于桥水库流域磷流失为例［J］. 第四纪研究，23（3）：262-269.

周慧平，高超，2008. 巢湖流域非点源磷流失关键源区识别［J］. 环境科学，29（10）：2696-2702.

ANDERSEN H E，KRONVANG B，2006. Modifying and evaluating a P index for Denmark［J］. Water Air and Soil Pollution，174（1-4）：341-353.

BIRGAND F，SKAGGS R W，CHESCHEIR G M，et al.，2007. Nitrogen removal in streams of agricultural catchments-a literature review［J］. Critical Reviews in Environmental Science and Technology，37（5）：381-487.

BRANDT M，EJHED H，2003. Transport，retentionoch ka “llfo” rdelning-Belastning pa haven Naturva rdsverkets rapport（ISSN 0282-7298）［R］. SEPA report 5247，Stockholm.［In Swedish］.

BUCHANAN B P，ARCHIBALD J A，EASTON Z M，et al.，2013. A phosphorus index that combines critical source areas and transport pathways using a travel time approach［J］. Journal of Hydrology，486：123-135.

CHEN D，HU M，GUO Y，et al.，2015. Influence of legacy phosphorus，land use，and climate change on anthropogenic phosphorus inputs and riverine export dynamics［J］. Biogeochemistry，123（1-2）：99-116.

GBUREK W J，SHARPLEY A N，HEATHWAITE L，et al.，2000. Phosphorus management at the watershed scale：a modification of the phosphorus index［J］. Journal of Environmental Quality，29：130-144.

GUO H Y，WANG X R，ZHU J G，2004. Quantification and index of non-point source pollution in Taihu Lake region with GIS［J］. Environmental Geochemistry and Health，

26: 147-156.

HAN H, ALLAN J D, SCAVIA D, 2009. Influence of climate and human activities on the relationship between watershed nitrogen input and river export [J]. Environmental Science &Technology, 43: 1916-1922.

HAN H, BOSCH N, ALLAN J D, 2011. Spatial and temporal variation in phosphorus budgets for 24 watersheds in the Lake Erie and Lake Michigan basins [J]. Biogeochemistry, 102 (1/3): 45-58.

HAN Y, FAN Y, YANG P, et al., 2014. Net anthropogenic nitrogen inputs (NANI) index application in Mainland China [J]. Geoderma, 213: 87-94.

HAN Y G, LI X Y, NAN Z, 2011. Net anthropogenic nitrogen accumulation in the Beijing metropolitan region [J]. Environmental Science and Pollution Research, 18 (3): 485-496.

HAN Y, YU X, WANG X, et al., 2013. Net anthropogenic phosphorus inputs (NAPI) index application in Mainland China [J]. Chemosphere, 90 (2): 329-337.

HONG B, SWANEY D P, HOWARTH R W, 2011. A toolbox for calculatingnet anthropogenic nitrogen inputs (NANI) [J]. Environmental Modelling & Software, 26: 623-633.

HONG B, SWANEY D P, MCCRACKIN M, et al., 2017. Advances in NANI and NAPI accounting for the Baltic drainage basin: spatial and temporal trends and relationships to watershed TN and TP fluxes [J]. Biogeochemistry, 133 (3): 245-261.

HONG B, SWANEY D P, MORTH C M, et al., 2012. Evaluating regional variation of net anthropogenic nitrogen and phosphorus inputs (NANI/NAPI), major drivers, nutrient retention pattern and management implications in the multinational areas of Baltic Sea basin [J]. Ecological Modelling, 227: 117-135.

HOWARTH R, CHAN F, CONLEY D J, et al., 2011. Coupled biogeochemical cycles: eutrophication and hypoxia in temperate estuaries and coastal marine ecosystems [J]. Frontiers in Ecology and the Environment, 9 (1): 18-26.

HOWARTH R W, BILLEN G, SWANEY D, et al., 1996. Regional nitrogen budgets and riverine N&P fluxes for the drainages to the North Atlantic Ocean: Natural and human influences [J]. Biogeochemistry, 35 (1): 75-139.

HUGHES K J, MAGETTE W L, KURZ I, 2005. Identifying critical source areas for phosphorus loss in Ireland using field and catchment scale ranking schemes [J]. Journal of Hydrology, 304: 430-445.

JOHNES P J, 1996. Evaluation and management of the impact of land use change on the nitrogen and phosphorus load delivered to surface waters: the export coefficient modelling approach [J]. Journal of Hydrology, 183: 323-349.

KINNELL P I A, 2017. A comparison of the abilities of the USLE-M, RUSLE2 and

WEPP to model event erosion from bare fallow areas [J]. Science of the Total Environment, 596: 32-42.

LEMUNYON J L, GILBERT R G, 1993. Concept and need for a phosphorus assessment tool [J]. Journal of Production Agriculture, 6: 483-486.

LIAN H, LEI Q, ZHANG X, et al., 2018. Effects of anthropogenic activities on long-term changes of nitrogen budget in a plain river network region: a case study in the-Taihu Basin [J]. Science of the Total Environment, 645: 1212-1220.

LIU C, WANG Q X, WATANABE M, 2006. Nitrogen transported to Three Gorges Dam from agro-ecosystems during 1980—2000 [J]. Biogeochemistry, 81: 291-312.

MCGARRIGLE M L, DONNELLEY K, 2003. Phosphorus loading from a rural catchment—RiverDeel, County Mayo, Ireland—a tributary of Lough Conn [C] //International Water Association, Diffuse Pollution Conference Proceedings, Dublin.

MCISAAC G F, DAVID M B, GERTNER G Z, et al., 2002. Relating net nitrogen input in the Mississippi River basin to nitrate flux in the lower Mississippi River: a comparison of approaches [J]. Journal of Environmental Quality, 31 (5): 1610-1622.

MUNAFO M, CECCHI G, BAIOCCO F, et al., 2005. River pollution from non-point sources: a new simplified method of assessment [J]. Journal of Environmental Management, 77: 93-98.

RUSSELL M J, WELLER D E, JORDAN T E, et al., 2008. Net anthropogenic phosphorus inputs: spatial and temporal variability in the Chesapeake Bay region [J]. Biogeochemistry, 88 (3): 285-304.

SHANG X, WANG X, ZHANG D, et al., 2012. An improved SWAT-based computational framework for identifying critical source areas for agricultural pollution at the lake basin scale [J]. Ecological Modelling, 226: 1-10.

SHARPLEY A N, BEEGLE D, BOLSTER C, et al., 2012. Phosphorus indices: why we need to take stock of how we are doing [J]. Journal of Environmental Quality, 41: 1710-1719.

SHARPLEY A N, 1995. Dependence of runoff phosphorus on extractable soil phosphorus [J]. Journal of Environmental Quality, 24: 920 -926.

SHEN Z, HONG Q, CHU Z, et al., 2011. A framework for priority non-point source area identification and load estimation integrated with APPI and PLOAD model in Fujiang Watershed, China [J]. Agricultural Water Management, 98: 977-989.

SHRESTHA S, KAZAMA F, NEWHAM L T H, 2008. A framework for estimating pollutant ex-port coefficients from long-term in-stream water quality monitoring data [J]. Environmental Modelling & Software, 23: 182-194.

SWANEY D P, HONG B, TI C, et al., 2012. Net anthropogenic nitrogen inputs to watersheds and riverine N export to coastal waters: a brief overview [J]. Current Opinion in Environmental Sustainability, 4: 203-211.

USEPA, 2003. Non-Point source pollution from agriculture [Z]. USA.

WANG H L, WU Z N, HE C H, et al., 2015. Water and nonpoint source pollution estimation in the watershed with limited data availability based on hydrological simulation and regression model [J]. Environmental Science and Pollution Research, 22: 14095-14103.

WELLEN C, KAMRAN-DISFANI A R, ARHONDITSIS G B, 2015. Evaluation of the current state of distributed watershed nutrient water quality modeling [J]. Environmental Science & Technology, 49: 3278-3290.

WHITE P J, HAMMOND J P, 2006. Updating the estimate of the sources of phosphorus in UK waters [R]. Final Report on Defra project WT0701CSF.

XIE X H, CUI Y L, 2011. Development and test of SWAT for modeling hydrological processes in irrigation districts with paddy rice [J]. Journal of Hydrology, 396: 61-71.

YANG F, XU Z C, ZHU Y Q, et al., 2013. Evaluation of agricultural nonpoint source pollution potential risk over China with a Transformed-agricultural nonpoint pollution potential index method [J]. Environmental Technology, 34: 2951-2963.

YIN H L, JIANG W Y, LI J H, 2008. Simulation of Non-point pollutants evolution in Coastal Plain Island-a case study of Chongming Island [J]. Journal of Hydrodynamics, 20: 246-253.

ZHANG W S, SWANEY D P, HONG B, et al., 2017. Anthropogenic phosphorus inputs to a river basin and their impacts on phosphorus fluxes along its Upstream-Downstream continuum [J]. Journal of Geophysical Research-Biogeosciences, 122 (12): 3273-3287.

ZHANG W, SWANEY D P, HONG B, et al., 2015. Net anthropogenic phosphorus inputs and riverine phosphorus fluxes in highly populated headwater watersheds in China [J]. Biogeochemistry, 126 (3): 1-15.

ZHENG J, LI G Y, HAN Z Z, et al., 2010. Hydrological cycle simulation of an irrigation district based on a SWAT model [J]. Mathematical and Computer Modelling, 51: 1312-1313.

ZHUANG Y H, HONG S, ZHANG W T, et al., 2013. Simulation of the spatial and temporal changes of complex non-point source loads in a lake watershed of central China [J]. Water Science and Technology, 67: 2050-2058.

ZISCHG J, GONCALVES M L R, BACCHIN T K, et al., 2017. Info-Gap robustness pathway method for transitioning of urban drainage systems under deep uncertainties [J]. Water Science and Technology, 76: 1272-1281.

2 流域农业面源污染常用评估方法原理

2.1 监测分析法

常规监测分析法是基于降水、水文和水质监测数据，建立面源污染负荷和降水、径流之间的响应关系，通过回归分析构建经验公式计算面源污染负荷。其基本思路为，根据多年的水文和水质监测数据，首先分别测算非汛期和汛期流域出口处污染物的平均浓度，再根据流域出口处的径流量，就可以计算整个流域的污染负荷并将面源污染负荷从总负荷中区分出来。本研究在常规方法的基础上，经过长期实践研究，形成了基于流域标准监测方法解读农业面源污染负荷的方法。

2.1.1 流域农业面源污染监测标准方法

流域农业面源污染监测主要选取分水线闭合、出水口单一、以农业生产生活为主的流域，通过设置监测断面，采样后监测面源污染相关指标，所得监测结果主要用于农业面源污染负荷的评估。国外在流域农业面源污染监测方面起步较早，我国在农业面源污染方面的监测研究工作起步较晚，尤其在流域尺度上的相关研究更加滞后，流域农业面源污染标准化方面与美国等发达国家的差距较大。目前，我国在流域农业面源污染监测方面多以科研为目的开展相关监测工作，目前现行的标准监测方法主要为《流域农业面源污染监测技术规范》（NY/T 3824—2020）。

流域农业面源污染监测是开展农业面源污染负荷评估及贡献识别的基础。2020 年农业农村部发布了《流域农业面源污染监测技术规范》，对流域农业面源污染监测的主要内容、相关方法、参数进行了规定和说明，是当前农业农村部公布的关于如何开展流域农业面源污染监测和负荷评估的标准方法，为不同流域开展农业面源污染监测和负荷评估提供依据。流域农业面源污染监测方法包括监测断面设置与采样、监测指标及方法、质量控制等内容。监测断面设置是流域农业面源污染监测的重要部分，如果所设监测断面不能代表水质的基本特征，监测频率设置及监测数据的准确性无从谈起（Do et al.，2012）。自 20 世纪 70 年代以来，针对河流水质监测点设置开展了很多研究（Karamouz et al.，2008）。过去，设置水质监测点更多考虑便捷性，如设置在桥上（Strobl and Robillard，2008）。随着地理信息系统技术和数学算法的发展，水质监测点的确定方法有了快速发展，如遗传算法、模糊最佳选择法（Chang and Lin，2014）、克里金法、熵值法（Karamouz et al.，2009）。流域监测断面的位置和密度需要考虑影响水质的自然和人为因素，因此，布设流域监测断面时，需要对流域内这些因素的分布有清晰的了解。此外，监测断面的设置还应确保监测工作长期可持续运行，并兼顾准确性原则。

监测采样包括监测时期、监测频率和样品采集方法等内容。基于农业面源污染发生的时期特征，以及不同时期农业面源污染物输出特征不同的特点，为全面掌握流域农业面源污染状况，流域农业面源污染监测采取周年监测。为反映流域面源污染发生特征，监测周期应至少包含 1 个完整水文年，即应包括汛期和非汛期。监测频率的设置应综合考虑成本和监测的准确度。在以往的研究中，监测频率对监测负荷估算准确度的影响已开展了广泛研究（Chappell et al.，2017；Kerr et al.，2016；Williams et al.，2015）。通常而言，降低监测频率可以减少采样成本（降低频率可以减少采样数量，进而降低成本），但同时会导致污染负荷评估的准确度降低（Kerr et al.，2016；Williams et al.，2015），例如凤羽河流域的研究结果显示，随着监测频率降低，负荷估算的不确定性明显增大，负荷估算的相对误差由三天一次的-4.2%~2.4%增大到每月一次的-21.4%~31.1%（Li et al.，2019）。Reynolds 等（2016）发现，污染负荷估算的不确定性随着监测频率的降低而增大。样品采集应符合现有国家或行业规范和标准的要求。具体来说，控制断面的采样应按《水质 采样技术指导》（HJ 494—2009）的规定执行，如采用自动采样方式时，则自动采样设备应符合《水质自动采样器技术要求及检测方法》（HJ/T 372—2007）的规定。采样位置应在监测断面的中心。水深小于或等于 1 m 时，在水深的 1/2 处采样；水深大于 1 m 时，应在表层下 1/4 深度处采样。监测指标及方法应在充分考虑监测目的基础上结合实际监测能力而确定。为了解流域农业面源污染的负荷通量，监测指标应包括流量和水质。流量监测可选用流速面积法，该方法通过测量监测断面的过水截面积及流速，计算断面流量。过水截面积根据水位和断面形状计算。流速测量可选用流速仪法或浮标法，水位测量可选用水尺或水位计。根据断面形态、水体条件及周边环境，流速仪可选用接触式流速仪，如转子流速仪、超声波流速仪、电磁流速仪等；也可选择非接触式流速仪，如电波流速仪等。开展流量在线监测时，应根据不同的水流场景选择接触式或非接触式流量计。断面冲淤变化不大可选择接触式流量计，接触式流量计主要为超声波流量计，包括时差和多普勒两种。天然场景的无压流宜采用超声波多普勒流量计，并视断面情况（宽深比）选择单探头或者多探头进行分布式布设；断面无回水影响也可以选择非接触式流量计，一般为在线电波流速仪。水质指标的选定主要考虑监测流域污染类型及主要约束指标。针对当前水体富营养化为我国主要水环境问题的现状，水质监测指标应包括水质必测指标：总氮、硝态氮、氨氮、总磷，其他指标视具体流域的水污染类型而定。

2.1.1.1 监测断面设置与采样

开展流域农业面源污染监测需同时设置控制断面和背景断面。

（1）控制断面

断面布设：应在流域总出水口布设控制断面。控制断面应位于顺直河段、河床稳定、水流集中、无急流、无浅滩处，避开死水区、回水区、排水口处。

监测时期及频率：监测周期应最少包含 1 个完整水文年。水质监测时期、时段及采样频率见表 2.1，各监测时段划分所需调查信息参见表 2.2。

流量宜采用自动在线监测，监测频率不低于 6 小时 1 次；如不具备在线监测条件时，可采用人工监测，但应与水质采样同步开展。

表 2.1　控制断面水质监测时期、时段及采样频率

<table>
<tr><th>监测时期</th><th>监测时段</th><th>采样频率</th><th colspan="2">数据用途</th></tr>
<tr><td rowspan="2">农业面源污染剧增期</td><td>时段 1：耕作、施肥等农事活动密集，且发生径流排水并引起控制断面水位明显变化的时段</td><td>1 天 1 次（无自动采样设备）</td><td>—</td><td rowspan="4">用于输出负荷计算所需 C_i 和 Q_i</td></tr>
<tr><td>时段 2：人口剧增时段，如重要节假日或旅游季节</td><td>宜 6 小时 1 次（有自动采样设备）</td><td>用于农村源增量负荷计算所需 C_{r1} 和 Q_{r1}</td></tr>
<tr><td rowspan="2">其他时期</td><td>时段 3：汛期</td><td>1 天 1 次</td><td>—</td></tr>
<tr><td>时段 4：非汛期</td><td>2 周 1 次</td><td>用于污染源基础负荷计算所需 C_j 和 Q_j</td></tr>
</table>

表 2.2　流域信息调查内容

污染源类型	调研内容
基本情况	地形地貌，气象，水文（包括汛期/非汛期），土地利用类型的面积、分布等
农田源	种植制度，耕作方式，作物结构，主要作物的播期、播种面积、化肥用量、施肥方式及集中施肥时期；灌溉水源，主要用水时段，灌溉水量及灌溉方式等
农村源（农村生活和分散养殖）	常住人口数，重要节假日返乡人口数、旅游人数，户用厕所类型、农村人均用水量、生活污水收集处理情况及生活垃圾处置情况；畜禽种类，分散养殖数量，粪便贮存及去向、污水处理及去向等
规模养殖场	规模养殖场名称，养殖场位置（经纬度），畜禽种类及数量，粪污收集、处理利用现状等
工业点源	工业点源名称、工业点源位置（经纬度）、工业污水处理方式、污水处理现状等

（2）背景断面

断面布设：应在基本未受生产生活活动影响的河流源头位置布设背景断面。依据地形、水文等资料结合现场勘查确定背景断面的位置。

监测时期及频率：宜在汛期前、中、后期分别采样 1 次，非汛期采样 1 次。

（3）样品要求

采样方法：按 HJ 494—2009 的规定采样。如为自动采样，则自动采样设备应符合 HJ/T 372—2007 的规定。采样位置应在监测断面的中心。水深小于或等于 1 m 时，在水深的 1/2 处采样；水深大于 1 m 时，应在表层下 1/4 水深处采样。背景断面宜采用人工采样方法。

样品的保存和运输：样品的保存和运输按 HJ 493—2009 的规定执行。

2.1.1.2 监测指标及方法

控制断面应同时监测流量和水质，背景断面可仅监测水质。监测指标及方法见表2.3。

表2.3 监测指标及方法

<table>
<tr><th colspan="2">监测指标</th><th>方法</th><th rowspan="2">依据</th></tr>
<tr><td colspan="2" rowspan="2">流量</td><td>水位-流量关系法①</td></tr>
<tr><td>流速面积法</td><td></td></tr>
<tr><td rowspan="15">水质</td><td rowspan="3">总氮</td><td>碱性过硫酸钾消解紫外分光光度法</td><td>HJ 636—2012</td></tr>
<tr><td>连续流动-盐酸萘乙二胺分光光度法</td><td>HJ 667—2013</td></tr>
<tr><td>流动注射-盐酸萘乙二胺分光光度法</td><td>HJ 668—2013</td></tr>
<tr><td rowspan="2">硝态氮</td><td>气相分子吸收光谱法</td><td>HJ/T 198—2005</td></tr>
<tr><td>紫外分光光度法</td><td>HJ/T 346—2007</td></tr>
<tr><td rowspan="6">氨氮</td><td>纳氏试剂分光光度法</td><td>HJ 535—2009</td></tr>
<tr><td>水杨酸分光光度法</td><td>HJ 536—2009</td></tr>
<tr><td>蒸馏-中和滴定法</td><td>HJ 537—2009</td></tr>
<tr><td>连续流动-水杨酸分光光度法</td><td>HJ 665—2013</td></tr>
<tr><td>流动注射-水杨酸分光光度法</td><td>HJ 666—2013</td></tr>
<tr><td>连续流动-钼酸铵分光光度法</td><td>HJ 670—2013</td></tr>
<tr><td rowspan="1">总磷</td><td>流动注射-钼酸铵分光光度法</td><td>HJ 671—2013</td></tr>
<tr><td rowspan="2">磷酸盐②</td><td>离子色谱法</td><td>HJ 669—2013</td></tr>
<tr><td>连续流动-钼酸铵分光光度法</td><td>HJ 670—2013</td></tr>
</table>

注：①当水位和流量关系呈单一线且稳定，宜选择水位-流量关系法。

②选测指标。

2.1.1.3 流量监测方法

（1）流速面积法

依据过水断面面积 A（m^2）与断面平均流速 V（$m \cdot s^{-1}$），获取控制断面流量 Q（$m^3 \cdot s^{-1}$）。流速面积法分为人工监测方法和在线监测方法。人工监测流量可选用流速仪法或浮标法，应符合 GB 50179—2015 的规定。在线监测流量宜选用接触式或非接触式在线流量计。冲淤变化不大的控制断面可选择超声波时差或超声波多普勒流量计；天然场景的无压流宜采用超声波多普勒流量计，且根据断面的宽深比不同选择1个或1个以上传感器分布式布设的方式；无回水影响的断面也可选择非接触式流量计，宜选用在线电波流速仪。过水断面面积根据水位和断面形状计算，水位可选用水尺或水位计测量。控制断面流量 Q，以立方米每秒（$m^3 \cdot s^{-1}$）计，按公式（2.1）计算：

$$Q = A \times V \tag{2.1}$$

式中：A 为过水断面面积的数值，单位为平方米（m^2）；V 为断面平均流速的数值，单位为米每秒（$m \cdot s^{-1}$）。

（2）水位-流量关系法

根据断面流量 Q（$m^3 \cdot s^{-1}$）与断面水位 D（m）之间的换算关系，获取控制断面流量。通过测量控制断面固定位置不同水位下对应的流量并进行数学关系拟合获得断面流量与水位之间的换算关系。形态规整、且常年有水的控制断面，水位监测设备可选用压力水位计、雷达水位计、浮子式水位计等。监测断面不规整、且水流较小的控制断面，可通过辅助建设量水槽或溢流堰进行测量，应符合 SL 537—2011 的要求。控制断面流量 Q，以立方米每秒（$m^3 \cdot s^{-1}$）计，按公式（2.2）计算：

$$Q = f(D) \tag{2.2}$$

式中：D 为断面水位的数值，单位为米（m）。

2.1.1.4　质量控制

应保证每次采样位置准确，断面采样点可设置标识或 GPS 定位。应定期管护监测断面及监测设备，发现问题及时维修；水质检测质量控制，应严格按照 HJ/T 92—2002 中的要求执行；异常数据判断和处理应符合 HJ 91.1—2019 的规定。

2.1.2　流域农业面源污染负荷评估

2.1.2.1　污染源输出负荷计算

（1）污染源总负荷

污染源总负荷，为年度流域各污染源污染物输出量总和。

污染源总负荷 L，以千克（kg）计，按公式（2.3）计算：

$$L = \frac{\sum (C_i \times Q_i) - C_0 \times \sum Q_i}{1\,000} \tag{2.3}$$

式中：C_i 为控制断面单次采样某一污染物浓度的数值，单位为毫克每升（$mg \cdot L^{-1}$）；Q_i 为控制断面单次采样对应时段流量的数值，单位为立方米（m^3）；C_0 为背景断面某一污染物的年均浓度的数值，单位为毫克每升（$mg \cdot L^{-1}$）。若无背景断面，C_0 为 0。

（2）污染源基础负荷

污染源基础负荷，包括点源负荷和农村源基础负荷。

选取监测时段 4（表 2.1）的污染源输出量折合为全年的污染源基础输出量，污染源基础负荷 L_j，以千克（kg）计，按公式（2.4）计算：

$$L_j = \frac{\sum (C_j \times Q_j) - C_0 \times \sum Q_j}{\sum t_j \times 1\,000} \times t \tag{2.4}$$

式中：C_j 为监测时段 4（表 2.1）控制断面单次采样某一污染物的浓度的数值，单位为毫克每升（$mg \cdot L^{-1}$）；Q_j 为监测时段 4（表 2.1）控制断面单次采样对应时段内的流量的数值，单位为立方米（m^3）；C_0 为背景断面某一污染物的年均浓度的数值，单位为毫克每升（$mg \cdot L^{-1}$）；t_j 为单次取样时段对应的天数的数值，单位为天（d）；t 为一年的天数的数值，单位为天（d）。若无背景断面，C_0 为 0。

2.1.2.2 农村源输出负荷计算

（1）农村源基础负荷

农村源基础负荷，为年度内污染源基础负荷中来自农村源的量。

农村源基础负荷 L_{r0}，以千克（kg）计，按公式（2.5）计算：

$$L_{r0} = \frac{P_{h0} + P_{l0}}{P_{h0} + P_{l0} + P_{p0} + P_{g0}} \times L_j \tag{2.5}$$

式中：P_{h0} 为其他时期农村生活污染物排放量的数值，单位为千克（kg）；P_{l0} 为其他时期分散养殖污染物排放量的数值，单位为千克（kg）；P_{p0} 为其他时期点源污染物排放量的数值，单位为千克（kg）；P_{g0} 为其他时期规模养殖污染物排放量的数值，单位为千克（kg）；L_j 为污染源基础负荷的数值，单位为千克（kg）。P_{h0}、P_{l0}、P_{p0} 和 P_{g0} 参照全国污染源普查排污量计算方法，并结合调查信息进行计算。

（2）农村源增量负荷

农村源增量负荷，为年度内监测时段 2（表 2.1）农村源输出负荷与农村源基础负荷的差值。

农村源增量负荷 ΔL_r，以千克（kg）计，按公式（2.6）计算：

$$\Delta L_r = \frac{\sum (C_{r1} \times Q_{r1}) - C_0 \times \sum Q_{r1} - L_j \times \dfrac{t_{r1}}{t}}{(P_{h1} + P_{l1}) \times 1\,000} \times (P_{h2} + P_{l2}) \tag{2.6}$$

式中：C_{r1} 为监测时段 2（表 2.1）内非汛期时控制断面单次采样某一污染物的浓度的数值，单位为毫克每升（$mg \cdot L^{-1}$）；Q_{r1} 为监测时段 2（表 2.1）内非汛期时控制断面单次采样对应时段内的流量的数值，单位为立方米（m^3）；C_0 为背景断面某一污染物的年均浓度的数值，单位为毫克每升（$mg \cdot L^{-1}$）；L_j 为污染源基础负荷的数值，单位为千克（kg）；t_{r1} 为监测时段 2（表 2.1）内非汛期的时长的数值，单位为天（d）；t 为一年的天数的数值，单位为天（d）；P_{h1} 为监测时段 2（表 2.1）内非汛期时生活源污染物排放量的数值，单位为千克（kg）；P_{l1} 为监测时段 2（表 2.1）内非汛期时分散养殖污染物排放量的数值，单位为千克（kg）；P_{h2} 为监测时段 2（表 2.1）生活源污染物排放量的数值，单位为千克（kg）；P_{l2} ——监测时段 2（表 2.1）分散养殖污染物排放量的数值，单位为千克（kg）。P_{h1}、P_{l1}、P_{h2} 和 P_{l2} 参照全国污染源普查排污量计算方法，并结合调查信息进行计算。若无背景断面，C_0 为 0。

2.1.2.3 农田面源输出负荷计算

农田面源输出负荷，为年度内来自农田面源的污染物输出量，污染源总负荷与污染源基础负荷和农村源增量负荷的差值。

农田面源输出负荷 L_f，以千克（kg）计，按公式（2.7）计算：

$$L_f = L - L_j - \Delta L_r \tag{2.7}$$

式中：L 为污染源总负荷的数值，单位为千克（kg）；L_j 为污染源基础负荷的数值，单位为千克（kg）；ΔL_r 为农村源增量负荷的数值，单位为千克（kg）。

2.1.2.4　农业面源输出负荷计算

农业面源输出负荷，为年度内来自农村源和农田面源的污染物输出量。

农业面源输出负荷 L_n，以千克（kg）计，按公式（2.8）计算：

$$L_n = L_{r0} + \Delta L_r + L_f \tag{2.8}$$

式中：L_{r0} 为农村源基础负荷的数值，单位为千克（kg）；ΔL_r 为农村源增量负荷的数值，单位为千克（kg）；L_f 为农田面源输出负荷的数值，单位为千克（kg）。农村源输出负荷包括农村源基础负荷和农村源增量负荷。

2.1.2.5　污染物输出途径分析

（1）水量分割

国际上普遍将总径流划分为地表径流和基流，其中，地表径流为地表表层产生的直接径流，基流为除地表径流外剩余的部分。其中，基流包括地下水回归流和慢速壤中流。本研究按照这种划分概念选用基流分割程序（Base Flow Index，BFI）（Tzoraki et al.，2014；Arnold and Allen，1999），对流域总径流进行了分割。

（2）水质分割

参照 Schilling 和 Zhang（2004）的方法，将总径流中基流流量比例大于90%时的水质监测数据视为基流中氮的浓度。某月基流中氮的流量平均浓度根据以下公式计算：

$$C_m = \frac{\sum_{i=1}^{n} Q_{base\_i} \times C_{base\_i}}{\sum_{i=1}^{n} Q_{base\_i}} \tag{2.9}$$

式中：C_m 为某月基流中氮的流量平均浓度（$mg \cdot L^{-1}$），Q_{base_i} 为某月内第 i 次基流流量比例大于90%时基流的流量（$mm \cdot d^{-1}$），C_{base_i} 为某月内第 i 次基流流量比例大于90%时基流中氮的浓度（$mg \cdot L^{-1}$）；n 为该月内基流流量比例大于90%的次数。

（3）输出途径分析

某月基流氮的输出负荷为基流分割出的该月基流流量与该月基流中氮流量平均浓度的乘积。某月总径流氮的输出负荷为各采样时段氮的浓度与对应总径流量乘积的和。某月地表径流氮的输出负荷为该月总径流与基流氮输出负荷的差。某月地表径流中氮的流量平均浓度为该月地表径流氮的输出负荷与该月地表径流流量的比值。

2.1.2.6　污染物输出变异分析

为了比较流量与溶解态氮浓度的随时间的变异，我们根据日尺度监测数据计算了每周内流量和溶解态氮浓度的变异系数。计算公式如下：

$$CV = \frac{RMSE}{C_m} \tag{2.10}$$

式中：$RMSE$ 为一周内流量或溶解态氮浓度的均方根差（$n=7$），C_m 为一周内流量或溶解态浓度的平均值。

2.2 系数法

2.2.1 产排污系数法

2.2.1.1 种植业流失系数

种植业流失系数测算是在现场监测的基础上获得的。氮磷排放途径分为地表径流和地下淋溶，通过对径流和淋溶水量及其水污染物浓度的测定，获取当地农田淋溶和径流损失的总氮、硝态氮和总磷等水污染物的量，结合氮磷肥用量计算农田系统氮磷的淋溶和径流系数。

第 i 种植模式的氮磷表观流失系数（%）的计算公式，以总氮为例：

$$e_i(\%) = \frac{P_i}{F_i} \times 100\% \tag{2.11}$$

式中：e_i 为第 i 种种植模式的氮流失系数，单位为百分比（%）；P_i 为第 i 种植模式的总氮流失强度，单位为千克每公顷（$kg \cdot hm^{-2}$）；F_i 为第 i 种植模式的氮肥施用量，单位为千克每公顷（$kg \cdot hm^{-2}$）。

根据抽样调查获取的区域多种种植模式的面积和施肥量，区域种植业源排污计算公式如下：

$$L = \sum_{j=1}^{m} \sum_{i=1}^{n} (e_i \times A_{ij} \times F_{ij} \times 10^{-3}) \tag{2.12}$$

式中：L 为种植业源总排放量，单位为吨每年（$t \cdot a^{-1}$）；e_i 为第 i 种种植模式下流失系数，单位为百分比（%）；A_{ij} 为第 j 个子区域第 i 种植模式面积，单位为公顷（hm^2）；F_{ij} 为第 j 个子区域第 i 种植模式的氮肥施用量，单位为千克每公顷（$kg \cdot hm^{-2}$）；n 为种植模式的数量；j 为区域内子区域的数量。

2.2.1.2 养殖业产排污系数

污染物产生量：第 i 类畜禽养殖的水污染物产生量等于第 i 类畜禽的养殖量乘以产污系数。区域内畜禽养殖业源某水污染物产生量计算公式如下：

$$F = \sum_{i=1}^{n} (f_{i规模} A_{i规模} + f_{i养殖户} A_{i养殖户}) \times 10^{-3} \tag{2.13}$$

式中：F 为畜禽养殖业源总产生量，单位为吨每年（$t \cdot a^{-1}$）；$f_{i规模}$ 和 $f_{i养殖户}$ 分别为第 i 类畜禽规模化养殖场和养殖户的某类污染物的产污系数，单位为千克每头/羽每年（$kg \cdot 头^{-1}/羽^{-1} \cdot a^{-1}$）；$A_{i规模}$ 和 $A_{i养殖户}$ 分别为第 i 类畜禽规模化养殖场和养殖户的存/出栏量，单位为头/羽。

污染物排放量：第 i 类畜禽养殖的水污染物排放量，等于第 i 类畜禽养殖量与污染物的排放系数相乘。区域内畜禽养殖业源某水污染物排放量计算公式如下：

$$Q = \sum_{i=1}^{n} (e_{i规模} A_{i规模} + e_{i养殖户} A_{i养殖户}) \times 10^{-3} \tag{2.14}$$

式中：Q 为畜禽养殖业源总排放量，单位为吨每年（$t \cdot a^{-1}$）；$e_{i规模}$ 和 $e_{i养殖户}$ 分别为

第 i 类畜禽规模化养殖场和养殖户的某类污染物的排污系数，单位为千克每头/羽每年（kg·头$^{-1}$/羽$^{-1}$·a^{-1}）；$A_{i规模}$和 $A_{i养殖户}$分别为第 i 类畜禽规模化养殖场和养殖户的存/出栏量，单位为头/羽，n 为区域内畜禽养殖种类数。

2.2.1.3　农村生活源产排污系数

农村生活源水污染物产生量计算公式如下：

$$P = \sum_{i=1}^{n} Q_i \times f_a \times 365 \times 10^{-6} \tag{2.15}$$

式中：P 为农村生活污水污染物产生量，单位为吨每年（t·a^{-1}）；Q_i 为第 i 个行政村农村常住人口数，单位为人；f_a 为人均污染物产污强度，单位为克每人每天（g·人$^{-1}$·d^{-1}），n 为行政村个数。

农村生活源水污染物排放量计算公式如下：

$$Q = \sum_{i=1}^{n} P_i \times (1 - e_i) \tag{2.16}$$

式中：Q 为农村生活污水污染物排放量，单位为吨每年（t·a^{-1}）；P_i 为第 i 个行政村农村生活源水污染源产生量，单位为吨每年（t·a^{-1}）；e_i 为第 i 个行政村的污染物去除率，单位为百分比（%），n 为行政村个数。

2.2.2　输出系数

其核心是测算每个计算单元（人、畜禽或单位土地面积）的污染物产生量，将每个计算单元的平均污染物产生量与总量相乘，估算研究范围内面源污染的潜在产生量。Johnes（1996）在总结以往输出系数法研究成果的基础上发表了规范的输出系数模型方程，该模型已经成为输出系数法的经典模型，国内输出系数法方面的研究，大多基于该模型或稍做改进。

$$L = \sum_{i=1}^{n} E_i A_i I_i + p \tag{2.17}$$

式中：L 为研究区域的总污染负荷量；n 为土地利用类型的种类或牲畜、人口等不同的污染来源，E_i 为第 i 种土地利用类型、牲畜或人口的污染物输出系数；A_i 为第 i 种土地利用类型的面积或牲畜、人口的数量；I_i 为第 i 种污染物的单位输出量；p 为来自降水的污染物输出量。

本方法所涉及的参数的获取方式，其中污染源数量主要通过统计数据或调研获取，输出系数主要根据样区监测或以往文献数据，降水的污染物输出量主要根据降水量及降水中污染物的浓度计算。

2.3　机理模型法

本研究以当前常用机理模型——SWAT 模型为例介绍机理模型法评估农业面源污染的基本原理。SWAT（Soil and Water Assessment Tool）模型是美国农业部（USDA）农业研究中心（Agricultural Research Service，ARS）开发的流域尺度模型。模型是一个具有物理基础的，以日为时间尺度进行连续多年的动态模拟。SWAT 模型被用于在具有不同土壤类型、土地利用类型的和管理条件特征的流域内，预测土地管理措施对产流、产沙以及农业化学污染物负荷等的影响。SWAT 模型在 SWRRB 模型的基础上发展而来，并融合了 ARS 等模型的特点。SWAT 模型模拟的流域水文过程分为两部分：一是水文循环的陆面部分（即产流和坡面汇流部分），包括每个子流域内坡面上降水产流、土壤侵蚀、营养物的运移转化等过程（图 2.1）；二是水体汇流演算部分，指流域陆面部分产生的径流、泥沙、营养物等在河道中的运移转化过程（图 2.2）。

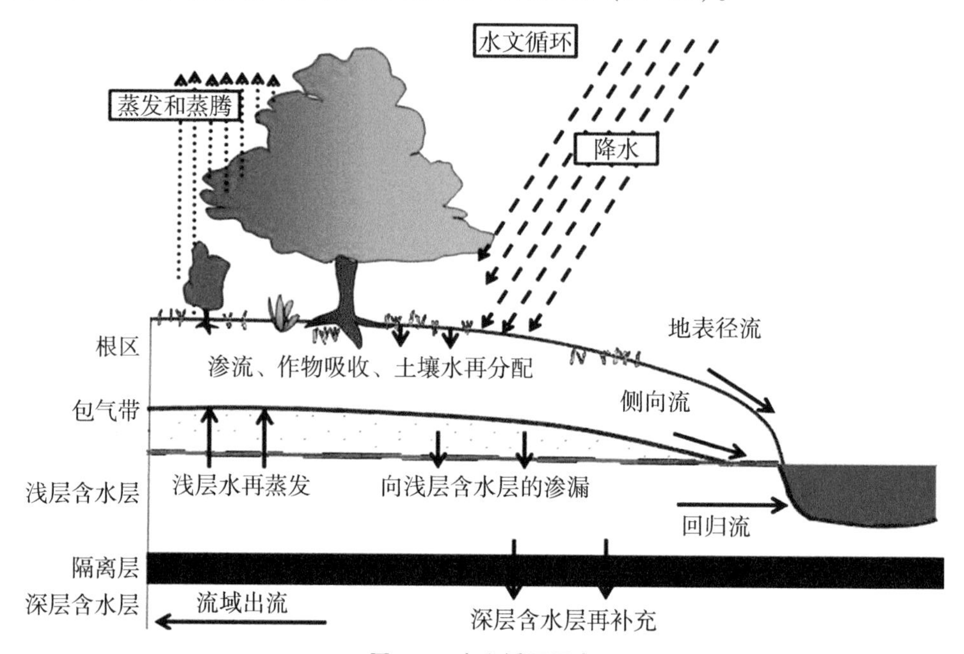

图 2.1　水文循环示意

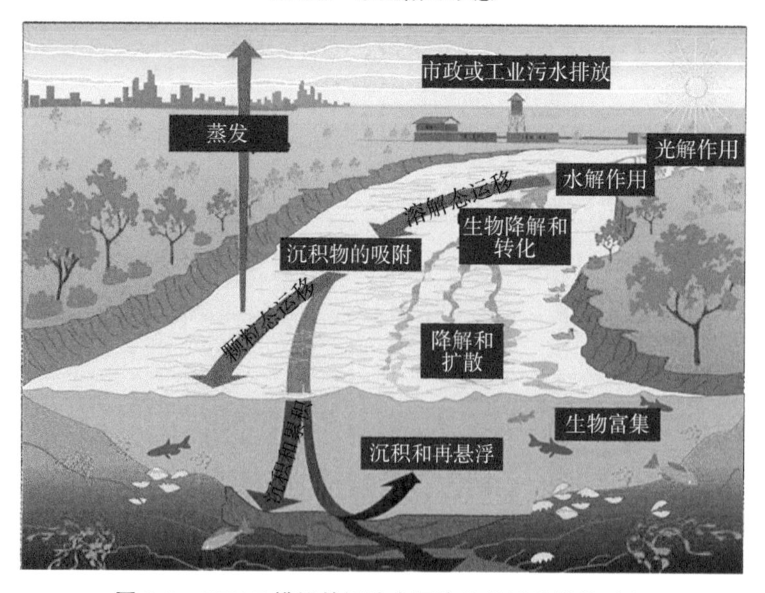

图 2.2　SWAT 模拟的河流中污染物的迁移转化过程

2.4　流域农业面源入湖负荷评估方法

农业面源污染的形成是个复杂的过程，上述介绍的方法中，监测分析法基于流域出口污染物输出的实测数据，可以识别农业面源污染的特征、规律和影响因素，但无法反映农业面源污染的形成过程；指数方法虽然反映了农业面源污染主要的形成过程，但其将主要过程进行了指数化，仅能定性评估农业面源污染的发生风险，无法量化农业面源污染物的输出负荷；人类活动净氮输入法主要基于物质平衡原理，可建立流域人为净氮磷输入与流域河流氮磷输出负荷的响应关系，分析主要输入源对输出，即农业面源污染输出负荷的影响，该方法属于黑箱法，无法识别农业面源污染的形成过程；机理模型法（如SWAT）属于过程模型，该方法基于农业面源污染的形成过程，包括坡面流失过程和河道迁移汇流过程，模拟流域农业面源污染负荷，但由于该方法主要计算流域污染物的总输出负荷，无法直接显示各个源的贡献。本章基于上述方法的优缺点，提出了基于原位流失和输移衰减过程的农业面源污染入湖负荷评估方法（Li et al.，2018；Hua et al.，2019）。该方法采用SWAT机理模型计算污染物的输移衰减过程，采用系数法计算不同源的原位流失，结合上述两种方法优点的入湖负荷评估方法可以计算不同农业源的氮磷入湖负荷，区分不同农业源的污染贡献。

2.4.1　评估方法提出的背景

由于农业面源污染物迁移途径及过程的复杂性，当前对污染物原位流失与入水体负荷相关关系的研究还较为缺乏，且已有方法很难区分入水体污染负荷的来源（Xia et al.，2016）。目前估算农业面源污染输出负荷的方法很多，诸如系数法、指数法、机理模型等（Wellen et al.，2015），其中，基于过程的机理模型可以模拟污染负荷的空间分布特征、量化污染物在迁移过程中的衰减，因而，得到了广泛应用。目前，常用的机理模型包括SWAT、AGNPS、AnnAGNPS和HSPF等。这些机理模型融合了污染物流失、迁移、转化相关的生物、化学及物理过程等模块，可以模拟水文、泥沙运移、作物生长及养分循环等过程。此外，机理模型通常将流域划分为多个离散的空间单元，如水文响应单元等，以反映农业面源污染的空间异质性。

SWAT模型是当前应用较为广泛的机理模型，属于基于过程的半分布式模型（Arnold et al.，2010）。SWAT模型可以用来模拟农业面源氮、磷等元素的原位流失、污染物在河道的迁移、转化过程（Shen et al.，2015；Grizzetti et al.，2015；Chen et al.，2014a）。然而，以往的研究仅分析了污染物在河道中的转化过程，未能量化污染物从原位至目标水体过程中的衰减。Chen等（2014b）提出了基于SWAT河道模拟结果结合河道汇流关系，来量化污染物（如氮）从原位迁移至目标水体过程中衰减的方法。该方法量化了原位氮进入目标水体的负荷。但该方法未能区分不同污染源对污染负荷的贡献。本研究在该方法的基础上，提出了基于原位流失-输移衰减的农业面源污染入湖负荷评估方法（Li et al.，2018；Hua et al.，2019）。该方法采用系数法计算不同农业源的氮磷原位流失量、采用SWAT机理模型计算河道氮磷输移衰减量、基于子流域（河道）空间汇流关系量化污染物从原位进入到目标水体的输移距离，既可以计算不同农业源污染物入水体负荷、区分不同农业源污染负荷的贡献，也可以量化污染物从原位输移至目标水体的衰减量。

2.4.2 评估方法的理论框架

所构建的基于原位流失-输移衰减的农业面源污染负荷评估方法建立在农业面源污染形成过程的基础上。一般而言，将农业面源污染的形成过程概化为原位流失和输移衰减过程，因此，所构建的农业面源污染评估方法量化了污染物的原位流失过程和输移衰减过程（图 2.3）。其中，原位流失采用系数法（产排污系数法）进行量化，输移衰减过程采用 SWAT 模型进行量化。所采用产排污系数法是全国第一次污染源普查所用方法，该方法对主要农业源（即种植业源、养殖业源和农村生活源）氮磷的产污和排污过程进行了系数法量化。基于产排污系数法，可以计算种植业源（农田土壤本底、化肥）的氮磷流失量、养殖业源（主要养殖类型）的氮磷产生和排放量以及农业生活源（人粪尿、生活污水等）氮磷产生和排放量。所采用 SWAT 模型，是当前应用较为广泛的农业面源污染机理模型，其主要采用 QUAL2E 模型来量化氮磷在河道中的转化过程（沉积、吸附-解析、反硝化、生物利用等），该模型的原理详见 SWAT 模型原理（Neitsch et al.，2010）。

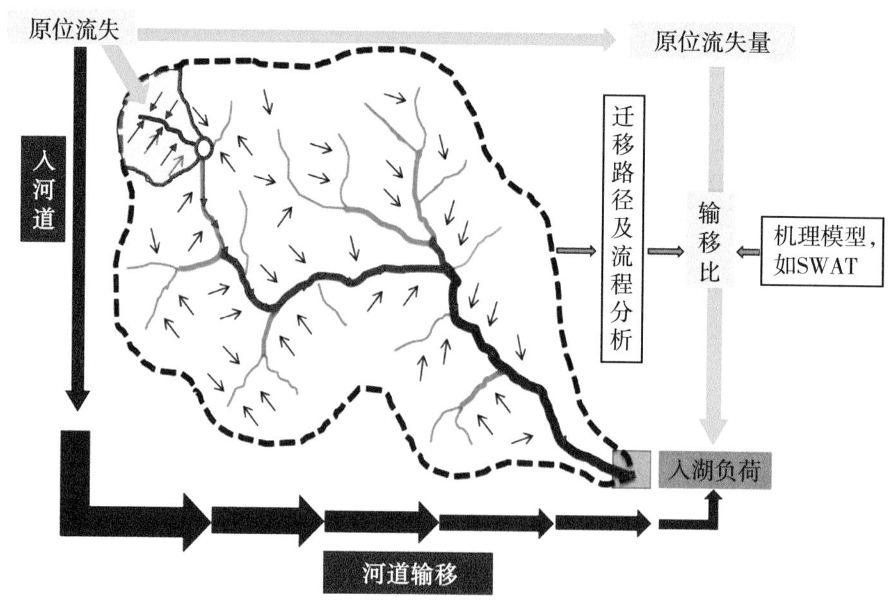

图 2.3 评估方法的理论框架

2.4.3 评估方法的计算步骤

所构建的基于原位流失-输移衰减的农业面源污染负荷评估方法根据以下几个步骤计算农业面源氮磷的入水体负荷（图 2.4）：①子流域划分，每个子流域由若干个水文响应单元及 1 条河道组成，水文响应单元是根据空间地理环境信息相似性划分的空间离散单元，水文响应单元包含有相同的地形（坡度）、相同的土地利用方式及相同的土壤类型；②迁移路径识别，迁移路径的识别包括流经的子流域及迁移距离，根据每个子流域在空间上的分布关系，分析每个子流域内原位氮素（来源于水文响应单元）流出流域（进入目标水体）所经过的子流域，以及流经子流域内所有河道的长度（迁移距离）；③计算每个子流域氮素原位流失量（子流域内每个水文响应单元氮素流失量的和）；④计算目标子流域原位氮素迁移进入目标水体所流经的各个子流域河道的衰减系数；⑤计算目标子流域原位氮素进入目标水体前在各个子流域河道迁移过程的衰减系数。

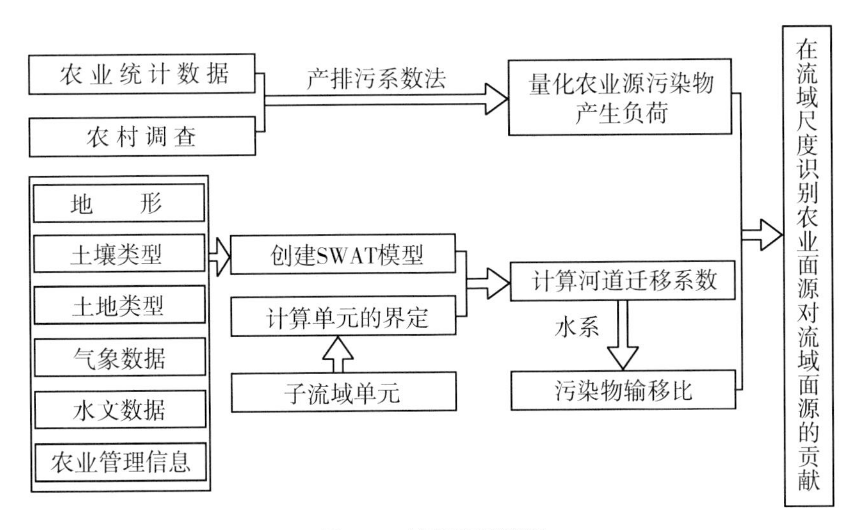

图 2.4　计算步骤流程

具体的计算步骤及过程如下。

（1）空间单元划分

基于地形、土地利用及土壤等影响氮、磷流失的下垫面因素及径流形成的汇水面，划分空间单元作为氮、磷原位流失的计算单元。

（2）农业源氮、磷原位流失量计算

农业源氮磷的原位流失量采用第一次污染源普查获得的产排污系数法来计算。

计算公式如下：

$$SUB_{i\_source} = E_{i\_fertilizer} \times A_{i\_fertilizer} + E_{i\_base} \times A_{i\_cropland} + E_i \times A_i \quad (2.18)$$

式中：SUB_{i_source} 为子流域 i 的原位流失量；$E_{i\_fertilizer}$ 为肥料流失系数；$A_{i\_fertilizer}$ 为肥料投入量；E_{i_base} 为耕地基础流失系数；$A_{i\_cropland}$ 为耕地面积；E_i 为畜禽或人口的污染物排污系数；A_i 为畜禽养殖数量或人口数量。

（3）输移比计算

输移比指从原位流失的氮/磷经输移变化后的量与原位流失量的比值。在文献调研的基础上，采用应用较为广泛的 SWAT 模型来计算输移比。SWAT 模型将输移过程概化为河道过程，将流域划分为子流域，子流域之间由河道来链接。模型可以计算每个子流域内进入河道及输出河道的负荷，后者与前者的比值为该子流域的输移比。某一子流域内，氮、磷从原位流失后迁移至入湖的过程（流出流域）的输移比，为该子流域输移比与其内原位流失氮、磷迁移至入湖过程流经子流域的输移比的乘积。输移比（*Transfer coefficient*）的计算公式如下：

$$Ttransfer\ coefficient = \prod_{j=i}^{n} \frac{RCH_{j\_out}}{RCH_{j\_in}} \tag{2.19}$$

式中：*Transfer coefficient* 为输移比；RCH_{j_out} 为河道输出负荷；RCH_{j_in} 为入河道负荷；i 为原位流失氮、磷来源所在子流域的编号；n 为原位流失氮、磷从原位子流域迁移到流域出口所流经子流域的数量。

（4）农业源氮、磷入湖负荷

来自某一空间单元农业源的流域氮、磷入湖负荷为该单元农业源氮、磷原位流失量与输移比的乘积。

2.5　流域畜禽粪尿输出负荷估算方法

畜禽粪尿氮素的流域输出负荷估算方法见图 2.5。该方法包括以下几个步骤：①畜禽粪尿氮素的流失负荷（进入临近地表水的污染量）估算；②畜禽粪尿流失的氮素在

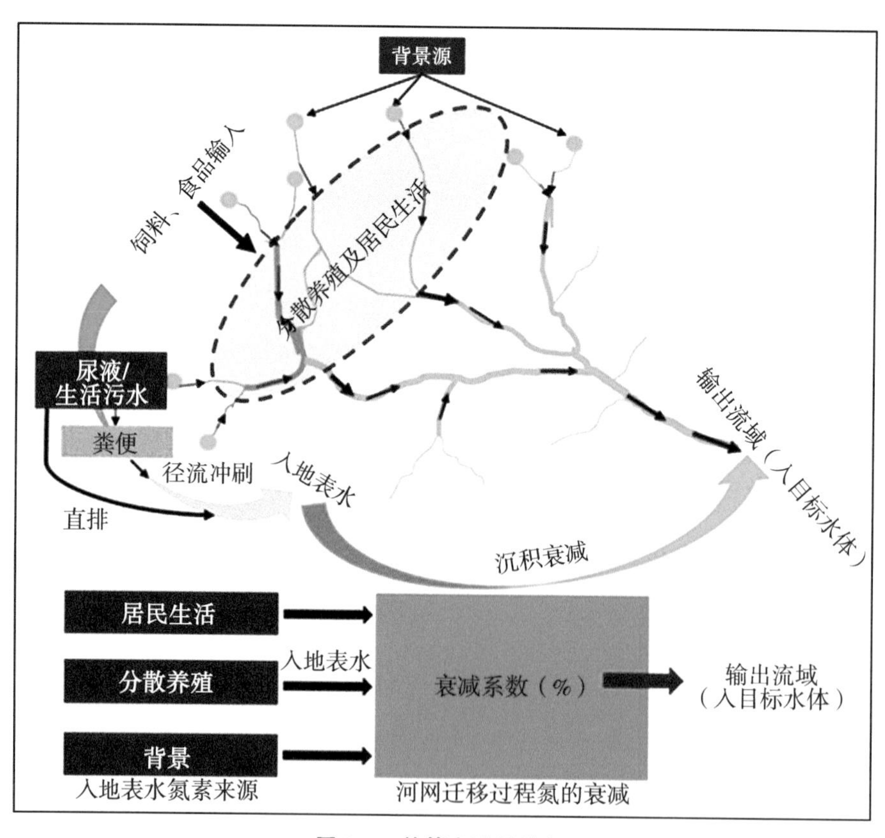

图 2.5　估算方法的流程

河网中的衰减系数计算，根据相同径流条件下河网氮素输出量（流域输出量）与输入量（原位流失量）的差值计算；③畜禽粪尿氮素的流域输出负荷根据畜禽粪尿氮素的流失量及其在河网中的衰减系数计算（公式 2.20）。

$$Export_{livestock} = Loads_{livestock} \times (100-R) \div 100 \tag{2.20}$$

式中：$Export_{livestock}$ 为畜禽粪尿氮素的每日流域输出负荷（$kg \cdot km^{-2} \cdot d^{-1}$）；$Loads_{livestock}$ 为畜禽粪尿氮素的原位流失量（$kg \cdot km^{-2} \cdot d^{-1}$）；$R$ 为原位流失氮素在河网中的衰减系数（%）。

2.5.1　原位流失量估算

分散养殖畜禽粪尿氮素的原位流失途径包括尿液的直排和剩余尿液（$Loads_{urine}$）与粪便堆置过程中的流失（$Loads_{manure}$）。尿液的直排量根据尿液的产生量和直排系数计算。其中，尿液的产生量根据产污系数法计算，尿液的直排系数根据农户抽样调查获取。分散养殖畜禽粪尿氮素原位流失量的计算根据以下公式：

$$Loads_{livestock} = Loads_{urine} + Loads_{manure} \tag{2.21}$$

$$Loads_{urine} = \sum_{i=1}^{n} L_{u\_i} \times F_{u\_i} \times N_i \div 100 \times R_d \tag{2.22}$$

式中：L_{u_i} 为畜禽类型 i 尿液的产生当量（$kg \cdot head^{-1} \cdot day^{-1}$）；$F_{u\_i}$ 为畜禽类型 i 产生的尿液中总氮的含量（%）；N_i 为畜禽类型 i 的数量；R_d 为尿液的直排系数。

$$Loads_{manure} = \sum_{i=1}^{n} [L_{u\_i} \times F_{u\_i} \times N_i \div 100 \times (1 - R_d) + L_{m\_i} \times F_{m\_i} \times N_i \times N_{day} \div 100] \times R_{runoff} \div 100 \tag{2.23}$$

式中：$1-R_d$ 代表产生的尿液除直排外随粪便一块堆置；L_{m_i} 为畜禽类型 i 粪便产生当量（$kg \cdot head^{-1} \cdot day^{-1}$）；$F_{m\_i}$ 为畜禽类型 i 产生的粪便中总氮的含量（%）；R_{runoff} 为粪便堆置过程中发生径流时，堆置粪便氮素的流失系数；N_{day} 为发生径流时粪便的堆置天数。

（1）粪便堆置过程氮素流失系数计算

堆置粪便遇到径流时氮素流失系数采用模拟降水实验进行估算。模拟降水过程等降水量取径流水，并测试其总氮浓度。绘制粪便氮素流失量随累积降水量的关系图，建立粪便氮素流失系数与降水量的关系式（2.24）：

$$R_{runoff} = 0.0013 Rainfall - 0.0220 \tag{2.24}$$

式中：R_{runoff} 为堆置粪便氮素的流失系数；$Rainfall$ 为单次降水事件的降水量（大于 16.5 mm）。

（2）氮素流失时的堆置天数计算

通常堆置的粪便一年内还田 2 次，1 次在 5 月，另一次在 9 月。本研究将 5 月 1 日和 9 月 1 日设定两次还田的日期。因此，5 月 2 日和 9 月 2 日为粪便堆置开始日期，堆置天数（N_{day}）的计算根据径流发生日期及粪便堆置开始日期计算。

2.5.2 河道衰减系数计算

氮素在河道迁移中的衰减系数根据相同径流条件下河道氮素入河量及河道输出量的差值进行计算。由于基流条件下入河氮素的来源较为单一，因此，根据基流指数大于95%条件下的河道氮素入河量及河道输出量的差值计算河道氮素的衰减系数。计算步骤如下。

（1）基流条件下河道氮素输出量的计算

河道氮素输出量为河道流量及河流氮素浓度的乘积。流量加权河流氮素月均浓度（FWMC）为月内河道氮素输出量与河道流量的比值。暴雨径流期，河道氮素日输出量为小时河道氮素输出量的累加值。

采用基流分割程序对日尺度河道流量划分为地表径流及基流流量（Arnold and Allen，1999）。地表径流及基流中氮素的浓度采用 Schilling 和 Zhang（2004）文献中的方法，假定基流指数大于90%时的河流氮素浓度即为基流中氮素的浓度。流量加权的基流氮素月均浓度为月内基流指数大于90%的河道氮素输出总量与河道流量的比值。月内基流氮素输出总量为流量加权的基流氮素月均浓度与月内基流总流量的乘积。月内地表径流氮素输出总量为月内河道氮素输出量与基流氮素输出量的差值。

（2）河道氮素入河量的计算

基流条件下入河氮素的来源包括背景源（源头氮素输出量）及生活污水及养殖尿液的直排。背景源氮素输出量，即源头水氮素的输出量为源头水流量与其氮素浓度的乘积。源头水中氮素的浓度通过水样采集测试获得。本研究中，分季节共采集24个源头水样，经测试发现，源头水氮素季节性变化较小，平均浓度为（0.25 ± 0.06）$mg \cdot L^{-1}$，因此，采用0.25 $mg \cdot L^{-1}$作为源头水氮素浓度进行源头水氮素输出的计算。养殖尿液的直排量根据公式2.22计算，生活污水的直排量根据公式2.25计算：

$$Loads_{people} = L_{u\_people} \times F_{u\_people} \times N_{people} \div 100 \times 0.2 \quad (2.25)$$

式中：L_{u_people}为生活污水的单位排放当量（$kg \cdot 人^{-1} \cdot d^{-1}$）；$F_{u_people}$为生活污水中总氮含量百分比（%）；$N_{people}$为人口；0.2为生活污水的直排系数。

（3）河道氮素衰减系数的计算

河道氮素的衰减系数（R）根据如下公式2.26进行计算：

$$R = (Loads_{base} - Export_{base}) / Loads_{base} \times 100\% \quad (2.26)$$

式中：$Loads_{base}$为基流条件下河道氮素的入河量（$kg \cdot km^{-2} \cdot d^{-1}$）；$Export_{base}$为同等径流条件河道输出量。

2.6 磷指数法

磷指数模型将影响磷素流失的因子分为源因子和迁移因子两类，以指数大小来量化对磷流失的影响程度，并通过专家经验设定不同因子的权重。目前纳入磷指数中的因子主要有以下几种，见表2.4。

表 2.4 磷指数模型评价体系因子组成（汇总）

因子类型		表征形式	必须性
源因子	土壤磷素状况	土壤总磷	必选
		土壤速效磷	必选
		土壤磷吸持指数	可选
		土壤磷饱和度	可选
		土壤基质类型	可选
	外源肥料投入	有机肥施用量	必选
		化肥施用量	必选
		施肥方式	必选
		磷平衡因子	可选
		磷源系数	可选
迁移因子	土壤侵蚀	通用土壤流失方程	必选
	降水径流	坡度、土壤渗透性、洪水频率	必选
		CN 值	可选
		径流量	可选
	地下排水因子	地下径流潜力、地下排水系统	可选
	作用距离	迁移距离	必选
		水文重现期	可选
	连通性因子	沟渠性质	必选
		缓冲带	可选
		道路及田块边界	可选
	削减距离	距受纳水体距离	可选

在大多数磷指数模型中，磷指数值的计算一般采用以下 3 种方法：相加法、相加-相乘法、相乘-相加法。

2.6.1 相加法

最初的磷指数模型将磷流失影响因子划分为土壤侵蚀、地表径流、土壤磷含量、化肥及有机肥的施用量及施用方法等几个单独因子。根据因子测定值的大小将其分为无、低、中、高、极高等 5 个等级，每一个等级分别对应一个等级分值，如 0、1、2、4、8，并赋予每个因子相应的权重值。磷指数值通过加权法求得，计算公式如下：

$$PI = \sum_{i=1}^{n} (F_i \times W_i) \tag{2.27}$$

式中：PI 为磷指数值；F_i 为第 i 个因子的等级分值；W_i 为第 i 个因子的权重。

2.6.2 相加-相乘法

由于 Lemunyon 和 Gilbert（1993）提出的磷指数模型仅考虑每个因子对磷流失的单独影响，未考虑到因子之间相互作用产生的交叉影响，因此，实际应用中会出现一些较大的偏差。王丽华等（2006）指出，在以上磷指数模型评价体系下，假如源因子水平很高，但迁移因子很小甚至为零，得出的磷指数值仍然很高，这就与实际情况不相符。

因此，Gburek 等（2000）对磷指数模型评价体系进行了修正，根据各种影响因子的特点将其划分为源因子和迁移因子两类，且二者之间的关系相乘。乘法关系保证了磷流失高风险区同时满足源因子和迁移因子的条件，使评价结果更加符合实际情况。修正后的磷指数计算公式如下：

$$PI = (\sum_{i=1}^{m} S_i W_i) \times (\sum_{j=1}^{n} T_j W_j) \tag{2.28}$$

式中：S_i 为第 i 个源因子的等级分值；W_i 为第 i 个源因子的权重；T_j 为第 j 个迁移因子的等级分值；W_j 为第 j 个迁移因子的权重。目前大多数磷指数模型评价体系便是采用这种相加-相乘的计算方法。

2.6.3 相乘-相加法

由于不同源因子的迁移途径不同，通过不同迁移途径流失的磷在形态上和数量上也不相同，因而，分别计算每个迁移方式的磷流失，然后相加得到的磷指数值更加符合实际。美国爱荷华州、威斯康星州、弗吉尼亚州等便采用相乘-相加法来计算磷流失情况：首先根据迁移途径的不同将迁移方式划分为土壤侵蚀、地表径流、亚地表排水 3 部分；其次，根据相乘法计算每部分的磷指数值；最后相加汇总得到最终的磷指数值，计算公式如下：

$$PI = T_{runoff} \times \left(\sum_{i=1}^{l} S_i W_i\right) + T_{erosion} \times \left(\sum_{j=1}^{m} S_j W_j\right) + T_{subsurface} \times (\sum_{k=1}^{n} S_k W_k) \tag{2.29}$$

式中：T_{runoff}为地表径流迁移因子的等级分值；S_i 为第 i 个源因子的等级分值；W_i 为第 i 个源因子的权重；$T_{erosion}$为土壤侵蚀迁移因子的等级分值；S_j 为第 j 个源因子的等级分值；W_j 为第 j 个源因子的权重；$T_{subsurface}$表示亚地表排水迁移因子的等级分值；S_k表示第 k 个源因子的等级分值；W_k表示第 k 个源因子的权重。这种磷指数值的计算方法使得磷指数模型评价体系更加客观化。

2.7 人类活动净氮/磷输入法

在流域中，氮磷循环与人类生产和生活活动密切相关，如：农作物生产、畜禽养殖。流域的氮磷输入输出过程见图 2.6。通常来说，NAPI 模型认为与流域人类活动有关的磷源主要为化肥施用、大气沉降、食品/饲料输入、种子磷输入及含磷洗涤剂的使用；而对于 NANI 模型来说，农作物固氮也被作为重要氮源。

根据人类活动氮/磷的输入输出过程得到 NANI/NAPI 的计算公式如下：

$$\mathrm{NANI} = N_{im} + N_{fer} + N_{cro} + N_{dep} \tag{2.30}$$

$$\mathrm{NAPI} = P_{im} + P_{fer} + P_{nf} \tag{2.31}$$

式中：N_{im}和 P_{im}分别表示食品/饲料氮输入量和磷输入量，这个指标可以看作是人类及畜禽氮磷摄入量与氮磷产量的差值；N_{fer}和 P_{fer}分别表示氮肥、磷肥输入量，这个参

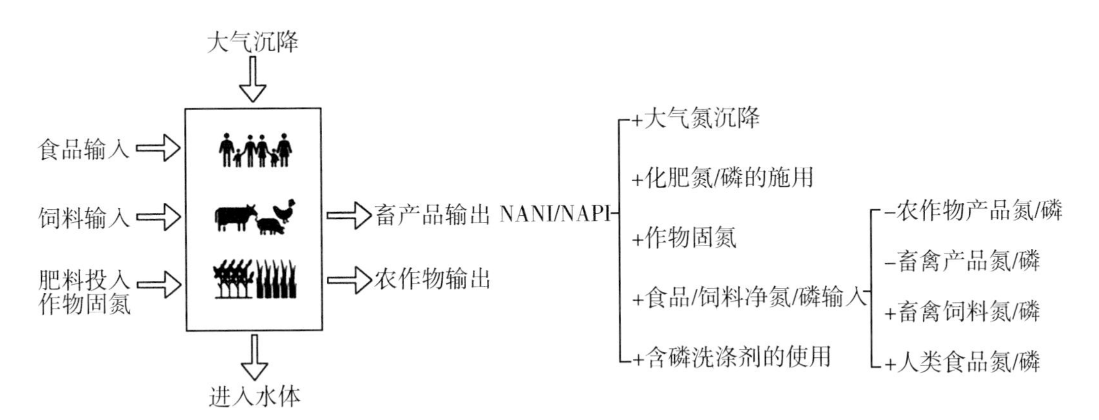

图 2.6　人类活动氮/磷输入输出过程

数可以直接采用统计年鉴中氮肥、磷肥折纯量数据进行计算，它可以在此有机肥的氮磷输入看作系统内部循环，不计算在内；N_{cro}为作物固氮量，通过种植面积与单位面积固氮量的乘积进行计算；N_{dep}为大气氮沉降量；P_{nf}为非食物磷的输入（洗涤剂）。

食品/饲料氮输入量（N_{im}）计算公式如下：

$$N_{im}=N_{hc}+N_{lc}-N_{lp}-N_{cp} \tag{2.32}$$

式中：N_{hc}为人类食品氮消费量；N_{lc}为畜禽养殖过程饲料中的氮的消耗量；N_{lp}为畜禽产品氮产量；N_{cp}为作物氮生产量。

$$N_{hc}=\frac{(Pop1\times Pro1+Pop2\times Pro2)\times 365}{6.25\times 10^{6}} \tag{2.33}$$

式中：N_{hc}为人类食品氮消费量，由流域人口数量以及单位人口的氮摄入量（由蛋白质需求及转换系数 6.25 计算）来确定；$Pop1$ 为区域城镇人口数量（人）；$Pop2$ 为区域农村人口数量（人）。

$$N_{lc}=\sum_{i=1}^{n}(AN_i\times ANI_i\times 10^{-3}) \tag{2.34}$$

式中：N_{lc}为畜禽养殖过程中消耗的饲料中的氮素，由流域内养殖种类和数量及其氮素摄入水平来计算；AN 为养殖数量（头或只）；n 为区域养殖的畜禽种类数量；i 为畜禽种类；ANI 为氮素摄入水平（$kg\cdot h^{-1}\cdot a^{-1}$）。

$$N_{lp}=\sum_{i=1}^{n}AN_i\times(ANI_i-ANO_i)\times r_{edi}\times 10^{-3} \tag{2.35}$$

式中：N_{lp}为畜禽产品氮产量，即流域内畜产品的总的氮含量，根据畜禽的数量、氮素需求以及氮素排泄水平来计算；ANO 为畜禽氮素排泄水平（$kg\cdot h^{-1}\cdot a^{-1}$）；$r_{edi}$为畜禽可食用部分比例。

$$N_{cp}=\sum_{j=1}^{m}CP_j\times PC_j \tag{2.36}$$

式中：N_{cp}为作物氮生产量，根据作物产量及氮含量来确定；j 为作物种类；m 为区域作物种类的数量；CP 为作物产量（t）；PC 为作物的含氮量。

以上各项的计量单位采用 $t \cdot a^{-1}$ 或 $kg \cdot km^{-2} \cdot a^{-1}$，NAPI 各项计算具体参考 NANI 计算公式。具体 NANI 和 NAPI 计算方法及参数选取可参照文献（高伟等，2016）。

参考文献

水利部长江水利委员会水文局，2015. 河流流量测验规范：GB 50179—2015［S］. 北京：中国计划出版社.

王丽华，2006. 密云县境内密云水库上游地区磷流失风险性评价［D］. 北京：首都师范大学.

中华人民共和国环境保护部，2003. 水污染物排放总量监测技术规范：HJ/T 92—2002［S］. 北京：中国环境科学出版社.

中华人民共和国环境保护部，2008. 水质自动采样器技术要求及检测方法：HJ /T 372—2007［S］. 北京：中国环境科学出版社.

中华人民共和国环境保护部，2009. 水质　采样技术指导：HJ 494—2009［S］. 北京：中国环境科学出版社.

中华人民共和国环境保护部，2009. 水质　采样样品的保存和管理技术规定：HJ 493—2009［S］. 北京：中国环境科学出版社.

中华人民共和国环境保护部，2014. 水质　磷酸盐的测定　离子色谱法：HJ 669—2013［S］. 北京：中国环境科学出版社.

中华人民共和国环境保护部，2010. 水质　氨氮的测定　纳氏试剂分光光度法：HJ 535—2009［S］. 北京：中国环境科学出版社.

中华人民共和国环境保护部，2010. 水质　氨氮的测定　水杨酸分光光度法：HJ 536—2009［S］. 北京：中国环境科学出版社.

中华人民共和国环境保护部，2010. 水质　氨氮的测定　蒸馏-中和滴定法：HJ 537—2009［S］. 北京：中国环境科学出版社.

中华人民共和国环境保护部，2012. 水质　总氮的测定　碱性过硫酸钾消解紫外分光光度法：HJ 636—2012［S］. 北京：中国环境科学出版社.

中华人民共和国环境保护部，2014. 水质　氨氮的测定　连续流动-水杨酸分光光度法：HJ 665—2013［S］. 北京：中国环境科学出版社.

中华人民共和国环境保护部，2014. 水质　氨氮的测定　流动注射-水杨酸分光光度法：HJ 666—2013［S］. 北京：中国环境科学出版社.

中华人民共和国环境保护部，2014. 水质　磷酸盐和总磷的测定　连续流动-钼酸铵分光光度法：HJ 670—2013［S］. 北京：中国环境科学出版社.

中华人民共和国环境保护部，2014. 水质　总氮的测定　连续流动-盐酸萘乙二胺分光光度法：HJ 667—2013［S］. 北京：中国环境科学出版社.

中华人民共和国环境保护部，2014. 水质　总氮的测定　流动注射-盐酸萘乙二胺分光光度法：HJ 668—2013［S］. 北京：中国环境科学出版社.

中华人民共和国环境保护部，2014. 水质　总磷的测定　流动注射-钼酸铵分光光度法：HJ 671—2013［S］. 北京：中国环境科学出版社.

中华人民共和国生态环境部，2006. 水质　硝酸盐氮的测定 气相分子吸收光谱法：HJ /T 198—2005［S］. 北京：中国环境科学出版社.

中华人民共和国生态环境部，2007. 水质　硝酸盐氮的测定　紫外分光光度法：HJ/T 346—2007［S］. 北京：中国环境科学出版社.

中华人民共和国生态环境部，2020. 污水监测技术规范：HJ 91. 1—2019［S］. 北京：中国环境科学出版社.

中华人民共和国水利部，2013. 水工建筑物与堰槽测流规范：SL 537—2011［S］. 北京：中国水利水电出版社.

ARNOLD J G，ALLEN P M，1999. Automated methods for estimating baseflowand ground water recharge from streamflow records［J］. Journal of the American Water Resources Association，35（2）：411-424.

ARNOLD J G，ALLEN P M，VOLK M，et al.，2010. Assessment of different representations of spatial variability on swat model performance［J］. Transactions of the Asabe，53（5）：1433-1443.

BIRGAND F，SKAGGS R W，CHESCHEIR G M，et al.，2007. Nitrogen removal in streams of agricultural catchments-a literature review［J］. Critical Reviews in Environmental Science and Technology，37（5）：381-487.

BUCHANAN B P，ARCHIBALD J A，EASTON Z M，et al.，2013. A phosphorus index that combines critical source areas and transport pathways using a travel time approach［J］. Journal of Hydrology，486：123-135.

CHANG C L，LIN Y T，2014. A water quality monitoring network design using fuzzy theory and multiple criteria analysis［J］. Environmental Monitoring and Assessment，186（10）：6459-69.

Chappell N A，Jones T D，Tych W，2017. Sampling frequency for water quality variables in streams：systems analysis to quantify minimum monitoring rates［J］. Water Research，123：49-57.

CHEN L，ZHONG Y C，WEI G Y，et al.，2014b. Development of an integrated modeling approach for identifying multilevel non-point-source priority management areas at the watershed scale［J］. Water Resources Research，50：4095-4109.

DING X W，SHEN Z Y，HONG Q，et al.，2010. Development and test of the export coefficient model in the upper reach of the Yangtze River［J］. Journal of Hydrology，383：233-244.

DO H T，LO S L，CHIUEH P T，et al.，2012. Design of sampling locations for mountainous river monitoring［J］. Environmental Modelling & Software，27-28：62-70.

GBUREK W J，SHARPLEY A N，HEATHWAITE L，et al.，2000. Phosphorus management at the watershed scale：a modification of the phosphorus index［J］. Journal of Environmental Quality，29：130-144.

GRIZZETTI B，PASSY P，BILLEN G，et al.，2015. The role of water nitrogen retention in integrated nutrient management: assessment in a large basin using different modelling approaches [J]. Environmental Research Letters, 10 (6): 065008.

HUA L, LI W, ZHAI L, et al., 2019. An innovative approach to identifying agricultural pollution sources and loads by using nutrient export coefficients in watershed modeling [J]. Journal of Hydrology, 571: 322-331.

JOHNES P J, 1996. Evaluation and management of the impact of land use change on the nitrogen and phosphorus load delivered to surface waters: the export coefficient modelling approach [J]. Journal of Hydrology, 183: 323-349.

KARAMOUZ M, NOKHANDAN A K, KERACHIAN R, et al., 2009. Design of on-line river water quality monitoring systems using the entropy theory: a case study [J]. Environmental Monitoring and Assessment, 155 (1-4): 63-81.

KERR J G, EIMERS M C, YAO H, 2016. Estimating stream solute loads from fixed frequency sampling regimes: the importance of considering multiple solutes and seasonal fluxes in the design of long-term stream monitoring networks [J]. Hydrological Processes, 30: 1521-1535.

LEMUNYON J L, GILBERTi R G, 1993. Concept and need for a phosphorus assessment tool [J]. Journal of Production Agriculture, 6: 483-486.

LI W, LEI Q, YEN H, et al., 2019. Investigation of watershed nutrient export affected by extreme events and the corresponding sampling frequency [J]. Journal of Environmental Management, 250: 109477.

LI W, ZHAI L, LEI Q, et al., 2018. Influences of agricultural land use composition and distribution on nitrogen export from a subtropical watershed in China [J]. Science of the Total Environment, 642: 21-32.

NEITSCH S L, ARNOLD J G, KINIRY J R, et al., 2010. Soil and water assessment tool input/output file documentation: version 2009 [J/OL]. [2014-03-15]. http: //swat. tamu. edu/media/19754/swat-io-2009. pdf.

PARK S Y, CHOI J H, WANG S, et al., 2006. Design of a water quality monitoring network in a large river system using the genetic algorithm [J]. Ecological Modelling, 199 (3): 289-297.

REYNOLDS K N, LOECKE T D, BURGIN A J, et al., 2016. Optimizing sampling strategies for riverine nitrate using high-frequency data in agricultural watersheds [J]. Environmental Science & Technology, 50: 6406-6414.

SCHILLING K, ZHANG Y K, 2004. Base flow contribution to nitrate-nitrogen export from a large, agricultural watershed, USA [J]. Journal of Hydrology, 295 (1-4): 305-316.

SHANG X, WANG X, ZHANG D, et al., 2012. An improved SWAT-based computational framework for identifying critical source areas for agricultural pollution at the lake basin scale [J]. Ecological Modelling, 226: 1-10.

SHEN Z, ZHONG Y, Huang Q, et al., 2015. Identifying non-point source priority management areas in watersheds with multiple functional zones [J]. Water Research, 68: 563-571.

STROBL R O, ROBILLARD P D, 2008. Network design for water quality monitoring of surface freshwaters: a review [J]. Journal of Environmental Management, 87 (4): 639-648.

TZORAKI O, COOPER D, DÖRFLINGER G, et al., 2014. A new MONERIS in-Stream retention module to account nutrient budget of a temporary river in Cyprus [J]. Water Resources Management, 28 (10): 2917-2935.

WELLEN C, KAMRAN-DISFANI A R, ARHONDITSIS G B, 2015. Evaluation of the current state of distributed watershed nutrient water quality modeling [J]. Environmental Science & Technology, 49 (6): 3278-3290.

WILLIAMS M R, KING K W, FAUSEY N R, 2015. Drainage water management effects on tile discharge and water quality [J]. Agricultural Water Management, 148: 43-51.

XIA Y, TI C, SHE D, et al., 2016. Linking river nutrient concentrations to land use and rainfall in a paddy agriculture-urban area gradient watershed in southeast China [J]. Science of the Total Environment, 566-567: 1094-1105.

XIE X H, CUI Y L, 2011. Development and test of SWAT for modeling hydrological processes in irrigation districts with paddy rice [J]. Journal of Hydrology, 396: 61-71.

YIN H L, JIANG WY, LI J H, 2008. Simulation of Non-point pollutants evolution in coastal plain island-a case study of Chongming Island [J]. Journal of Hydrodynamics, 20: 246-253.

ZHENG J, LI G Y, HAN Z Z, et al., 2010. Hydrological cycle simulation of an irrigation district based on a SWAT model [J]. Mathematical and Computer Modelling, 51: 1312-1318.

第二部分

定量评估方法在我国典型流域的应用

3 典型流域选取

3.1 典型流域选取原则与要求

（1）所选流域内农业面源污染为主要污染形式，工业源、城市生活源等污染较轻，对流域总污染负荷贡献相对较低。

（2）所选流域为具有明确的水流流向和明确的地理边界的封闭集水区，流域出水口清晰，数量少。

（3）所选流域的地形地貌、水文、气象、土壤类型、土地利用、种植作物及农业管理措施具有一定的代表性。

（4）尽量选择具备一定气象、水文监测基础的流域。

（5）所选流域要求交通便利，水电基础条件完善。

3.2 典型流域确定

我国湖泊、水库类型众多，分布广泛，考虑到农业面源污染发生特征、湖库富营养化程度、经济发展水平、产业结构等因素，研究选取以三峡库区、太湖和洱海作为我国丘陵山区、平原水网区和高原区等不同类型湖泊、水库的典型代表，并在每个湖库流域内，选择一个以农业生产为主导产业的典型小流域作为研究区域。综合考虑典型性、代表性等原则，分别选取了洱海（高原淡水湖泊）源头——凤羽河、三峡库区重要支流——香溪河、太湖重要入湖河流——蠡河形成的流域，作为高原湖泊区、丘陵库区及平原水网区的典型小流域开展定量和定性评估研究工作。

3.3 高原湖泊流域概况

凤羽河流域（图 3.1）（99°57′0.3″E，26°4′6.7″N）位于云南省大理州洱源县城西南，属高原湖泊洱海流域西北部的一个典型农业子流域。凤羽河流域是一个自然封闭的农业小流域，流域地形、气候、土壤、土地利用方式及农业生产活动与洱海流域较为一致。流域汇水面积 218 km^2，占洱海流域总面积的 8.5%。

地形为山地丘陵，地势从西南向东北逐渐倾斜，海拔最高 3 621 m，最低 2 072 m，平均 2 634 m。东西南三面分别由天马山、罗平山脉以及鹤林寺山脉环绕构成。山腰以上坡度较陡，森林覆盖率较高，山腰以下主要以坡耕旱地为主，再往下为河谷平原区，以水田为主。凤羽河起源于西南方向的清源洞，向东北方向流出流域。

气候类型为亚热带高原季风气候，干湿季分明，降水主要集中在 5—10 月，占全年降水量85%左右，多年平均降水量750 mm左右。年平均气温13℃，温度最高月为6—7月，多年平均气温21℃，温度最低月为12月到翌年1月，多年平均气温5℃。日照充足，气候温和，年平均日照时数2 250~2 480 h，年均相对湿度66%，主导风向为西南风，平均风速2.3 $m \cdot s^{-1}$。

凤羽河属澜沧江水系，由流域内的多条山涧水溪及泉流汇集而成，水资源十分丰富，多年年均水流量达1亿m^3，是洱海的重要水源之一。发源于西部罗坪山脉的兰林河、黑龙河、白石江、青石江、大涧河和东部天马山的三爷河、清源河等河流常年不枯，清澈透底，水质良好，汇流至凤羽河，最终从流域出口下龙门流出。

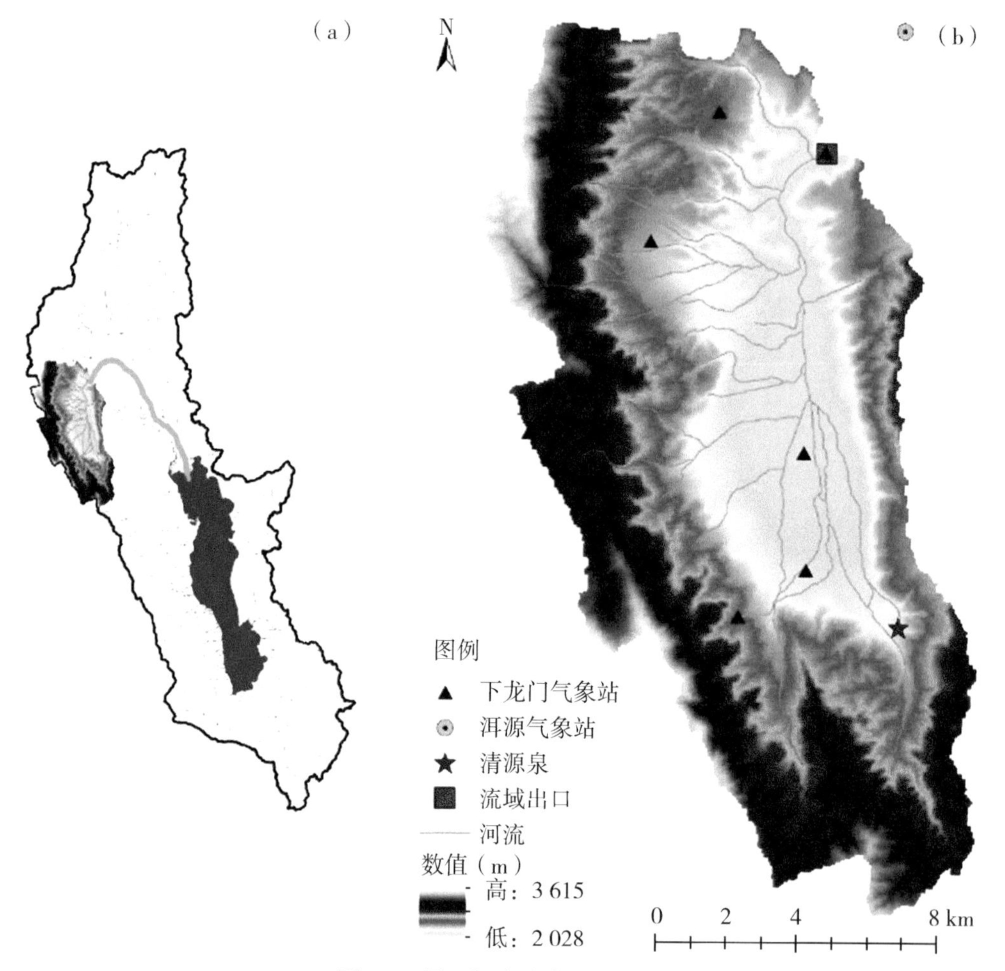

图3.1　凤羽河流域地理位置图

流域内的自然植被主要有乔木林、灌木林和草地植被，分布面积约166.4 km^2。其中，以针叶林、阔叶混交林为主的乔木林主要分布在阴坡的高海拔区域，约占整个自然植被类型的24%；灌木林地主要分布在阳坡的高海拔区域，占20%；草地植被也主要分布在阳坡，但其分布的海拔梯度性不明显，在所有海拔梯度上均有分布，占56%。

流域内主要土壤类型为分布与坡地的红壤（27.8%）、棕壤（25.8%）和暗棕壤

(22.4%) 以及分布平地区的水稻土 (14.3%)。流域内土壤类型有麻黑汤土、麻灰汤土、麻黄红土、棕红土、黄红壤、淹育型水稻土、黑灰土、浮泥田、厚棕红土、红色石灰土、暗沙泥田 11 种，其中，麻灰汤土和麻黑汤土主要分布在海拔较高的山地，分别占流域总面积的 26.1% 和 22.3%，淹育型水稻土和暗沙泥田主要分布于河谷平原区，分别占总面积的 5.0% 和 5.7%。土壤表层 (0 ~ 20 cm) 养分含量：有机质 1.0% ~ 16.4%，平均为 5.0%；总氮 0.48 ~ 7.26 $g \cdot kg^{-1}$，平均为 2.30 $g \cdot kg^{-1}$；总磷 0.28 ~ 1.81 $g \cdot kg^{-1}$，平均为 0.86 $g \cdot kg^{-1}$；速效磷 4.68 ~ 31.74 $mg \cdot kg^{-1}$，平均为 13.61 $mg \cdot kg^{-1}$ (图 3.2)。

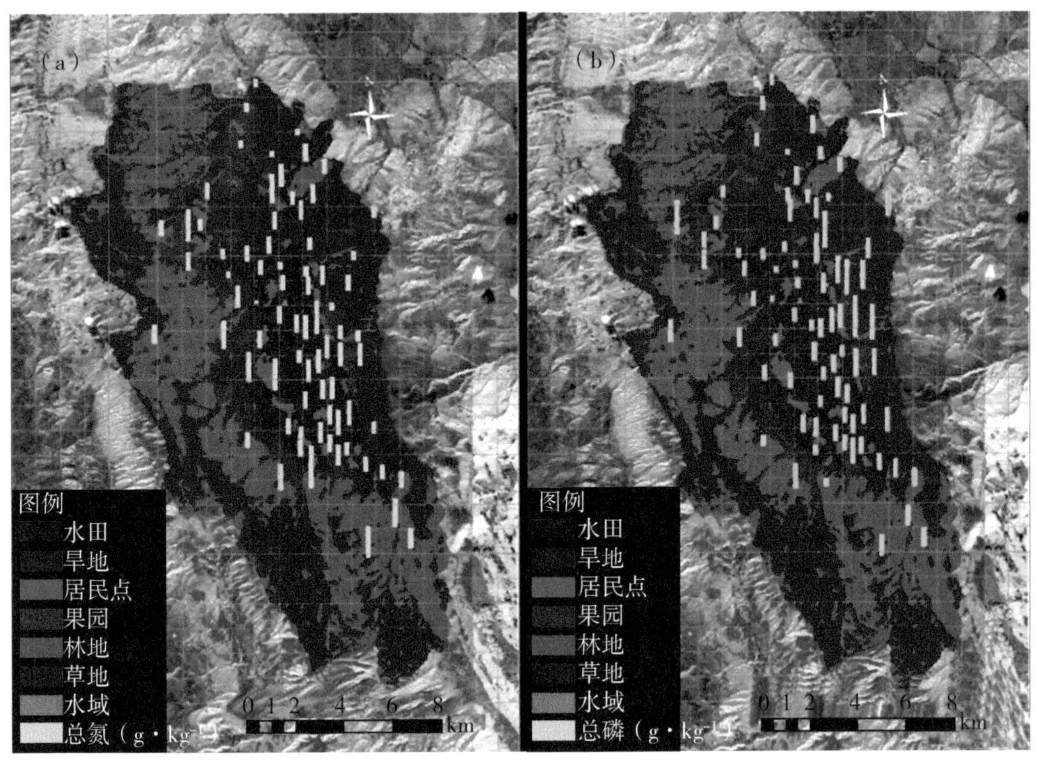

图 3.2　土壤表层养分含量分布图

土地利用方式主要为荒草地 (45.9%)、林地 (29.6%) 和耕地 (21%)，其他土地利用方式还有果园 (2.0%)、居民区 (1.3%) 和水域 (0.2%)，耕地主要类型为水田 (11.8%) 和旱地 (9.2%) (图 3.3)。

流域涵盖凤羽镇的上寺、白米、江登、源胜、凤翔、振兴、起凤、凤河、庄上 9 个行政村，44 个自然村，以及茈碧湖镇的丰源和松鹤 2 个行政村，4 个自然村。户数 8 930 户，人口 35 404 人，其中镇区居民 9 510 人，占 27%，常年居住有白、汉、回等 10 个民族，其中白族占总人口的 98%，是大理州白族人口最为集中的地区之一。

畜禽养殖与种植是流域内主要的农业生产活动，据 2012 年农业统计资料，流域奶牛存栏量 10 700 头，出栏肉牛 3 003 头，出栏肉猪 21 807 头，分别为洱海流域总量的 9.1%、4.9% 和 2.2%，畜禽养殖分布于农村生活区，养殖方式主要为农户分散养殖，

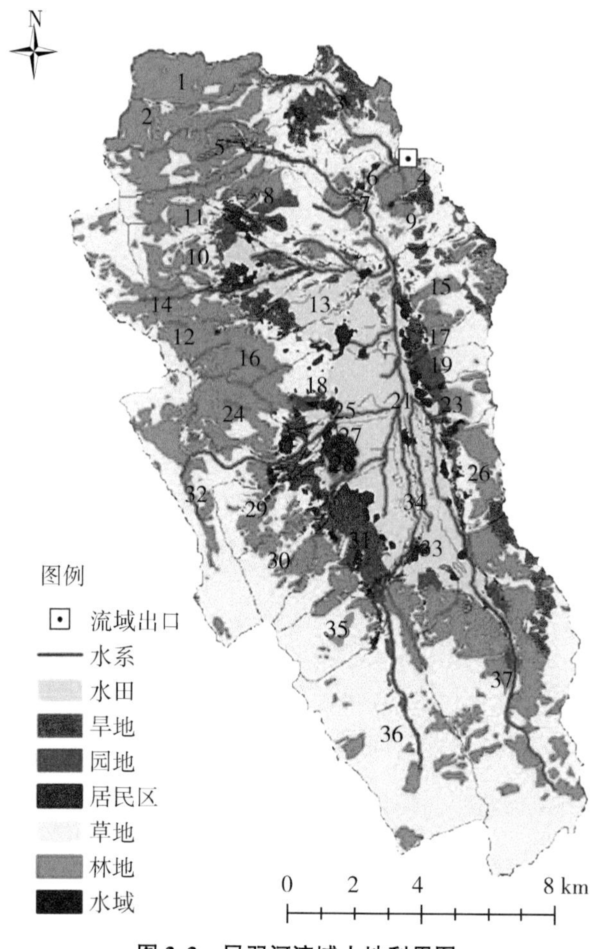

图 3.3 凤羽河流域土地利用图

畜禽种类有奶牛、猪、羊及鸡等。耕地面积 3.7 万亩左右，约占洱海流域耕地总面积的 9.5%左右；种植模式主要为水旱轮作和旱旱轮作，主要种植作物为水稻、玉米、蚕豆、油菜等，流域平均化肥施氮量 393 kg N · hm^{-2} · a^{-1}，化肥施磷量 243.5 kg P_2O_5 hm^{-2} · a^{-1}。

流域内水资源主要用于居民生活、养殖生产和农田灌溉。居民生活和养殖生产用水主要来源于地下泉水和山涧水，年用水量约 89.9×10^4 m^3，其中居民生活和服务业用水约 38.1×10^4 m^3，养殖生产用水 51.8×10^4 m^3。农业灌溉用水主要来自凤羽河水和部分泉水，年用水量约 383.2×10^4 m^3，主要用于坝区农田。流域内具备较为完善的引水灌溉渠道，其中清源沟是最大的引水沟渠，服务于流域 2/3 面积的耕地。

3.4 山地丘陵流域概况

在丘陵库区三峡流域，选取由位于三峡库区坝首的第一大支流——香溪河汇流形成的香溪河流域作为典型小流域。该流域位于湖北省西部（110°25′~111°00′E，30°38′~

31°34′N）（图 3.4）。香溪河发源于湖北省宜昌市神农架林区，干流全长 95 km，途径兴山县（约 78 km）至秭归县，由河口处汇入三峡水库。其在兴山县内有高岚河、古夫河和南阳河三大支流，处于上游的南阳河和古夫河在响滩汇流始称香溪，南流 14 km 至峡口镇高岚河汇至游家河入秭归境内。流域总面积 3 150 km^2，兴山县境内 2 100 km^2 左右。

香溪河流域属构造地貌，均系高山半高山区。兴山县境内岩溶地貌普遍，地势由南向北呈扇形逐级上升，构成东、西、北三面高的地貌，在河谷地段有部分冲积形成的堆积地貌。地形起伏较大，坡度小于 15°和大于 25°的面积分别 18.7%和 51.2%。气候属于亚热带季风性湿润气候。春季冷暖交替多变，雨水颇丰；夏季炎热多伏旱，雨量集中；秋季多阴雨；冬季多雨雪、早霜。山峦起伏，气候垂直变化明显，多年平均气温 15.3℃。降水量空间分布不均匀，年均降水量分布为 800~ 1 200 mm，流域降水主要集中于 5—10 月，年际间降水量时间分布不均匀，在 600~1 600 mm，7—9 月暴雨显著，单次降水强度高。11 月至翌年 4 月为香溪河流域枯水期，降水频次少，以小雨为主。

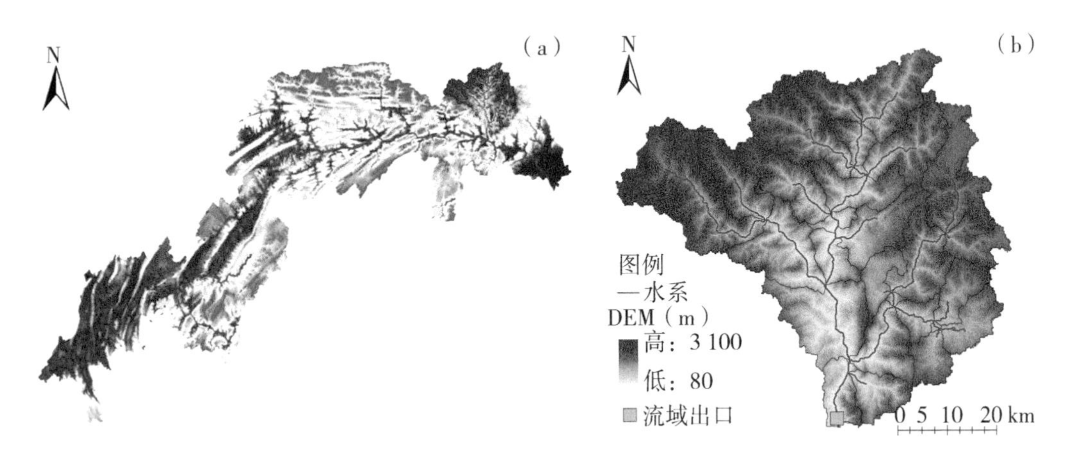

图 3.4　研究区概况

香溪河流域土壤类型繁多，共分暗黄棕壤、酸性棕壤、棕色石灰土、黄棕壤性土、棕壤性土、暗棕壤、黄壤性土、中性紫色土、黄壤、水稻土 10 个土类。流域内土壤以棕色石灰土、暗黄棕壤、黄棕壤性土为主，分别占流域总面积的 42.5%、26.0%和 11.2%。其中海拔 600~ 1 500 m 为黄棕壤；海拔 1 500~2 200 m 为棕壤；2 200 m 以上为暗棕壤；海拔 600 m 以下主要为石灰土、紫色土和水稻土。主要土地利用类型为林地，占 85%以上，耕地（水田、旱地）和园地面积小，不足流域总面积的 8%。从各土地利用种植现状调查来看（图 3.5），中低山区旱地、水田主要为玉米-油菜轮作、水稻-油菜轮作，高山区主要为旱地玉米单作，果园主要为柑橘，分布于香溪河流域两岸的低山区，流域东北高山区旱地主要为高山蔬菜（辣椒、番茄）。

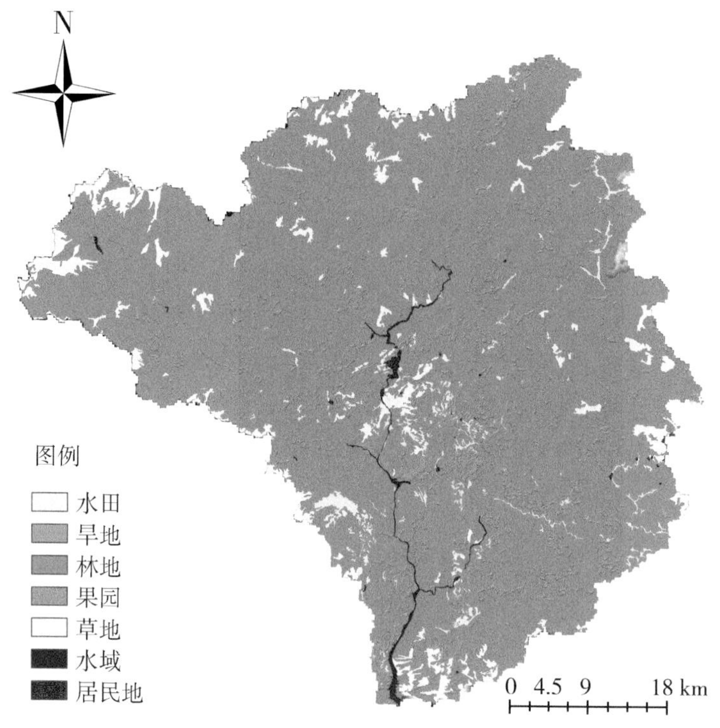

图 3.5 香溪河流域土地利用图

3.5 平原水网流域概况

太湖流域（106°7′~121°47′E，24°30′~33°54′N）位于我国东南长江三角洲平原，流域面积 36 895 km^2。太湖面积 2 338 km^2，面源污染引起的富营养化问题十分严峻。流域河流总长度达 12 000 km，河网密度为 3.24 $km \cdot km^{-2}$。在太湖流域选取位于湖西区的蠡河小流域（119°40′15″~119°54′39″E，31°9′52″~31°18′49″N）作为平原水网研究区（图 3.6）。蠡河流域所在行政区为江苏宜兴市丁蜀镇和湖㳇镇，东临太湖，北靠东氿，西与张渚镇毗邻，南接浙江长兴市。东北部为河网丰富的太湖渎区，西南为丘陵山地，地势总体上呈西南高，东北低的趋势。高程在 20~610 m，流域面积约 190 km^2（图 3.6）。蠡河小流域，地处太湖湖西重污染控制区，蠡河总长度 3.5 km（田亚军，2016），起源于宜兴竹海，流经湖㳇和丁蜀镇，联通周围密集的河网汇入太湖，是太湖的重要入湖河道（於梦秋等，2014）。平均河面宽 40 m，河底宽 20 m，年径流量约 1.736 亿 m^3（张瑞斌，2015）。

蠡河流域为北亚热带季风气候，年均温为 15.3~16.2 ℃，多年平均降水量为 1 494 mm，汛期（6—9 月）降水量约占全年的 60%。综合经济实力较强，人为活动导致河网区开发利用强度过高，加上工农业及生活污染的过量排放，导致环境污染和生态退化现象突出。本研究在蠡河流域从上游到下游布设 5 个监测点，分别是竹海、油车水库、分洪桥、莲花荡和乌溪港（图 3.7）。监测点的布设考虑到流域景观特征、人口密

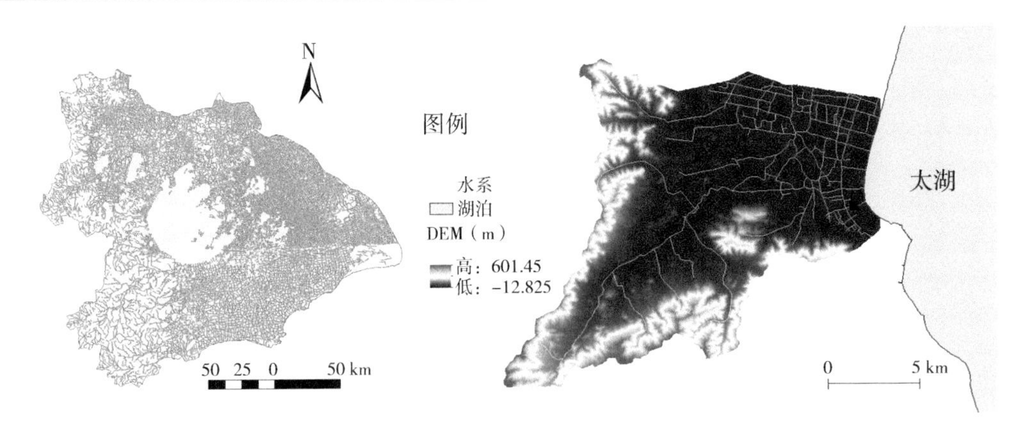

图 3.6　蠡河流域位置

度等的变化。竹海监测点位于宜兴竹海 AAAA 级风景名胜区，是太湖水源地之一。油车监测点位于油车水库，其地理位置在竹海下游，湖㳇镇区上游，是流域的饮用水源地。分洪桥监测点是流域上游出水口，两个镇的交界。莲花荡监测点位于流域下游，周边河网密布，人口密度大，污染来源复杂。乌溪港是整个流域主要的入湖港口，位于莲花荡下游，直接与太湖相通。乌溪港河位于江苏宜兴市，太湖流域江苏宜兴地区河道的入湖水量占入湖径流总量的 51.25%（燕姝雯等，2011）。乌溪港河是宜兴市境内重要的入太湖河流（图 3.7）（徐洪斌等，2007）。

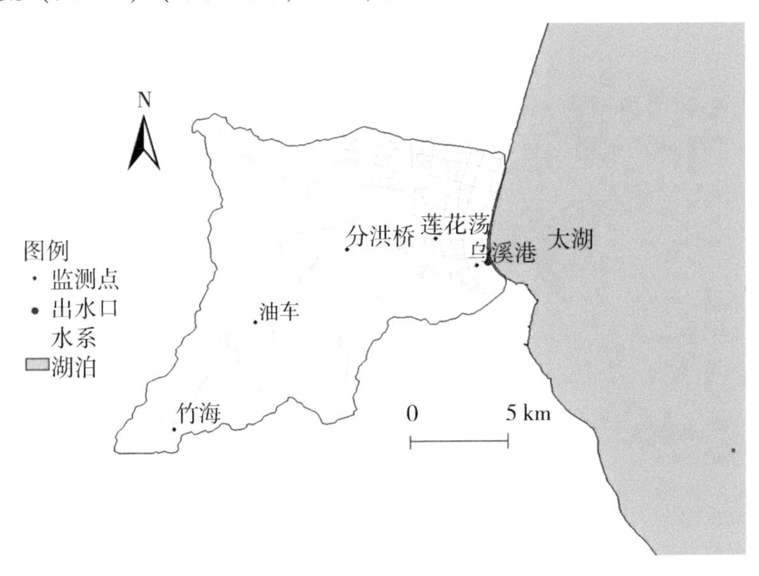

图 3.7　监测点位置示意

乌溪港水体中的污染物来源于上游湖㳇镇和丁蜀镇，上游平原河网区开发利用强度大，城镇化程度高，农业所占比重相对较小。污染源复杂，包括工业源、生活源、畜禽养殖源、种植源以及污水处理厂等，随着工农业的飞速发展，排入水体中的污染物日益增加，水污染情况十分严峻。

蠡河流域土壤共 7 种类型，包括水稻土、潮土、红壤、石灰土、黄棕壤、菜园土、紫色土（图 3.8）。其中，黄棕壤、水稻土和红壤是主要的土壤类型，分别占流域总面积的 34.79%、30.20%和 24.42%。

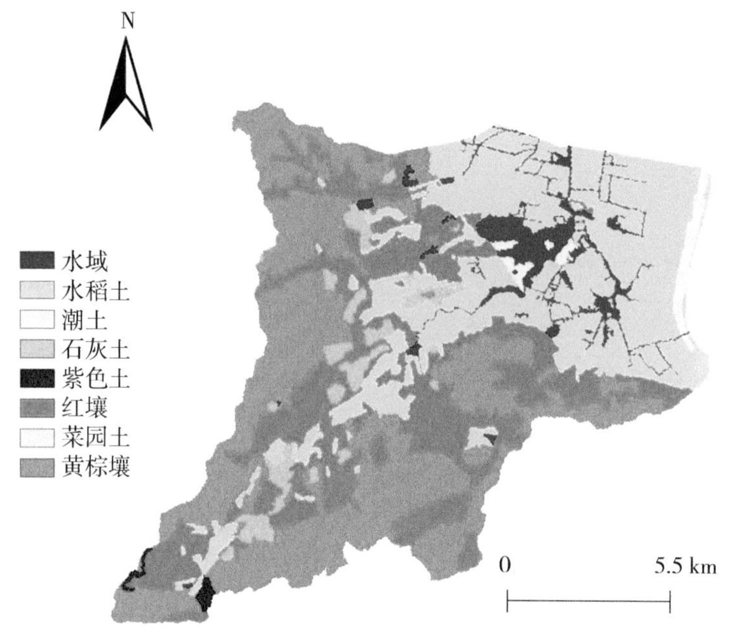

图 3.8　蠡河流域土壤图

蠡河流域作为平原水网区的代表流域，土地利用受人类活动影响程度较大。2010 年流域 7 种土地利用类型占比为林地 44.67%、居民区 20.66%、旱地 18.91%、水域 6.29%、园地 3.77%、水田 3.23%、草地 2.46%（图 3.9）。

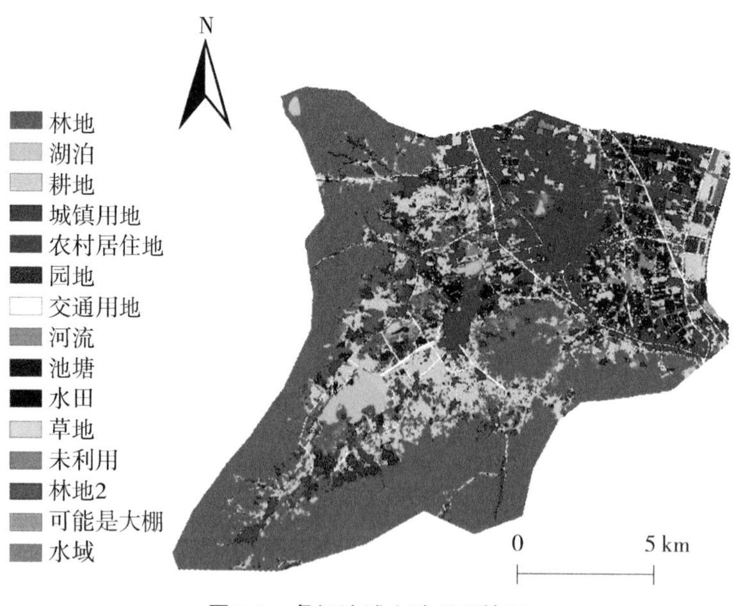

图 3.9　蠡河流域土地利用情况

参考文献

田亚军，2016. 乌溪港和大港河水环境特征解析与水质改善方案研究［D］. 北京：北京林业大学.

徐洪斌，吕锡武，李先宁，等，2007. 太湖流域农村生活污水污染现状调查研究［J］. 农业环境科学学报（S2）：375–378.

燕姝雯，余辉，张璐璐，等，2011. 2009 年环太湖入出湖河流水量及污染负荷通量［J］. 湖泊科学（6）：855–862.

於梦秋，蔡颖，刘华，等，2014. 太湖流域入湖河流土地利用类型对水质的影响——以乌溪港、武进港为例［J］. 农业环境科学学报（5）：1024–1032.

张瑞斌，2015. 苏南地区河道低污染水生态修复技术研究［J］. 中国环保产业（10）：46–48.

4 监测分析法在高原湖泊典型流域的应用

本研究采用监测分析方法研究了高原湖泊典型流域氮素输出的浓度、形态及输出途径，分析了不同时间尺度上流量及河流氮素浓度的变化特征，比较了不同农业活动期相同水文条件下地表水质的响应差异，研究了农业活动对流域地表水质的影响及随水文条件而改变的程度。重点识别了农业活动及水文因子（尤其是暴雨-径流）对流域地表水质影响的相互作用。研究发现，暴雨事件导致流域氮素输出增加，而农业活动导致源发生变异而引起流域氮素输出 C-Q 关系的变化，以及影响流域氮素输出随暴雨径流增加的幅度。

4.1 降水、产流特征

研究流域 2011—2012 水文年降水量与多年平均降水量持平（745.0 mm），为平水年，2012—2013 水文年降水量较多年平均降水量，高出 46.0%，为丰水年，径流深分别为 241.2 mm 和 419.2 mm，径流系数分别为 31.7%和 40.6%（表 4.1）。

表 4.1 凤羽河流域降水-径流总体特征

时间（年-月）	降水量（mm）	总径流	地表径流		基流	
		径流深（mm）	径流深（mm）	占比（%）	径流深（mm）	占比（%）
2011-06—2012-05	761.4	241.2	39.9	16.5	201.3	83.5
2012-06—2013-05	1 031.6	419.2	92.2	22.0	327.0	78.0
总和	1 793.0	660.4	132.1	20.0	528.3	80.0

注：总径流=地表径流+基流。

降水、径流呈现出较明显的季节性变化，6—9 月为雨季，雨量占全年总降水量的 85.5%，其中，仅 7—9 月，占到全年降水量的 75.4%，个别月份，雨量最高可达 360.5 mm，占全年降水量的 34.9%（图 4.1a）。与降水分布特征相似，径流量峰值与降水峰值同期，基流虽然随降水呈现波动，但峰值出现时间较降水时期延后 1 个月左右；在最大降水量条件下，总径流和地表径流最大值分别为 83.9 mm 和 35.1 mm，基流达 49.3 mm。非雨季（6—9 月以外的其他月份），降水量极小，地表径流几乎为零，基流是该时期流域水量输出的主要形式（图 4.1a）。总体来看，降水量与地表径流、基流及总径流均呈显著正相关关系，降水量的增加显著（$P<0.05$）增加了流域内地表径流和基流的输出水量（图 4.1b）。

监测周期内，总基流量占流域总径流流量 80.0%，地表径流量仅占 20.0%（表 4.1）。雨季（6—9 月）地表径流在流域水量输出中所占比重随降水量增加而增加（图

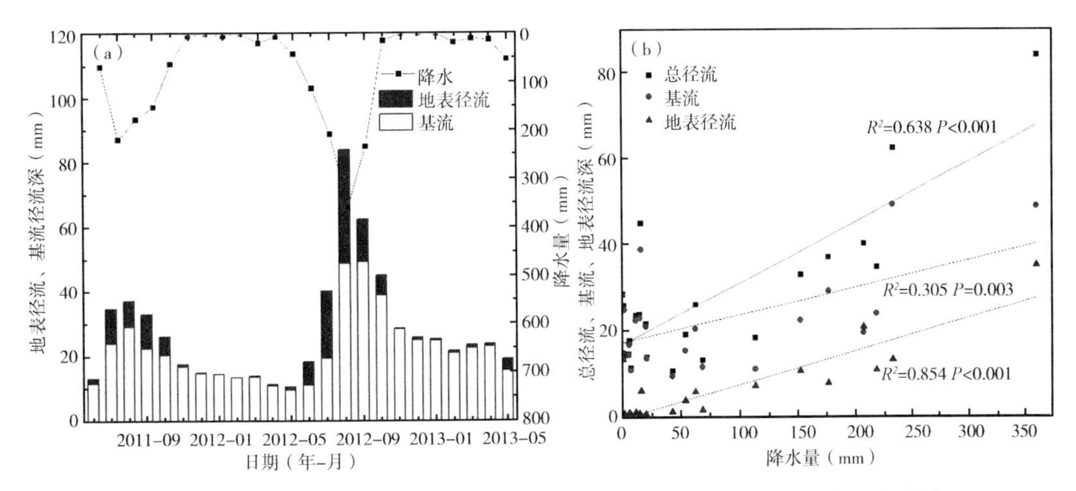

图 4.1　降水、地表径流及基流深变化（a）及总径流、基流、地表径流深与降水的关系（b）

4.2b)，地表径流所占比例为 12.0%～51.6%，基流比例为 48.4%～88.0%（图 4.2a）。非雨季（6—9 月以外的其他月份），水量输出以基流为主。该时期，基流水量占流域总输出水量的 78.1%～99.9%，地表径流仅占 0.1%～21.9%（图 4.2a）。

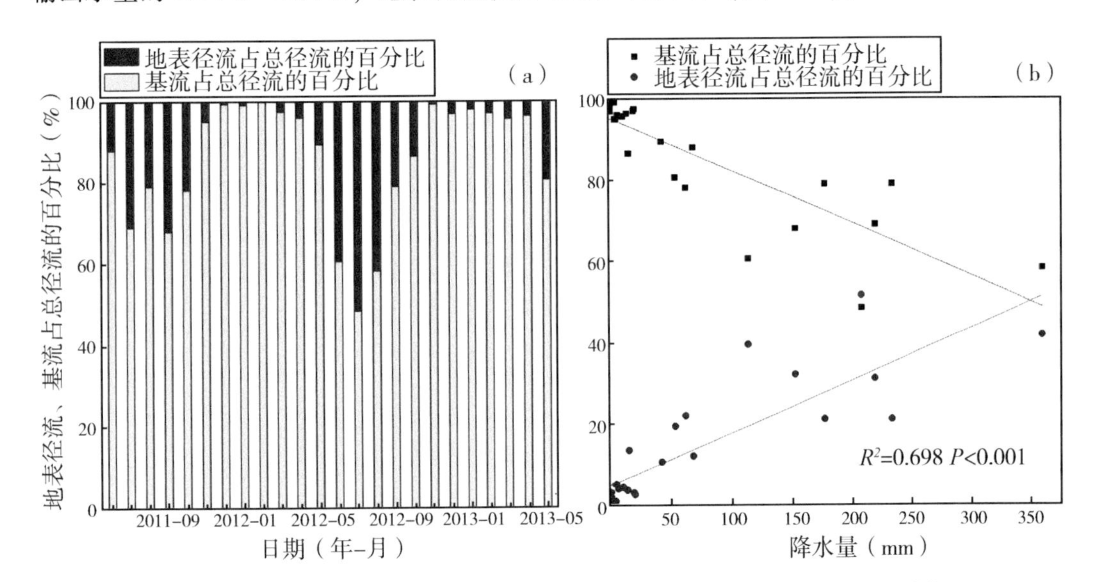

图 4.2　输出水量中基流与地表径流比例变化及地表径流、基流比例与降水量关系

4.2　流域氮素输出浓度及形态

4.2.1　流域氮素输出浓度

基于监测数据发现，流域氮素输出的自然背景浓度（流域上游源头水浓度）约为

0.25 mg · L^{-1}，接近地表水水质标准Ⅱ类。流域下游河流氮素浓度（村庄下游河流）平均值为 1.90 mg · L^{-1}（图 4.3），为地表水水质标准Ⅴ类。与自然背景值相比，流域下游河流氮素浓度增加了近 7 倍。

图 4.3　源头河流水质与村庄下游河流水质对比

监测周期内，流域出口河流总氮浓度的平均值（几何平均）为 1.14 mg · L^{-1}，高出源头水浓度近 4 倍；流域出口河流总氮浓度的最低值为 0.3 mg · L^{-1}（2011 年 9 月 28 日），略高于源头水浓度；最高值出现在 2013 年 7 月 29 日，达到 3.73 mg · L^{-1}，比源头水总氮浓度高近 14 倍（图 4.4）。

4.2.2　氮素输出的形态

研究流域河流氮素输出的形态以溶解态为主，监测周期内河流输出的总氮负荷中 73.9%为溶解态氮。河流输出氮素的形态组成呈现出一定的季节性变化特征：常规时段，河流输出氮素以溶解态为主，个别时段河流输出氮素中溶解态的占比达到 90%以上（如 1—3 月）；但在 7—9 月，随着暴雨径流的发生而伴随的土壤流失，河流中颗粒态氮素的浓度逐渐升高，占河流输出氮素的比重也不断加大（图 4.5），甚至在个别时段，颗粒态成为河流输出氮素的主要形态，监测周期内有 30 d 颗粒态氮占河流氮素输出比例超过 50%。

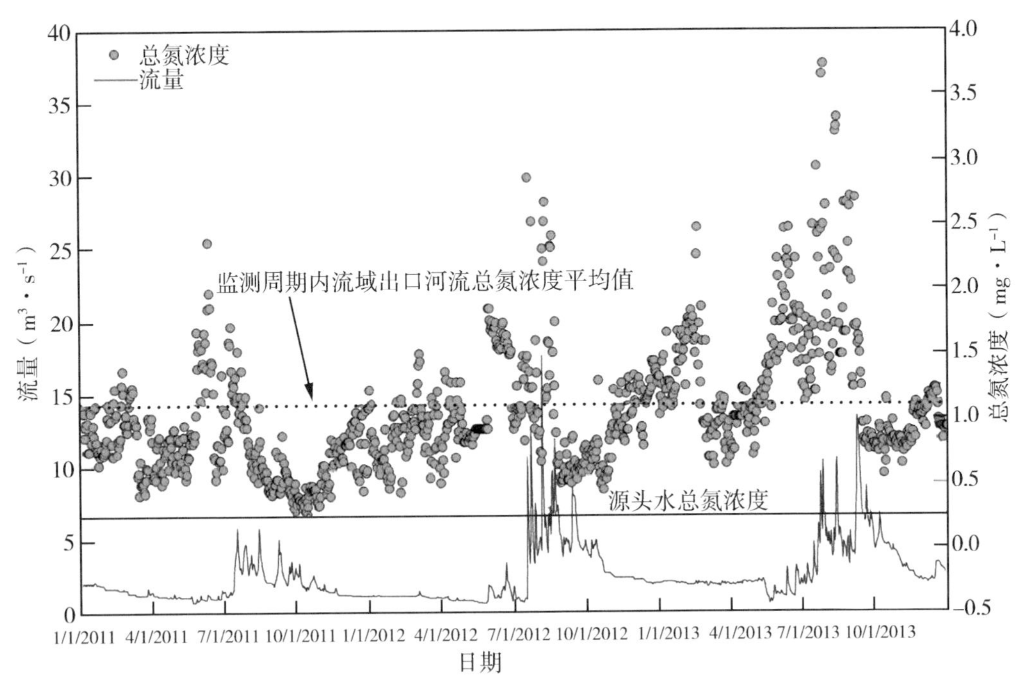

图 4.4　流域出口河流水质与源头水水质对比

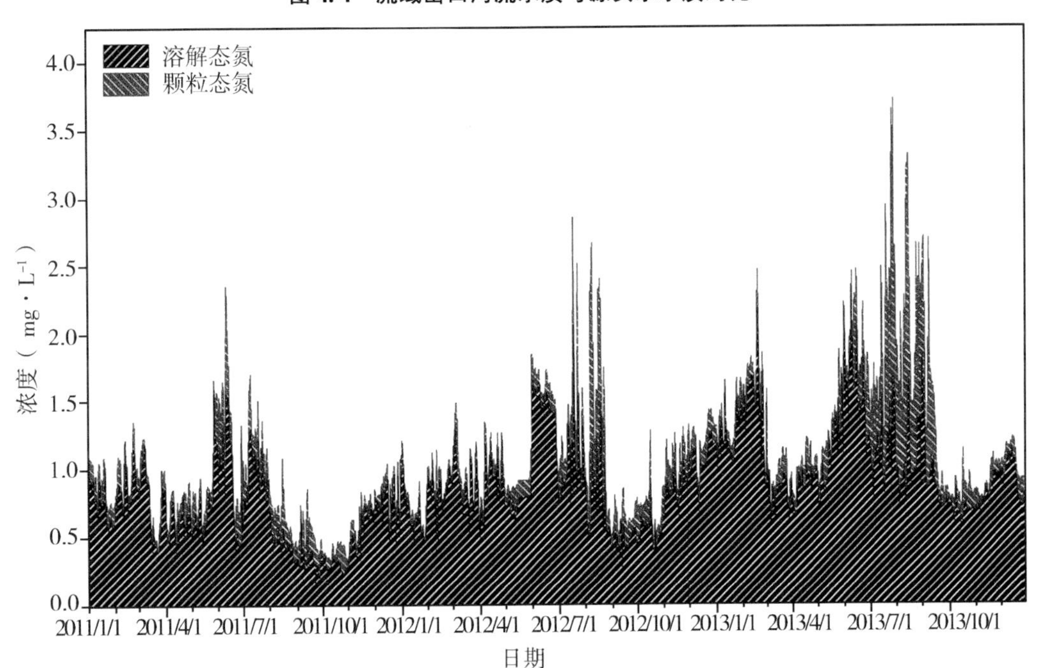

图 4.5　河流输出氮素形态组成

4.3　流域氮素输出途径

监测周期内，流域单位面积总氮输出量为 709.0 kg·km^{-2}（表 4.2），基流输出的总氮负荷占流域总输出负荷的71.1%，为流域总氮输出的主要途径，且平水年基流对总氮输出的贡献略高于丰水年（表4.2）。总氮输出的形态以溶解态为主，比例达75.9%。

表4.2 凤羽河流域总氮输出特征

时间（年-月）	总氮输出				
	输出总量（t）	单位面积输出量（kg·km^{-2}）	浓度（mg·L^{-1}）	基流输出比例（%）	溶解态比例（%）
2011-06—2012-05	41.1	187.6	0.78（Ⅲ）	80.6	77.8
2012-06—2013-05	114.2	521.4	1.24（Ⅳ）	67.7	75.3
总和	155.3	709.0	1.07（Ⅳ）	71.1	75.9

注：Ⅲ与Ⅳ分别代表地表水环境质量标准Ⅲ和Ⅳ类。

雨季，随着地表径流量的增加，流域总氮输出负荷、地表径流及基流总氮输出负荷均呈增加趋势（图4.6b），单位面积流域总氮输出负荷最高达119.3 kg·km^{-2}（图4.6a）。非雨季，基流是流域总氮输出的主要途径，输出的总氮负荷占流域总输出负荷的71.8%~99.9%（图4.6a）。雨季，地表径流在流域总氮输出中的比重明显升高。随着地表径流量增加，地表径流其对流域总氮输出负荷的贡献显著（$P<0.05$）增加，贡献比例最高达65.6%（2012年7月）（图4.6b）。

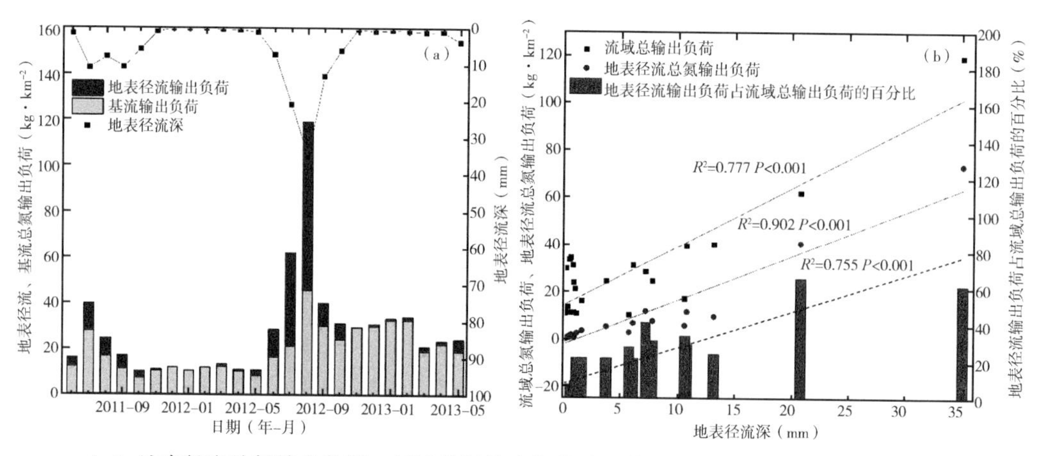

（a）地表径流总氮输出负荷、基流总氮输出负荷及地表径流深随时间的变化；（b）流域总氮输出负荷、地表径流输出总氮负荷及流域总氮输出负荷中地表径流的比例与地表径流深关系。

图4.6 地表径流与基流总氮输出负荷及地表径流深的变化特征及输出负荷、地表径流占比与地表径流的关系

地表径流对流域总氮输出的贡献与其在总径流流量中比重显著相关（$P<0.001$），随着地表径流在流域总径流流量中的占比增加，其对流域总氮输出的贡献逐渐增大（图4.7b）。当地表径流在流域总径流流量中的占比达到40.0%以上时，地表径流对流域总氮输出的贡献高于50%（图4.7b），成为流域总氮输出的主要途径。

当地表径流深较低时，地表径流中总氮浓度较高；随着地表径流深的增加，地表径

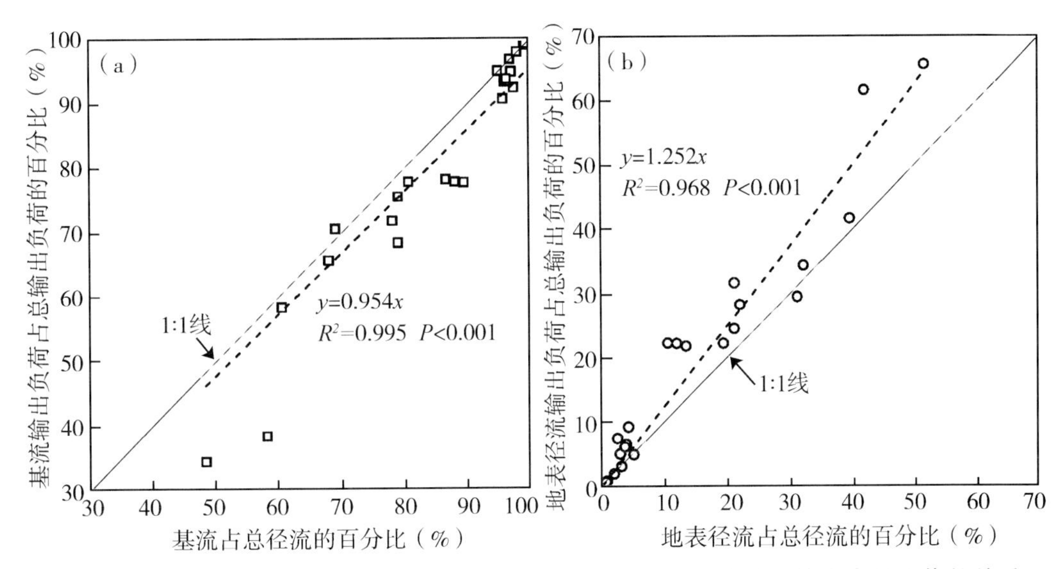

（a）基流输出负荷与流域总输出负荷比值和基流水量与流域总输出水量比值的关系；
（b）基流输出负荷与流域总输出负荷比值和基流水量与流域总输出水量比值的关系。

图 4.7　基流、地表径流在流域总氮输出中的占比与其在输出水量中占比的关系

流中总氮的浓度有所降低，在 1.0 mg · L^{-1}上下（地表水环境质量标准Ⅲ类）波动（图 4.8a）。雨季，随着降水的发生，基流输出水量增加（图 4.1），基流中总氮浓度有所降低（图 4.8a）。总体而言，地表径流中总氮的浓度高于基流中总氮的浓度，河流中的总氮浓度略高于基流，略低于地表径流（图 4.8b）。

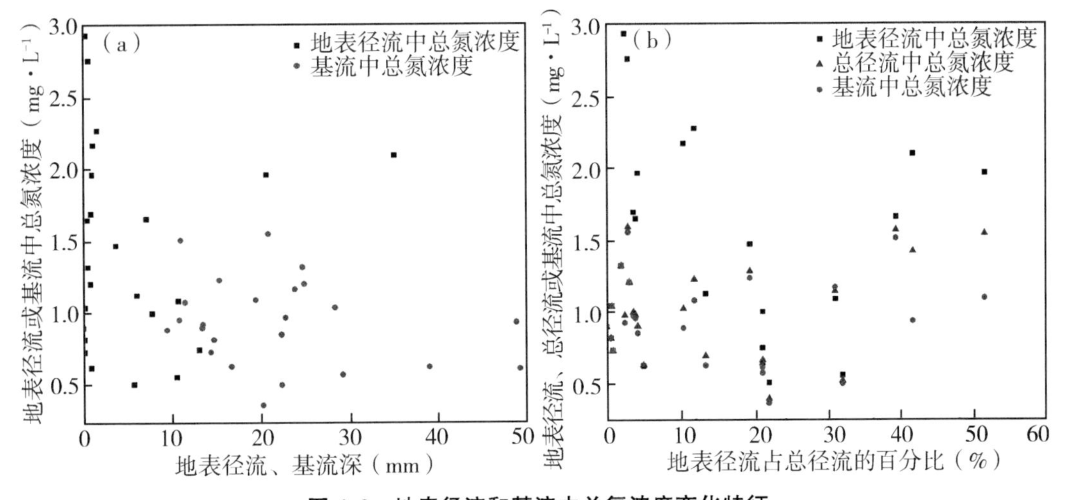

图 4.8　地表径流和基流中总氮浓度变化特征

基流输出的总氮负荷占到了流域总输出负荷的 70%以上，除与基流流量高有关外，也与基流中总氮浓度较高有关。监测周期内，基流中总氮浓度基本高于 0.5 mg · L^{-1}（图 4.8a），高于林地源头水中总氮的浓度（Xu et al.，2014），一方面，与点源直排有关，另一方面，与存在于土壤中的历史遗留氮素的缓慢输出有关（如，通过壤中流输出）（Sebilo et al.，2013）。虽然，河流水样中并未检测出氨氮（点源直排的指示指标），但流域内，由于养殖广泛分散于村庄生活区，加之村庄沟渠有水流经过，部分养殖污水会直排进入下游水体。河流水样中未检测出氨氮，可能与氮在河流迁移过程中发生了硝化过程有关（Koenig et al.，2017a）。

4.4 流域氮素输出的时间维度变化特征

4.4.1 流域氮素输出的年际差异

2012 年与 2013 年的年降水量与年内极端降水的次数均高于 2011 年（图 4.9a）。2011 年的降水量为 742.5 mm，其中仅有 8 d 日降水量大于 20 mm，2012 年与 2013 年的降水量分别达到 1 007.4 mm 和 1 385.0 mm，分别有 17 d 和 26 d 日降水量均高于 20 mm。与 2011 年径流量（263.8 mm）相比，2012 年（367.8 mm）与 2013（453.3 mm）年分别增加 39.4% 和 71.8%（图 4.9b）。2012 年与 2013 年每日流量大于 5 $m^3 \cdot s^{-1}$的天数分别为 40 d 和 53 d，分别是 2011 年（4 d）的 10 倍和 13 倍。

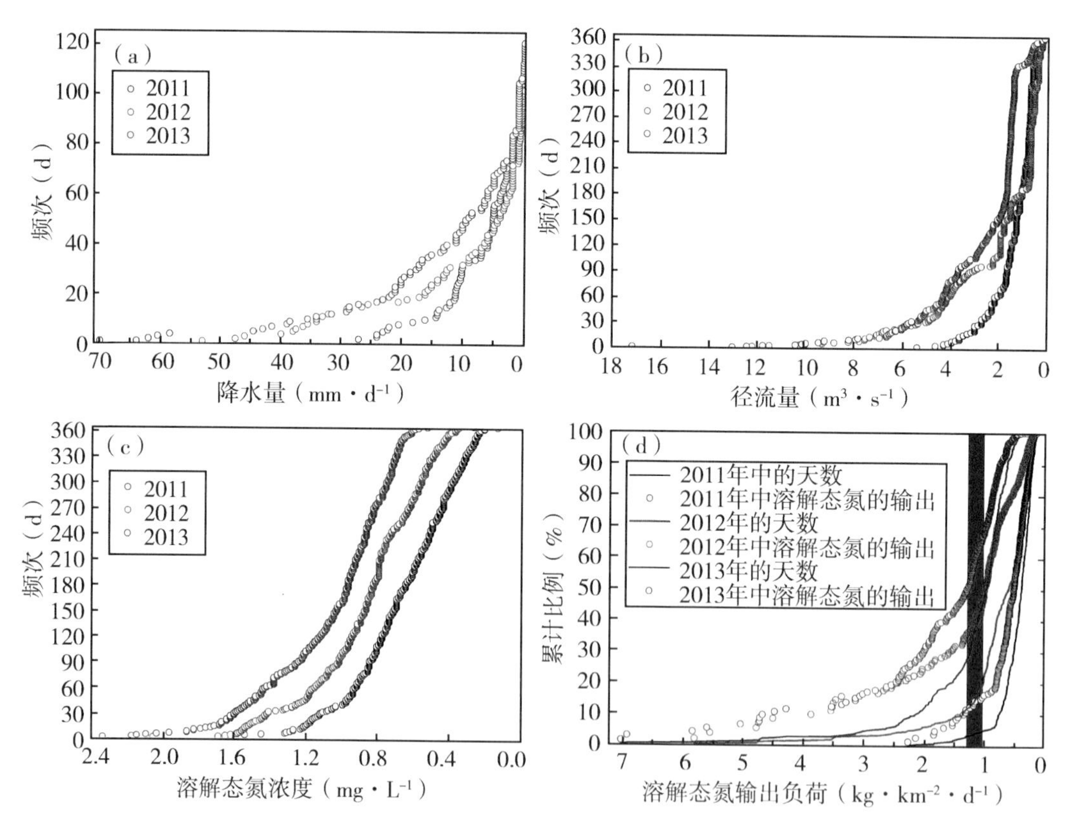

图 4.9 降水量（a）、径流量（b）、溶解态氮浓度（c）及输出负荷（d）的年际变化

2012 年和 2013 年出现高溶解态氮浓度的天数也远高于 2011 年（图 4.9c）。2012 年和 2013 年溶解态浓度高于 1.5 mg · L^{-1}（地表水质 V 类标准）天数分别为 43 d 和 17 d，而在 2011 年仅有 4 d。对于流域溶解态氮的输出负荷而言，2011 年输出负荷为 45.12 t，2012 年（87.76 t）和 2013 年（139.83 t）则分别高出 94.5%和 209.9%（图 4.9d）。2012 年和 2013 年溶解态氮极端输出天数也远高于 2011 年、2012 年和 2013 年每日溶解态氮输出负荷大于 1.5 kg · km^{-2}分别为 33 d 和 75 d，远高于 2011 年的 7 d。

4.4.2　流域氮素输出的季节性变化特征

河流流量与溶解态氮的浓度在 6—8 月呈现出剧烈的波动（图 4.10），流量在 0.72～17.66 m^3 · s^{-1}变化，溶解态氮浓度在 0.14～2.06 mg · L^{-1}变化。该时期降水量较大，是全年降水最集中的时期，因此，降水可能是流量和溶解态氮浓度变化的主要原因。6 月河流中溶解态氮的浓度开始发生激烈变化，浓度逐渐升高至年度峰值，此时，河流流量变化较小（图 4.10）。7—9 月，河流流量与溶解态氮的浓度同步发生了变化，溶解态氮的浓度开始随着流量的升高而升高。但从 7 月到 9 月整个时期来看，河流溶解态氮的浓度呈整体下降趋势。除 2013 年 9 月外，9—10 月河流溶解态氮的浓度均低于 7—8 月。

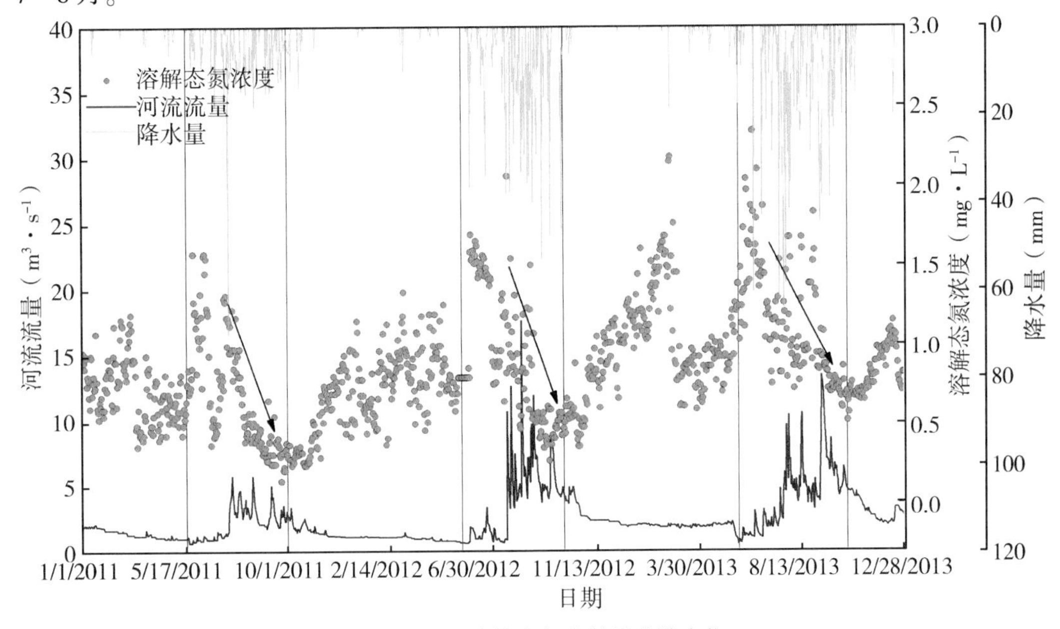

图 4.10　河流输出氮素的季节性变化

从一周内的变异情况来看，7—9 月，河流溶解态氮浓度变异小于流量（图 4.11）。其他月份河流溶解态氮浓度的变异远高于流量。

4.4.3　暴雨事件河流流量与氮动态特征

水稻生长时期总体可划分为生长初期（6 月）、中期（7—8 月）和晚期（9 月），不同时期农事活动强度与土壤氮素盈余量不同，表现为 6 月＞7—8 月＞9 月，6 月水稻

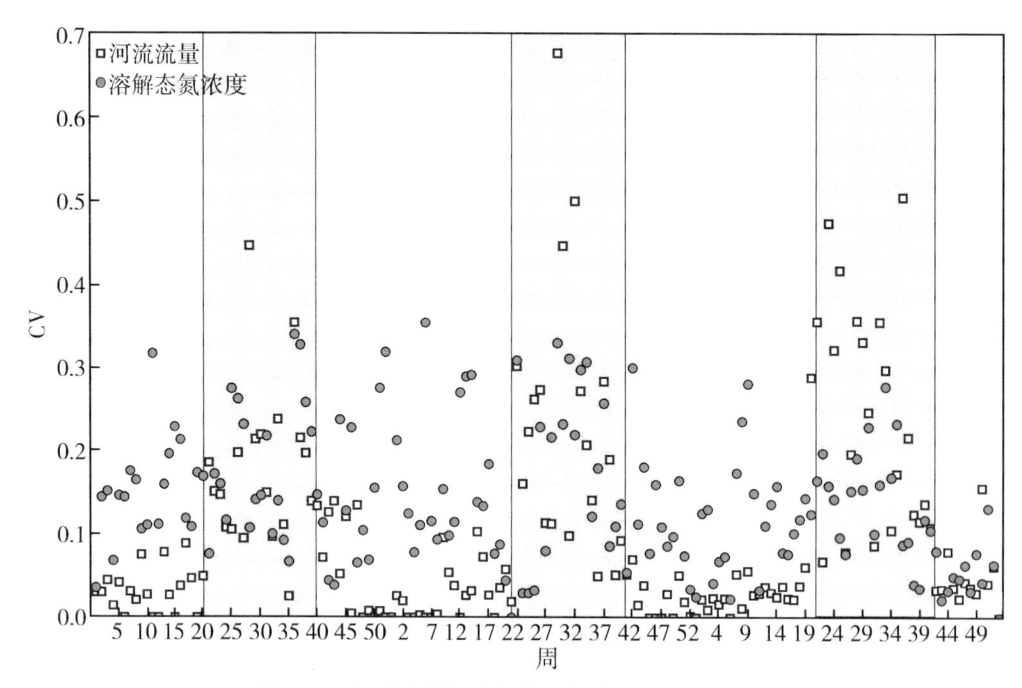

图 4.11　河流流量与溶解态总氮浓度的周变异情况

刚开始生长，由于插秧前水稻整个生长期的大部分肥料以底肥施入，但水稻利用有效，土壤氮素盈余水平处于最高水平，7—8 月水稻生长加快，对氮素利用增加，土壤氮素盈余水平有所降低，直至 9 月降到最低。7—8 月多发生暴雨径流事件，且时期会通过追肥补充水稻生长的养分需求，因此，该时期为暴雨径流事件与施肥事件重合期。

暴雨径流事件下河流中溶解态氮的浓度往往升高，但不同时期，相似暴雨径流事件下河流中溶解态氮浓度升高的幅度不同，总体表现为 6 月>7—8 月>9 月。7—8 月的暴雨径流事件下河流溶解态氮的浓度极值高于 9 月相似事件，例如径流事件 9 和 24 相比，径流事件 2、4、6、14、19 和径流事件 23、25、26 相比（图 4.12）。此外，6 月的暴雨径流事件下河流溶解态氮的浓度极值又高于 7—8 月。

7—8 月，河流溶解态氮的浓度一般随河流流量的升高而升高（$R^2=0.541$，$P<0.001$），呈现出负荷增加趋势，而 6 月河流溶解氮的浓度与流量的关系不显著，溶解态氮浓度的变化不受径流事件的影响（图 4.13a）。尽管在 9 月，河流溶解态氮的浓度与河流流量的相关性仍然显著，但较 7—8 月相关减弱（$R^2=0.164$，图 4.13a）。总体来看，相似水文条件（河流流量）下，前期河流的溶解态氮浓度高于后期（图 4.12）。次径流事件溶解态氮的输出随河流流量的增加而明显增大，且在 6 月和 9 月，溶解态氮的输出与河流流量呈线性正相关关系，但在 7—8 月，溶解态氮的输出与河流流量呈指数正相关关系（图 4.13b），这与不同时期浓度与流量的响应关系不同有关。前期河流溶解态氮的输出负荷及其随河流流量的增长速率均高于后期（图 4.13b），这与溶解态氮浓度的变化规律一致。此外，不同时期溶解态氮输出负荷的差值随着河流流量的增大而不断增加，这与两个时期溶解态氮输出随流量的增长速率的差异有关。

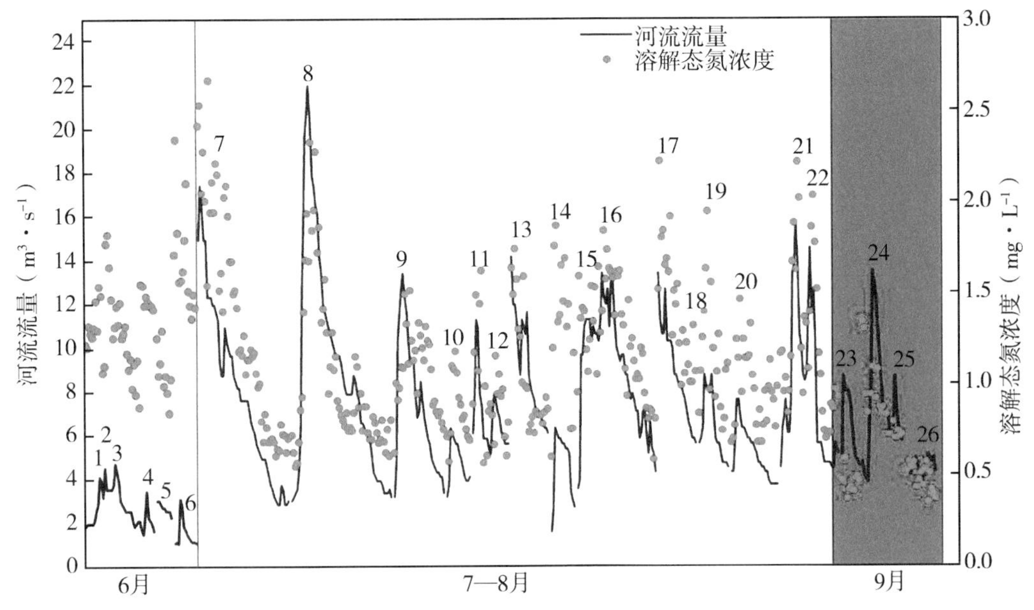

图 4.12 径流事件下河流流量与溶解态氮浓度的动态

4.5 讨论

6 月农业活动密集期，河流氮的浓度急剧升高，随后恢复到原来的水平。7—8 月受降水的驱动，河流发生波动，河流氮的浓度也随着升高或下降。相同径流事件下，7—8 月河流氮的浓度高于 9 月，而 6 月又高于 7—8 月。这些变化特征可能与农业活动的影响及其与流量的共同作用有关。

4.5.1 暴雨事件对流域氮素输出的影响

研究所选流域受亚热带高原季风气候的影响，全年一半以上（80%左右）的降水发生在 6—9 月，且几乎所有的暴雨径流事件出现在该时期，因而导致河流流量发生剧烈变化。由于溶解态氮输出与河流流量的紧密相关关系（图 4.13），使得河流流量的变化又引起溶解态氮的输出波动。而此过程中，暴雨径流事件对流域氮素的输出起到了至关重要的作用（Lu et al., 2011；Koenig et al., 2017b；Gao et al., 2014；Chen et al., 2012；Blaen et al., 2017）。本研究中，与 2011 年相比，2012 年与 2013 年暴雨径流事件对河流流量及溶解态氮的输出的作用更大。暴雨径流事件对河流氮素输出的巨大作用，首先可能与其增加了河流流量有关，其次可能与其提高了河水中氮浓度有关，再次可能与其改变了氮素输出源的组成有关，另外还与其降低了氮素在河道中的衰减有关（Wollheim et al., 2017）。并且，具有较高河流流量的丰水年份氮素输出的增加，还可能与河流流量较低的枯水年份暂存的氮素在丰水年遇到高径流事件时的流失加剧有关（Howarth et al., 2006）。

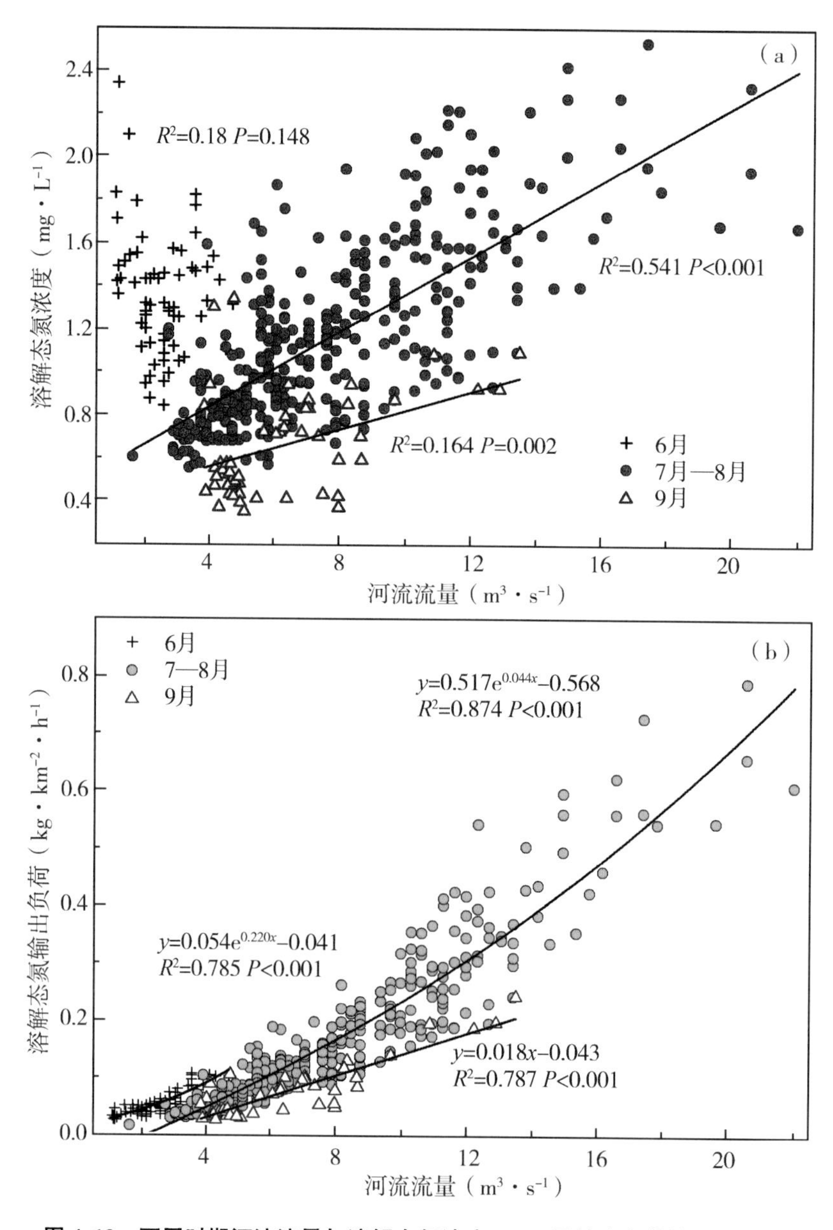

图 4.13 不同时期河流流量与溶解态氮浓度（a）及输出负荷的关系（b）

暴雨径流事件下，由于河流流速增快，水力停留时间变短，河流中对氮素具有去除作用的生物物理化学过程减弱，氮素在河流中发生衰减的概率降低，因此河道衰减作用对流域氮素的输出的影响变小（Roberts et al., 2007; Roberts and Mulholland, 2007; Mulholland, 2004）。同时，在暴雨径流事件下，河流 pH 降低（Moraetis et al., 2010; Mitchell et al., 2006），溶解氧升高（Moraetis et al., 2010），河流氮素浓度增加（Sebestyen et al., 2009），这些条件的改变也导致了河道对氮素去除能力的下降。另外，暴雨径流事件下沉积在底泥中的颗粒态可能发生再悬浮过程，而重新从流域输出（Schulz et al., 2003; Donohue et al., 2005)。因此，河流氮素浓度可能在暴雨事件下显著增加（Wollheim et al., 2017; Sebestyen et al., 2009; Sebestyen et al., 2014; Mitchell et al., 2006; Inamdar et al., 2004），进而显著增大流域氮素的输出负荷（Gao et al., 2014）。

7—9 月河流流量的时间变异高于河流溶解态氮的浓度（图 4.11），表明在该时期河流流量对氮素输出的影响可能大于源的变化，以往研究也指出，气象及其水文因子主导河流氮素输出的主要原因之一（Musolff et al., 2017; Dupas et al., 2016）。

相似径流事件对河流溶解态氮输出的影响在前期高于后期（图 4.12，图 4.13），这种现象的发生可能与土壤易流失氮的变化有关，因为易流失氮是影响河流氮素输出动态的重要因子之一（Howarth et al., 2011; Galloway et al., 2004）。通常，土壤易流失氮由氮素投入的盈余决定（Wang et al., 2015b; Meisinger and Delgado, 2002）。为了获得更高的作物产量，往往施用高于作物需求的氮肥，导致氮素盈余并残留在土壤中。另外，暴雨径流事件与施肥事件的耦合会加剧河流氮素的输出，这从相似径流事件下河流氮素输出在前期高于后期可以看出，前期河流溶解态氮输出负荷及其随流量的增长速率均高于后期（Mulholland et al., 2008; Grant et al., 2018）。因此，施肥（基肥+追肥）导致土壤易流失氮的变化是暴雨径流事件氮素输出出现前后季节差异的主要原因。

4.5.2　农业源对流域氮素输出的影响

本研究中，密集的农业活动，如耕作、施肥（基肥）及灌溉（水稻灌水）等主要发生在 5 月底至 6 月（水稻插秧及生长初期）。该时期，河流中溶解态氮的浓度也显著增加，但河流流量变化较小（图 4.10），表明了农业活动对河流氮素输出的重要作用。水稻插秧前，大量底肥会施用到土壤中，导致土壤中的易流失氮急剧增加（Dupas et al., 2016）。研究流域水稻田种植过程中，会抽灌大量河流水进入稻田，造成河流流量的短期小幅下降（图 4.10）。由于研究区水稻生长初期，温度较低，为了促进水稻秧苗的返青，通常在 6 月会适当排出一些田面水来增加土壤的温度。以往的研究表明，水田的施肥会导致田面水中氮浓度的增加（Zhao et al., 2015a; Lee et al., 2014; Jung et al., 2015），而排出的田面水由于沟渠与周边河流的联通，很容易直接回到河流中。因此，含有高浓度氮素的农田排水进入到河流后，显著增加了河流中氮素的浓度（图 4.10），这是 6 月河流中溶解态氮浓度急剧升高的主要原因。当然，6 月发生的降水径流事件（图 4.10）也会加剧高浓度的农田尾水进入河流，加剧河流氮素浓度的升高。

4.5.3　农业源与水文事件对流域氮素输出的交互影响

本研究发现，河流氮素的输出既与河流流量紧密相关。但不同时期河流氮素输出负荷与河流流量间呈现不同的相关关系（图 4.13），这主要与河流氮素输出受氮素投入的影响有关。在本研究流域，施肥发生在 5 月底至 8 月，9 月不再施肥，这样的氮投入特征导致土壤中氮含量与土壤易流失态氮的变化。本研究中，河流氮素输出与流量相关关系发生变化时间范围与氮素投入变化的时期重合，说明，氮素投入（施肥）是影响河流氮素输出与河流流量相关关系的重要原因。相同径流条件下，不同时期之间河流氮素浓度（图 4.13a）及输出负荷（图 4.13b）的差值随河流流量的增大而增大，说明水文条件加剧了施肥对流域氮素输出的影响程度。本研究中，7—8月流量的时间变异高于浓度，而6月浓度的时间变异高于流量（图4.11），因此，研究流域内7—8月河流氮素浓度与流量紧密相关，6月两者的相关性较弱（图4.13）。分析原因，6月是研究流域内农业活动密集期，此时是低径流条件期，在此时期内，农业活动可能是驱动河流氮素浓度升高的主要原因。而7—8月这一时期，暴雨径流事件对氮素流失、输出的驱动成为主要作用机制，导致7—8月流量的变异高于浓度的变异，这一时期，暴雨径流事件的作用更强。

4.5.4 流域氮素污染管理建议

河流氮输出与流域关系的动态变化可以为流域氮素污染防控提供依据。首先，河流氮素浓度（C）-流量（Q）关系的动态变化特征有助于氮素污染防控关键期的识别。相似径流条件下，不同时期河流氮素输出与流量的动态变化，表明径流事件发生的时期对氮素输出具有重要影响，因此，应在合适的时间对径流事件进行防控。在本研究区，6月短时间大量底肥的施用造成河流氮素浓度短期急剧升高，7—8月暴雨径流事件与施肥事件重合造成河流氮素输出的指数增加。因此，施肥期应对暴雨径流事件重点防控。6月河流氮素浓度的急剧升高还与不合理农田排水有关。受基肥的影响，6月农田水中氮素含量较高，该时期无组织的排放，将加剧河流氮素浓度的升高，因此应采取一定的控制排水或优化排水措施（Williams et al., 2015；Strock et al., 2010；Skaggs et al., 2012）。其次，农业活动对河流氮素输出的影响与水文条件紧密相关，应根据不同的水文条件制定不同的防控策略。低径流条件下，农田排水往往伴随高浓度的氮素，应采用循环灌溉模式，对高氮素浓度的农田尾水进行循环利用（Takeda et al., 1997；Takeda and Fukushima, 2006）。超出循环灌溉系统承载能力的尾水还可以临近湿地的净化能力进行再次处理（Hansen et al., 2018）。高径流条件下，由于流速较快、水力停留时间较短，循环灌溉系统及湿地的功能将会大大减弱。由于不同类源在同等水文条件下氮素输出特征不同，可以采用分流排水制来防控氮素污染。一般而言，林地氮素输出强度较低，而农用地、居民区氮素输出强度较大，应将农用地、居民区等高氮素输出的径流水收集及湿地处理，而将低氮素输出的林地径流直接排入河流。

4.6 本章小结

（1）不同时间尺度上，暴雨径流事件与农业活动对流域氮素的输出的影响表现出一定差异。长时间尺度上，流域氮素输出的变异主要由气象水文因子决定；而在短时间尺度上，虽然气象水文因子仍然对流域氮素的输出具有重要作用，但农业活动的影响开始加强。暴雨径流事件虽然在暴雨期导致了河流氮素输出的剧烈变化，但施肥活动与暴雨径流事件的重合加大了对河流氮素输出的影响。另外，农业活动对流域氮素输出的影响也与水文条件紧密相关，施肥对河流氮素输出的影响随着径流条件的加强而指数增加。

（2）暴雨径流与农业活动耦合期是流域农业面源污染发生的关键时期，应重点加强对该时期农业面源污染的管控。建议在暴雨径流期减少施用化肥等易流失态肥料，改用缓控释肥、稳定型肥料等，改变易造成养分流失的表施方式为深施方式，以降低暴雨径流期农田土壤中易流失态养分的含量。同时，关键期的农田排水还应加强沟塘拦截净化与循环利用，以减少农田区域高浓度水外排带来的农业面源污染风险。

参考文献

ARNOLD J G, ALLEN P M, 1999. Automated methods for estimating baseflow and ground water recharge from streamflow records [J]. Journal of the American Water Resources Association, 35 (2): 411-424.

BASU N B, DESTOUNI G, JAWITZ J W, et al., 2010. Nutrient loads exported from managed catchments reveal emergent biogeochemical stationarity [J]. Geophysical Research Letters, 37 (23): L23404.

BETTEZ N D, DUNCAN J M, GROFFMAN P M, et al., 2015. Climate variation overwhelms efforts to reduce nitrogen delivery to coastal waters [J]. Ecosystems, 18 (8): 1319-1331.

BIEROZA M Z, HEATHWAITE A L, BECHMANN M, et al., 2018. The concentration-discharge slope as a tool for water quality management [J]. Science of the Total Environment, 630: 738-749.

BLAEN P J, KHAMIS K, LLOYD C, et al., 2017. High-frequency monitoring of catchment nutrient exports reveals highly variable storm event responses and dynamic source zone activation [J]. Journal of Geophysical Research: Biogeosciences, 122 (9): 2265-2281.

CAREY R O, WOLLHEIM W M, MULUKUTLA G K, et al., 2014. Characterizing storm-event nitrate fluxes in a fifth order suburbanizing watershed using in situ sensors [J]. Environmental Science & Technology, 48 (14): 7756-7765.

CHEN L, DAI Y, ZHI X, et al., 2018b. Quantifying nonpoint source emissions and their water quality responses in a complex catchment: a case study of a typical urban-rural mixed catchment [J]. Journal of Hydrology, 559: 110-121.

CHEN L, XU J, WANG G, et al., 2018a. Influence of rainfall data scarcity on non-point source pollution prediction: implications for physically based models [J]. Journal of Hydrology, 562: 1-16.

CHEN N, WU J, HONG H, 2012. Effect of storm events on riverine nitrogen dynamics in a subtropical watershed, southeastern China [J]. Science of the Total Environment, 431: 357-365.

DONOHUE I, STYLES D, COXON C, et al., 2005. Importance of spatial and temporal patterns for assessment of risk of diffuse nutrient emissions to surface waters [J]. Journal of Hydrology, 304 (1-4): 183-192.

DUPAS R, JOMAA S, MUSOLFF A, et al., 2016. Disentangling the influence of hydroclimatic patterns and agricultural management on river nitrate dynamics from sub-hourly to decadal time scales [J]. Science of the Total Environment, 571: 791-800.

EGHBALL B, GILLEY J E, BALTENSPERGER D D, et al., 2002. Long-term manure and fertilizer application effects on phosphorus and nitrogen in runoff [J]. Trans ASABE, 45 (3): 687-694.

GALLOWAY J N, DENTENER F J, CAPONE D G, et al., 2004. Nitrogen cycles: past, present, and future [J]. Biogeochemistry, 70 (2): 153-226.

Gao Y, Zhu B, Yu G, et al., 2014. Coupled effects of biogeochemical and hydrological processes on C, N, and P export during extreme rainfall events in a purple soil watershed in southwestern China [J]. Journal of Hydrology, 511: 692-702.

GRANT S B, AZIZIAN M, COOK P, et al., 2018. Factoring stream turbulence into global assessments of nitrogen pollution [J]. Science, 359 (6381): 1266-1268.

GU L M, LIU T N, ZHAO J, et al., 2015. Nitrate leaching of winter wheat grown in lysimeters as affected by fertilizers and irrigation on the North China Plain [J]. Journal of Integrative Agriculture, 14 (2): 374-388.

HANSEN A T, DOLPH C L, FOUFOULA-GEORGIOU E, et al., 2013. Contribution of wetlands to nitrate removal at the watershed scale [J]. Nature Geoscience, 2018, 11 (2): 127-132.

HANSEN A T, DOLPH C L, FOUFOULA-GEORGIOU E, et al., 2018. Contribution of wetlands to nitrate removal at the watershed scale [J]. Nature Geoscience, 11 (2): 127-132.

HAO Z, YUE Y, SHA Z, et al., 2015a. Assessing impacts of alternative fertilizer management practices on both nitrogen loading and greenhouse gas emissions in rice cultivation [J]. Atmospheric Environment, 119: 393-401.

Hong B, Swaney D P, Howarth R W, 2013. Estimating net anthropogenic nitrogen inputs to U. S. watersheds: comparison of methodologies [J]. Environmental Science & Technology, 47 (10): 5199-5207.

HOWARTH R, CHAN F, CONLEY D J, et al., 2011. Coupled biogeochemical cycles: eutrophication and hypoxia in temperate estuaries and coastal marine ecosystems [J]. Frontiers in Ecology and the Environment, 9 (1): 18-26.

HOWARTH R, SWANEY D, BILLEN G, et al., 2012. Nitrogen fluxes from the landscape are controlled by net anthropogenic nitrogen inputs and by climate [J]. Frontiers in Ecology and the Environment, 10 (1): 37-43.

HOWARTH R W, SWANEY D P, BOYER E W, et al., 2006. The influence of climate on average nitrogen export from large watersheds in the Northeastern United States [J]. Biogeochemistry, 79 (1-2): 163-186.

Inamdar S P, Christopher S F, Mitchell M J, 2004. Export mechanisms for dissolved organic carbon and nitrate during summer storm events in a glaciated forested catchment in New York, USA [J]. Hydrological Processes, 18 (14): 2651-2661.

JUNG J W, LIM S S, KWAK J H, et al., 2015. Further understanding of the impacts of rainfall and agricultural management practices on nutrient loss from rice paddies in a monsoon area [J]. Water, Air, & Soil Pollution, 226 (9): 208.

KOENIG L E, SHATTUCK M D, SNYDER L E, et al., 2017b. Deconstructing the effects of flow on DOC, nitrate, and major ion interactions using a high-frequency aquatic sensor network [J]. Water Resources Research, 53 (12): 10655-10673.

KOENIG L E, SONG C, WOLLHEIM W M, et al., 2017a. Nitrification increases nitrogen export from a tropical river network [J]. Freshwater Science, 36 (4): 698-712.

KOPACEK J, HEJZLAR J, POSCH M, 2013. Factors controlling the export of nitrogen from agricultural land in a large central European catchment during 1900-2010 [J]. Environmental Science & Technology, 47 (12): 6400-6407.

LEE H, MASUDA T, YASUDA H, et al., 2014. The pollutant loads from a paddy field watershed due to agricultural activity [J]. Paddy and Water Environment, 12 (4): 439-448.

LU X X, LI S, HE M, et al., 2011. Seasonal changes of nutrient fluxes in the Upper Changjiang basin: an example of the Longchuanjiang river, China [J]. Journal of Hydrology, 405 (3-4): 344-351.

MEISINGER J J, DELGADO J A, 2002. Principles for managing nitrogen leaching [J]. Journal of Soil and Water Conservation, 57 (6): 485-498.

MITCHELL M J, PIATEK K B, CHRISTOPHER S, et al., 2006. Solute sources in stream water during consecutive fall storms in a northern hardwood forest watershed: a combined hydrological, chemical and isotopic approach [J]. Biogeochemistry, 78 (2): 217-246.

MORAETIS D, EFSTATHIOU D, STAMATI F, et al., 2010. High-frequency monitoring for the identification of hydrological and bio-geochemical processes in a Mediterranean river basin [J]. Journal of Hydrology, 389 (1-2): 127-136.

MULHOLLAND P J, 2004. The importance of in-stream uptake for regulating stream concentrations and outputs of N and P from a forested watershed: evidence from long-term chemistry records for Walker Branch Watershed [J]. Biogeochemistry, 70 (3): 403-426.

MULHOLLAND P J, HELTON A M, POOLE G C, et al., 2008. Stream denitrification across biomes and its response to anthropogenic nitrate loading [J]. Nature, 452 (7184): 202-246.

MUSOLFF A, FLECKENSTEIN J H, RAO P S C, et al., 2017. Emergent archetype patterns of coupled hydrologic and biogeochemical responses in catchments [J]. Geophysical Research Letters, 44 (9): 4143-4151.

PACKETT R, 2017. Rainfall contributes 30% of the dissolved inorganic nitrogen exported from a southern Great Barrier Reef river basin [J]. Marine Pollution Bulletin, 121 (1-2): 16-31.

ROBERTS B J, MULHOLLAND P J, 2007. In-stream biotic control on nutrient biogeochemistry in a forested stream, west fork of walker branch [J]. Journal of Geophysical Research-Biogeosciences, 112 (G4): 201-210.

ROBERTS B J, MULHOLLAND P J, HILL W R, 2007. Multiple scales of temporal variability in ecosystem metabolism rates: results from 2 years of continuous monitoring in a forested headwater stream [J]. Ecosystems, 10 (4): 588-606.

SCHILLING K, ZHANG Y K, 2004. Baseflow contribution to nitrate-nitrogen export from a large, agricultural watershed, USA [J]. Journal of Hydrology, 295 (1-4): 305-316.

SCHULZ M, KOZERSKI H P, PLUNTKE T, et al., 2003. The influence of macrophytes on sedimentation and nutrient retention in the lower River Spree (Germany) [J]. Water Research, 37 (3): 569-578.

SEBESTYEN S D, BOYER E W, SHANLEY J B, 2009. Responses of stream nitrate and DOC loadings to hydrological forcing and climate change in an upland forest of the northeastern United States [J]. Journal of Geophysical Research-Biogeosciences, 114: 1501-1510.

SEBESTYEN S D, SHANLEY J B, BOYER E W, et al., 2014. Coupled hydrological and biogeochemical processes controlling variability of nitrogen species in streamflow during autumn in an upland forest [J]. Water Resources Research, 50 (2): 1569-1591.

SEBILO M, MAYER B, NICOLARDOT B, et al., 2013. Long-term fate of nitrate fertilizer in agricultural soils [J]. Proceedings of the National Academy of Sciences of the United States of America, 110 (45): 18185-18189.

SKAGGS R W, FAUSEY N R, EVANS R O, 2012. Drainage water management [J]. Journal of Soil and Water Conservation, 67 (6): 167a-172a.

STROCK J S, KLEINMAN P J A, KING K W, et al., 2010. Drainage water management for water quality protection [J]. Journal of Soil and Water Conservation, 65 (6): 131-136.

TAKEDA I, FUKUSHIMA A, 2006. Long-term changes in pollutant load outflows and purification function in a paddy field watershed using a circular irrigation system [J]. Water Research, 40 (3): 569-578.

TAKEDA I, FUKUSHIMA A, TANAKA R, 1997. Non-point pollutant reduction in a paddy-field watershed using a circular irrigation system [J]. Water Research, 31 (11): 2685-2692.

WANG J, ZHU B, ZHANG J B, et al., 2015. Mechanisms of soil N dynamics following long-term application of organic fertilizers to subtropical rain-fed purple soil in China [J]. Soil Biology & Biochemistry, 91: 222-231.

WILLIAMS M R, KING K W, FAUSEY N R, 2015. Drainage water management effects on tile discharge and water quality [J]. Agricultural Water Management, 148: 43-51.

WOLLHEIM W M, BERNAL S, BURNS D A, et al., 2018. River network saturation concept: factors influencing the balance of biogeochemical supply and demand of river networks [J]. Biogeochemistry, 141 (3): 503-521.

WOLLHEIM W M, MULUKUTLA G K, COOK C, et al., 2017. Aquatic nitrate retention at river network scales across flow conditions determined using nested in situ sensors [J]. Water Resources Research, 53 (11): 9740-9756.

XU Z W, ZHANG X Y, XIE J, et al., 2014. Total nitrogen concentrations in surface water of typical agro-and forest ecosystems in China, 2004—2009 [J]. PLoS One, 9 (3): e92850.

5　监测分析法在山地丘陵典型流域的应用

本研究以三峡库区古夫河小流域为研究对象，在自然降水条件下，2014 年 1—12 月对古夫河小流域出水口断面水质水量进行了连续监测，分析了流域出水口断面污染物氮磷输出浓度、排放负荷随降水的季节变化特征及其形态组成，以期为三峡库区流域面源污染的防控提供支撑。

5.1　降水、流量特征

研究流域古夫河小流域 2014 年 1—12 月降水量为 1 289.5 mm，降水天数 170 d，7—9 月降水量 824.1 mm，占全年降水量的 63.9%，为该流域的丰水期（图 5.1）；1—3 月、11 月、12 月降水量较小，仅占全年降水量的 7.4%，为该流域的枯水期。流域出水口断面日平均流量为 $16.5\times10^5\ m^3\cdot d^{-1}$，全年总流量达 $6.02\times10^8\ m^3$；9 月日平均流量最大，1 月最小，其值分别为 $68.1\times10^5\ m^3\cdot d^{-1}$和 $1.34\times10^5\ m^3\cdot d^{-1}$；7—9 月监测断面出口流量达 $3.57\times10^8\ m^3$，占全年流量的 59.3%；11 月开始，降水持续减少，流量缓慢降低。流域出口流量与降水量之间的相关性分析表明，流域出口流量与降水量之间存在极显著（$P<0.01$）的线性正相关关系（图 5.2）。

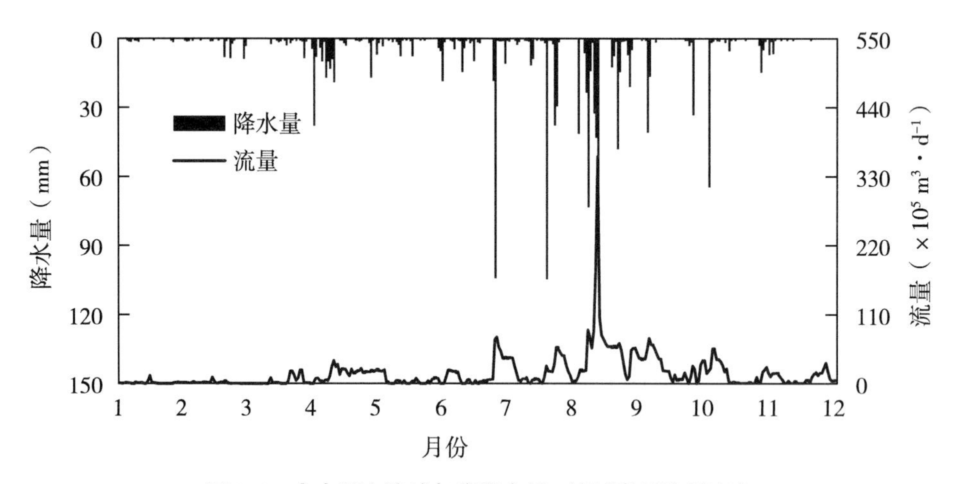

图 5.1　古夫河小流域年度降水量、流域出口流量变化

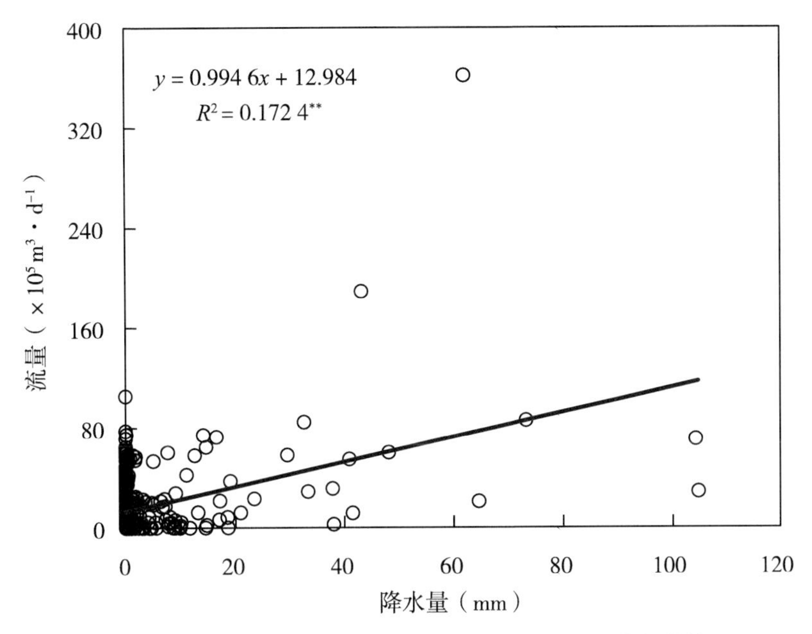

图 5.2 古夫河小流域降水量与流域出口流量之间的相关性

5.2 流域氮素输出浓度及形态

5.2.1 流域氮素输出浓度

2014 年 1—12 月流域出口监测断面总氮、硝态氮和氨氮的年均排放浓度分别为 2.34 mg·L^{-1}、1.90 mg·L^{-1}和 0.09 mg·L^{-1}（图 5.3）。氨氮浓度峰值的出现早于硝态氮和总氮，集中出现在 6 月，月均排放浓度为 0.12 mg·L^{-1}，比年均排放浓度高出 33.3%，最大排放浓度达 0.53 mg·L^{-1}；最低月均排放浓度出现在 3 月和 4 月，其值为 0.05 mg·L^{-1}，仅为年均排放浓度的 55.6%。硝态氮排放浓度峰值出现在 7 月 13 日，比 7 月最大降水日期（7 月 12 日）延后 1 d，浓度为 3.53 mg·L^{-1}；8 月 28 日硝态氮排放浓度再次出现一个小峰值，当日的降水量达 73.2 mm，是本月的第二个降水高峰。7—9 月丰水期，总氮排放浓度峰值随降水量的变化而上下波动，7—9 月浓度均值分别为 2.20 mg·L^{-1}、2.49 mg·L^{-1}和 2.30 mg·L^{-1}，根据《地表水环境质量标准》（GB 3838—2002），以总氮浓度为水质评判指标，属于地表水劣Ⅴ类水质。

5.2.2 流域氮素输出形态

小流域监测断面出口总氮、硝态氮、颗粒态氮和氨氮的年排放负荷分别为 1 432 t·a^{-1}、1 126 t·a^{-1}、251 t·a^{-1}和 55 t·a^{-1}，7—9 月丰水期排放负荷分别达 853 t、666 t、157 t 和 30 t，分别占其年排放负荷的 59.6%、59.1%、62.5%和 54.5%；枯水期总氮、硝态氮、颗粒态氮和氨氮的排放负荷分别占其年排放负荷的 14.0%、

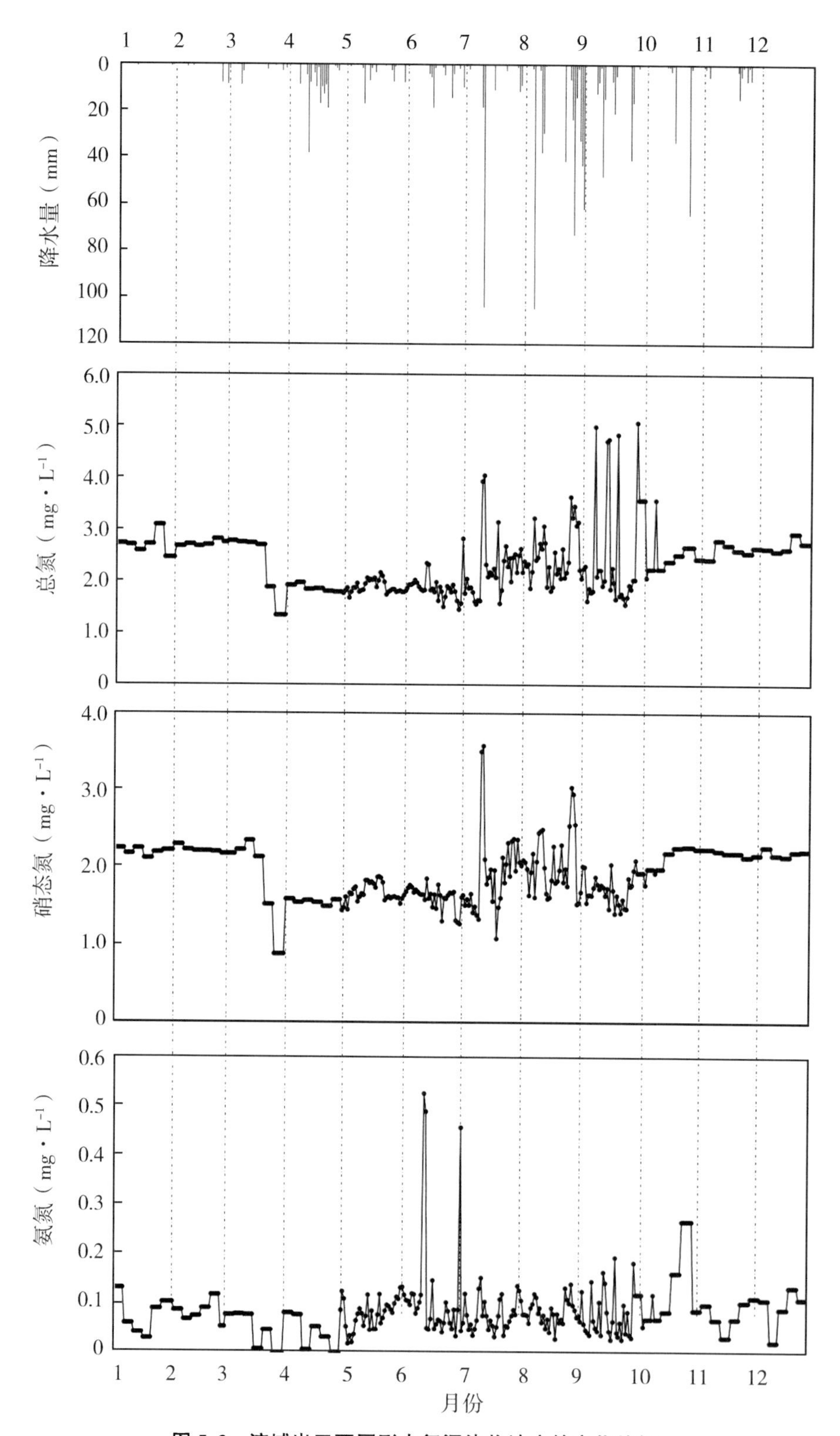

图 5.3　流域出口不同形态氮污染物浓度的变化特征

14.7%、11.2%和12.7%，其中1—3月总排放负荷最小，不同形态氮的排放负荷分别仅占其年排放负荷的2.6%、2.5%、2.8%和1.5%（图5.4）。不同形态氮排放峰值均出现在9月上旬，排放负荷分别达241.8 t、185.3 t、47.8 t和8.7 t。4月下旬、7月中旬和10月下旬不同形态氮污染物排放负荷出现小的峰值，可能与这几个时期的降水量增加有关。

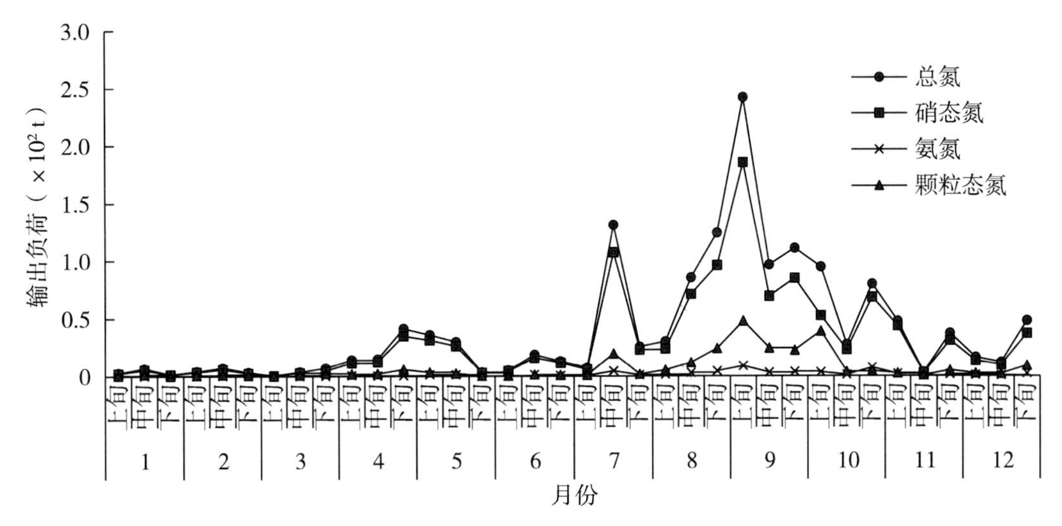

图5.4　流域总径流中不同形态氮负荷月变化

硝态氮是6—9月流域氮的主要排放形态（图5.5），月排放负荷占总氮排放负荷的55.4%~91.3%，颗粒态氮和氨氮月排放负荷占总氮排放的比例分别为4.8%~41.2%和0.6%~9.1%，且随着雨季的延长，颗粒态氮流失比例增加，9月颗粒态氮流失比例比6月高出13.9%。

对流域出口不同形态氮浓度与降水量、泥沙含量之间的线性相关分析结果表明（表5.1），降水量与泥沙含量之间存在极显著（$P<0.01$）线性相关关系，降水量与硝态氮浓度存在显著（$P<0.05$）线性相关关系，与总氮、氨氮浓度相关性不显著；泥沙含量和不同形态氮浓度间相关关系均不显著（$P<0.05$）。

表5.1　流域出口不同形态氮浓度与降水、泥沙之间的相关性

相关系数	降水量	泥沙量	总氮浓度	硝态氮浓度	氨氮浓度
降水量	1				
泥沙量	0.211 6**	1			
总氮浓度	0.004 4	0.002 9	1		
硝态氮浓度	0.016 3*	0.000 1	0.468 4**	1	
氨氮浓度	0.001 4	0.000 04	0.118 3**	0.059 3**	1

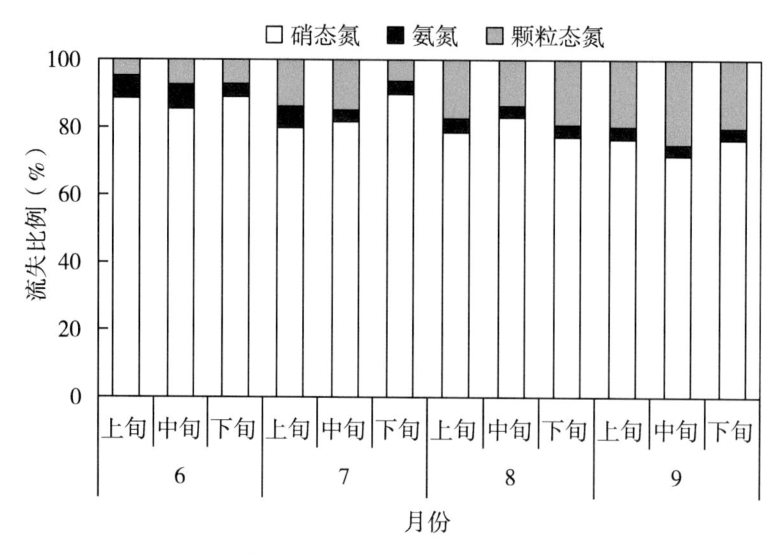

图 5.5 流域出口 6—9 月不同形态氮负荷输出比例

5.3 流域磷素输出浓度及形态

5.3.1 流域磷素输出浓度

2014 年 1—12 月小流域监测断面出口总磷、可溶性总磷和颗粒态磷的年均排放浓度分别为 0.056 mg · L^{-1}、0.021 mg · L^{-1}和 0.035 mg · L^{-1}（图 5.6）。颗粒态磷月均排放浓度最高出现在 9 月，为 0.086 mg · L^{-1}，比年均排放浓度高出 2.5 倍，排放浓度峰值出现在 8 月 31 日，最大排放浓度达 0.353 mg · L^{-1}。最低月平均排放浓度出现在 3 月，其值为 0.019 mg · L^{-1}，仅为年均排放浓度的 54.3%。可溶性总磷排放浓度在 5—9 月波动较大，峰值出现在 9 月 2 日，最大排放浓度为 0.09 mg · L^{-1}。最高月平均排放浓度出现在 7 月和 8 月，月均排放浓度为 0.031 mg · L^{-1}，比年均排放浓度高出 47.6%。7—9 月丰水期，总磷月均排放浓度分别为 0.068 mg · L^{-1}、0.079 mg · L^{-1} 和 0.108 mg · L^{-1}，按《地表水环境质量标准》（GB 3838—2002），7—8 月水质属于地表水水质 Ⅱ 类，9 月达到地表水水质 Ⅲ 类，最大排放浓度峰值出现在 8 月 31 日，为 0.4 mg · L^{-1}。

5.3.2 流域磷素输出形态

小流域监测断面出口总磷、可溶性总磷和颗粒态磷的年排放负荷分别为 563.1 t · a^{-1}、162.1 t · a^{-1} 和 401 t · a^{-1}，7—9 月丰水期排放负荷分别达 442.4 t、115.0 t和 327.4 t，分别占其年排放负荷的 78.6%、70.9% 和 81.6%；枯水期总磷、可溶性总磷和颗粒态磷的排放负荷分别占其年排放负荷的 7.1%、8.3% 和 6.7%，其中 1—3 月总排放负荷最小，分别仅占其年排放负荷的 1.2%、1.9% 和 0.97%。不同形态

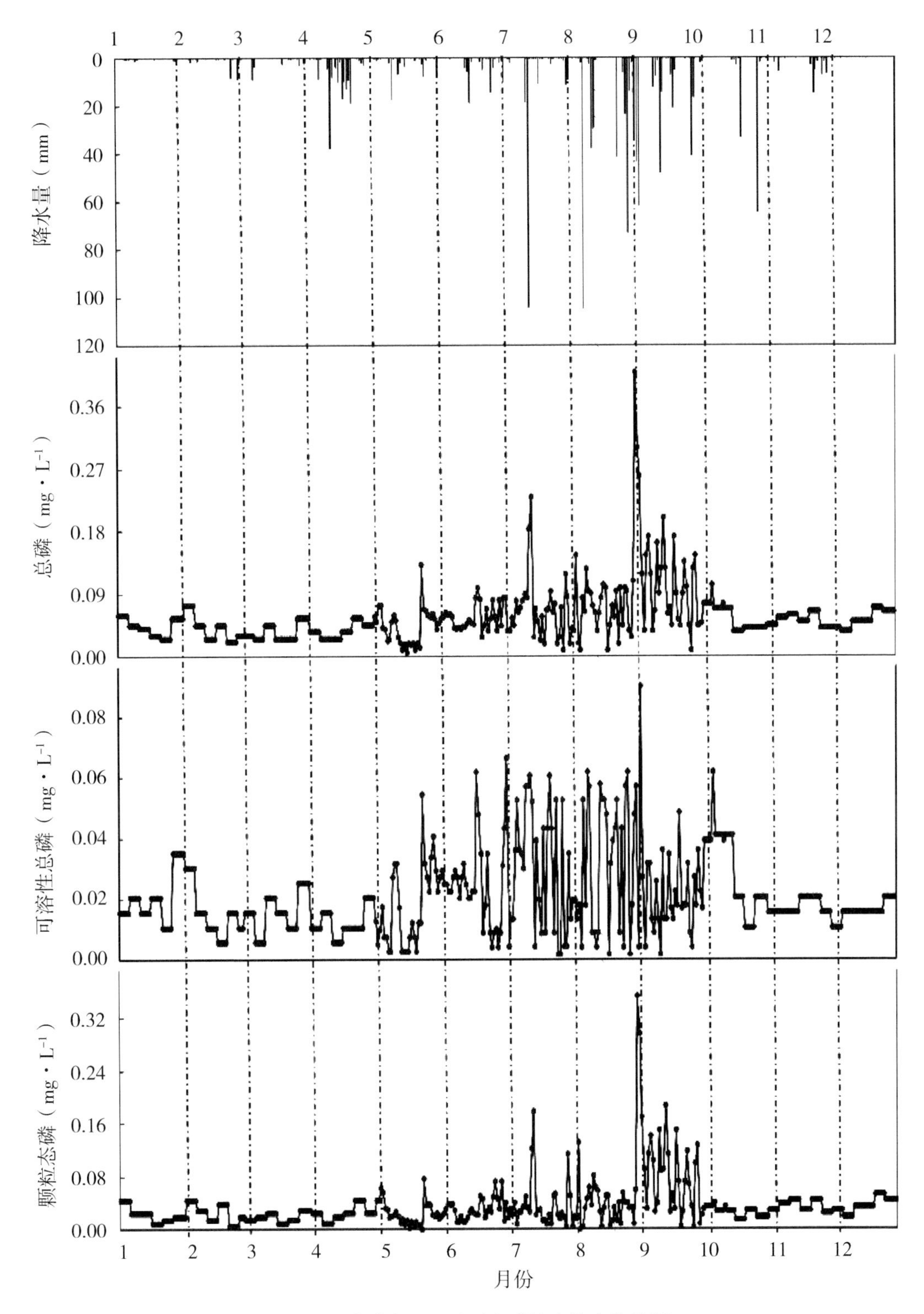

图 5.6 流域出口不同形态磷浓度的变化特征

磷负荷排放峰值与氮相同均出现在 9 月上旬，排放负荷分别达 210.7 t、44.6 t 和 166.1 t（图 5.7）。4 月下旬和 7 月中旬不同形态磷排放负荷出现小的峰值，可能与这几个时期的降水量增加有关，且据调研，4 月底和 7 月中旬是流域的主要施肥期。

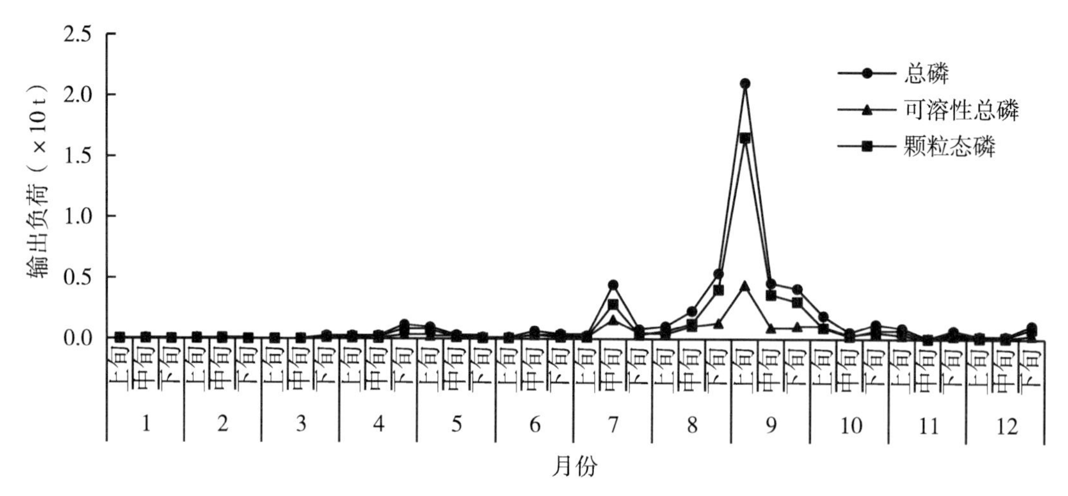

图 5.7　流域总径流中不同形态磷负荷月变化

颗粒态是 6—9 月流域磷的主要排放形态，月排放负荷占总磷的 41.9%～79.5%，可溶性总磷月排放负荷占总磷的 20.5%～58.1%，随着雨季的延长，9 月颗粒态磷的日流失比例高达 74.1%～79.5%（图 5.8）。

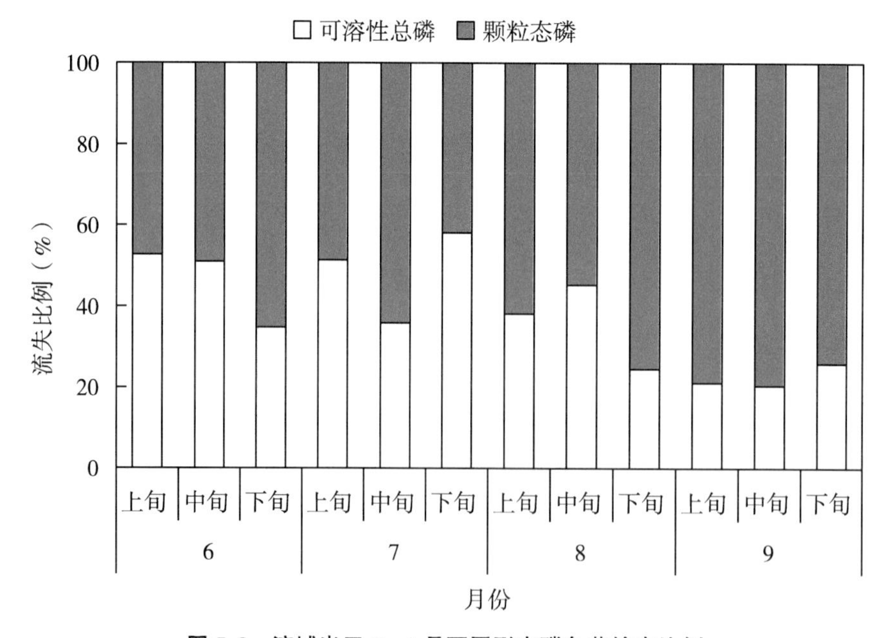

图 5.8　流域出口 6—9 月不同形态磷负荷输出比例

对流域出口不同形态磷浓度与降水量、泥沙含量之间的线性相关分析结果表明（表 5.2），降水量与可溶性总磷浓度存在显著（$P<0.05$）线性相关关系，与总磷、颗

粒态磷浓度极显著（$P<0.01$）线性相关；泥沙含量和不同形态磷浓度间相关关系均达极显著水平（$P<0.01$）。

表 5.2 流域出口不同形态磷浓度与降水、泥沙之间的相关性

相关系数	降水量	泥沙量	总磷	可溶性总磷	颗粒态磷
降水量	1				
泥沙量	0.211 6**	1			
总磷	0.108 6**	0.472 0**	1		
可溶性总磷	0.011 0*	0.036 9**	0.264 3**	1	
颗粒态磷	0.112 2**	0.502 8**	0.875 3**	0.031 8**	1

5.4 讨论

5.4.1 流域氮磷输出的主要驱动力

古夫河小流域年内降水分配极度不均，7—9 月降水量占全年降水量 63.9%，且日降水量超过 60 mm 的降水发生 4 次，流域出口流量占全年流量的 59.3%，贡献了全年总氮、总磷负荷的 59.6% 和 78.6%，是古夫河小流域氮磷流失的关键期。降水较少的 10 月至翌年 6 月，总氮和总磷的贡献比例不足 50%。宋林旭等（2016）应用 SWAT 模型对整个香溪河流域不同时空尺度非点源氮磷分布式模拟和分析结果也表明，在 4—9 月丰水期，总氮和总磷贡献率分别为 84.1% 和 89.4%，且径流和营养盐负荷受降水影响并呈正相关关系。由此得出，降水是面源污染发生的主要驱动力，降水的季节特征、降水量和降水强度等均对土壤养分的流失及流失形态均产生影响（Chen et al.，2016；王国重等，2016；高杨等，2011）。

5.4.2 农业源对氮磷输出的影响

小流域氮磷的输出规律除了受降水影响，还与流域氮磷的来源有关。已有研究表明，畜禽养殖业源和种植业源对流域氮磷排放贡献最大（崔超等，2015）。据本研究流域内农村统计年鉴统计显示，流域内的畜禽养殖主要包括猪、牛、鸡，但以生猪养殖为主。已有研究指出，猪粪中氮磷养分含量明显高于牛粪和鸡粪（李书田等，2009），研究流域内生猪养殖多以农户散养为主，粪便无处理设施临时堆放较常见，遇降水天气粪便极易被冲刷造成大量氮磷流失。尹琴等（2015）通过人工降水和模拟降水相结合方式分析发现，降水冲刷可导致畜禽粪便中 65% 的氮和 55% 的磷流失。整个三峡库区山地丘陵面积占 97.3%，耕地大部分分布在坡地，属于中度侵蚀以上流失区（梁斐斐等，2012）。根据已有研究表明，不同土地利用类型中坡耕地氮磷流失负荷最大，其次是坡地园地（曾立雄等，2012；宋林旭等，2013；田太强等，2014），6 月初到 7 月中旬，古夫小流域内主要种植作物玉米和柑橘追施大量氮磷肥，且两种作物主要分布在沿河道

两侧的低山、半高山区坡地上，加上降水集中，水土流失严重，流域内氮磷的流失潜力增加。朱波等（2010）在石盘丘小流域的研究也表明，坡地园地和坡耕地是三峡库区农村非点源氮磷污染的主要来源，两者累积贡献了51%以上的小流域氮磷污染负荷。由此可以看出，在丘陵小流域中的分散养殖和坡地种植是流域面源污染的两个主要来源。

研究小流域溶解态氮和颗粒态磷是氮、磷流失的主要形态。其中，溶解态氮中硝态氮的比例占到了90%以上（图5.5），这与吴东等（2015）的研究结果一致，分析原因可能与氮素的存在形态及输出迁移驱动力有关，土壤胶体带负电荷，与氨氮结合稳定，在没有降水径流驱动作用下很难流失，硝态氮带负电，且易溶于水，迁移能力强，即使在没有降水地表径流作用下，同样会随浅层地下水进入河道（宋林旭等，2016）。据调查流域内畜禽粪便最终全部以有机肥形式还田，但在非施肥期产生的粪便大量随意露天堆置，在降水的冲刷下养分直接进入河道，这部分氮主要溶解于径流中或吸附于泥沙中流失；以有机肥形式进入农田的这部分畜禽粪便主要以硝态氮形态随农田渗漏和径流流失（崔超等，2015；曾立雄等，2012），因此，流域氮主要输出形态为溶解态氮（秦华等，2016）。流域内磷的流失主要以颗粒态为主，占到了流失总磷的41.9%~79.5%（图5.8），颗粒态磷的损失载体主要是泥沙（Wu et al.，2013；孟庆华等，2000；Li et al.，2016），流域内8月降水径流集中，降水强度大，对土壤的侵蚀增加，泥沙含量与降水量呈极显著正相关。因此，从8月开始，颗粒态磷逐渐成为流域磷输出的主要形态，6月、7月可溶态和颗粒态磷输出比例各占总磷输出的50%左右。这主要由于种植业源是流域内磷流失的主要来源（崔超等，2015），流域内以坡耕地为主，坡耕地农田总磷流失负荷大，并且主要是以颗粒态磷流失（林超文等，2010）。由此可见，为减少流域内面源污染流失负荷，建议流域内粪便集中处理或堆腐后及时还田，且在降水集中的7—9月，尽量避免畜禽粪便的露天放置。为减少流域内坡耕地面源污染流失，尽量选择横坡垄作的种植方式（林超文等，2010），免中耕（田耀武等，2011）或辅助等高植物篱（许峰等，2000）、秸秆覆盖（Mohammad et al.，2010）等不同耕作和覆盖方式来降低坡地土壤侵蚀和肥料流失引起的面源污染风险。

5.5 本章小结

（1）7—9月是古夫河小流域面源污染的主要发生时期，降水量占全年降水量63.9%，总氮、总磷的排放负荷分别占年排放负荷的59.6%和78.6%，平均排放浓度分别为总氮2.33 $mg \cdot L^{-1}$和总磷0.085 $mg \cdot L^{-1}$，溶解态氮和颗粒态磷成为流域氮磷主要流失形态，水质为劣Ⅴ类水，对三峡库区水体富营养化存在一定风险，建议将7—9月作为流域面源污染防控关键期。

（2）坡耕地和分散养殖是流域面源污染两大主要贡献源，为降低流域种植业面源污染流失应在流失关键期尽量减少翻耕、肥料表施等农业措施，并且采取流域坡耕地横坡垄作、等高植物篱等措施加强面源污染防控；山地丘陵小流域散养为主的畜禽粪便全部以有机肥形式还田，因此，在避免雨季表施还田的同时，应建设畜禽粪便储存设施，避免由于畜禽粪便随意露天堆放而遭降水冲刷带来的面源污染流失负荷增加。

参考文献

崔超，刘申，翟丽梅，等，2015. 兴山县香溪河流域农业源氮磷排放估算及时空特征分析［J］. 农业环境科学学报，34（5）：937-946.

高杨，宋付朋，马富亮，等，2011. 模拟降雨条件下 3 种类型土壤氮磷钾养分流失量的比较［J］. 水土保持学报，25（2）：15-18.

李书田，刘荣乐，陕红，2009. 我国主要畜禽粪便养分含量及变化分析［J］. 农业环境科学学报，28（1）：179-184.

梁斐斐，蒋先军，袁俊吉，等，2012. 降雨强度对三峡库区坡耕地土壤氮、磷流失主要形态的影响［J］. 水土保持学报，26（4）：81-85.

林超文，罗春燕，庞良玉，等，2010. 不同耕作和覆盖方式对紫色丘陵区坡耕地水土及养分流失的影响［J］. 生态学报，30（22）：6091-6101.

孟庆华，杨林章，2000. 三峡库区不同土地利用方式的养分流失研究［J］. 生态学报，20（6）：1028-1033.

秦华，李晔，李波，等，2016. 人工模拟降雨条件下石灰土养分流失规律［J］. 水土保持学报，30（1）：1-4.

宋林旭，刘德富，崔玉洁，2016. 三峡库区香溪河流域非点源氮磷负荷分布规律研究［J］. 环境科学学报，36（2）：428-434.

宋林旭，刘德富，过寒超，等，2013. 三峡库区香溪河流域不同源类氮、磷流失特研究［J］. 土壤通报，44（2）：465-471.

田太强，何丙辉，黄巍，2014. 三峡库区坡耕地不同施肥水平与耕作模式径流泥沙流失规律［J］. 水土保持研究，21（1）：61-70.

田耀武，黄志霖，肖文发，2011. 三峡库区黑沟小流域非点源污染物输出的动态变化［J］. 环境科学，32（2）：423-427.

王国重，李中原，田颖超，等，2016. 雨强和土地利用对豫西南山区氮磷流失的影响［J］. 人民长江，47（7）：18-22.

吴东，黄志霖，肖文发，等，2015. 三峡库区典型退耕还林模式土壤养分流失控制［J］. 环境科学，36（10）：3825-3831.

许峰，蔡强国，吴淑安，2000. 坡地农林复合系统土壤养分过程研究进展［J］. 水土保持学报，14（1）：82-87.

尹琴，瞿广飞，黄凯，等，2015. 降雨冲刷造成的畜禽粪便氮磷流失规律及蚯蚓强化降解堆沤池氮磷流失控制作用研究［J］. 安徽农业科学，43（25）：265-268.

曾立雄，黄志霖，肖文发，等，2012. 三峡库区不同土地利用类型氮磷流失特征及其对环境因子的响应［J］. 环境科学，33（10）：3390-3396.

朱波，汪涛，王建超，等，2010. 三峡库区典型小流域非点源氮磷污染的来源与负荷［J］. 中国水土保持（10）：34-36.

CHEN C L，GAO M，XIE D T，et al.，2016. Spatial and temporal variations in non-point source losses of nitrogen and phosphorus in a small agricultural catchment in the Three Gorges Region [J]. Environmental Monitoring and Assessment, 188 (4): 257-271.

LI Z W, TANG H W, XIAO Y, et al., 2016. Factors influencing phosphorus adsorption onto sediment in a dynamic environment [J]. Journal of Hydro-environment Research, 10: 1-11.

MOHAMMAD A G, ADAM M A, 2010. The impact of vegetative cover type on runoff and soil erosion under different land uses [J]. Catena, 81 (2): 97-103.

WU L, LONG T Y, LIU X, et al., 2013. Modeling impacts of sediment delivery ratio and land management on adsorbed non-point source nitrogen and phosphorus load in a mountainous basin of the Three Gorges reservoir area, China [J]. Environmental Earth Sciences, 70: 1405-1422.

6 监测分析法在平原水网典型流域的应用

本研究以平原水网区典型流域太湖流域的乌溪港和蠡河流域为研究对象，借助乌溪港口2010—2015年的水质监测数据，分析了乌溪港口氮浓度的年际变化和年内变化，识别了氮输出的高浓度风险期。通过在蠡河流域从上游到下游监测点的布设和水质监测，探究了蠡河流域污染物的输出变化特征。通过以上的研究，使得监测分析法在平原水网典型流域得以很好应用。

6.1 流域污染物输出特征

6.1.1 乌溪港水体中氮浓度周年变化特征

总氮浓度在3月达到年内最高（图6.1），尤其是2015年3月总氮浓度为8.72 mg・L^{-1}，远超过地表水Ⅴ类水标准2.0 mg・L^{-1}。5—10月总氮浓度处于较低水平，其中10月达到最低，2014年10月总氮浓度最低为2.75 mg・L^{-1}，但是也超过了地表水Ⅴ类标准。乌溪港作为太湖流域的主要入湖港口，其总氮污染情况不容乐观。氨氮的浓度的年内变化趋势与总氮有所不同，氨氮浓度在2月和3月达到年内最高，7—9月这3个月的氨氮浓度较低，2011年3月氨氮浓度达到最高4.70 mg・L^{-1}，远超过地表水环境质量标准Ⅴ类水。

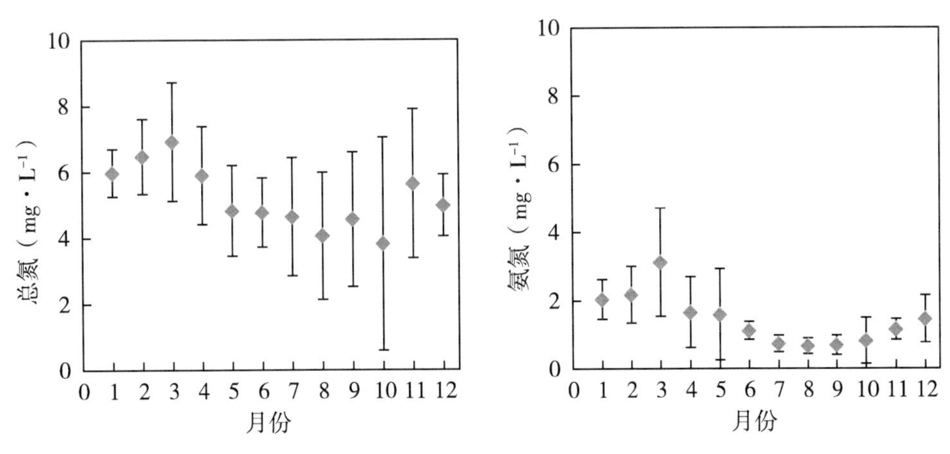

图6.1 氮浓度月变化特征

6.1.2 乌溪港水体中氮浓度年际间差异特征

通过对比不同年份水体中总氮浓度可以看出（图6.2），2014年总氮浓度最低为

4.41 mg·L^{-1}，2015 年最高为 5.92 mg·L^{-1}。2015 年、2011 年、2012 年总氮浓度均值分别为 5.92 mg·L^{-1}、5.47 mg·L^{-1}、5.82 mg·L^{-1}，显著高于 2013 年 4.45 mg·L^{-1}和 2014 年 4.41 mg·L^{-1}，2011 年氨氮浓度均值为 1.72 mg·L^{-1}，显著高于 2013 年 1.19 mg·L^{-1}和 2015 年 1.09 mg·L^{-1}。

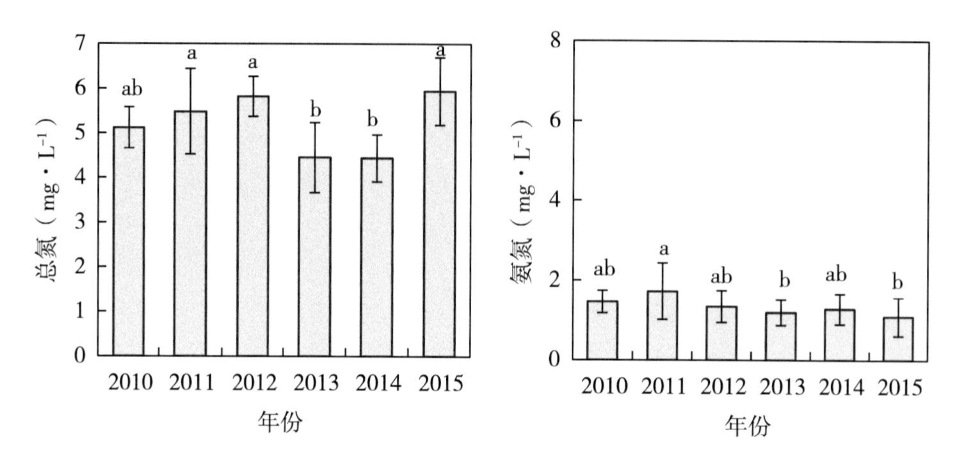

图 6.2 总氮和氨氮浓度的年际差异

注：不同小写字母表示年际间差异显著（$P<0.05$）。

对研究流域河流断面 2010—2015 年氮浓度的监测结果可以看出（图 6.3），乌溪港水体氮污染情况十分严峻，总氮浓度整体介于 0.48~15.99 mg·L^{-1}，氨氮浓度整体介于 0.14~7.21 mg·L^{-1}，不同年份的结果分析表明，2010—2015 年总氮浓度年度均值分别为 5.12 mg·L^{-1}、5.47 mg·L^{-1}、5.82 mg·L^{-1}、4.45 mg·L^{-1}、4.41 mg·L^{-1}和 5.92 mg·L^{-1}，氨氮浓度年度均值分别为 1.46 mg·L^{-1}、1.72 mg·L^{-1}、1.34 mg·L^{-1}、1.19 mg·L^{-1}、1.28 mg·L^{-1}和 1.09 mg·L^{-1}。按地表水质量标准划分总氮 6 年均值都属于劣Ⅴ类水，与总氮相比，氨氮的污染程度较轻。根据《国家地表水环境质量标准》（GB 3838—2002）将 6 年的逐日总氮数据进行划分，发现 2010 年全年乌溪港水质都属于劣Ⅴ类水。2011 年有 5 d 是Ⅴ类水，其余均是劣Ⅴ类。2012 年有 1 d 是Ⅴ类水，其余全是劣Ⅴ类。2013 年有 5 d 是Ⅳ类水，17 d 是Ⅴ类水，其余全是劣Ⅴ类。2014 年有 1 d 是Ⅱ类水，3 d 是Ⅳ类水，2 d 是Ⅴ类水，其余全是劣Ⅴ类水。2015 年有 3 d 是Ⅴ类水，其余全是劣Ⅴ类水。

从水质周年动态变化特征来看，2010 年度总氮浓度在 1—6 月波动较小，在 10 月有明显的降低，11 月、12 月浓度逐渐升高；氨氮年内变化趋势明显，春冬季节浓度较高，夏秋季节浓度较低，在汛期 7 月浓度达到最低，同时 7 月是降水量最大的月。2011 年度总氮浓度春冬季节较高，夏秋季节有降低的趋势，9 月总氮浓度较高；氨氮浓度在前半年较高，后半年整体较低，季节性变化规律不明显。2012 年总氮浓度季节性差异不明显，4 月浓度达到最高，10 月最低；氨氮春冬季节浓度较高，夏秋季节浓度较低，秋季 3 个月的浓度达到年内最低，1 月浓度最高。2013 年总氮浓度春季浓度最高，夏秋季节浓度逐渐降低；氨氮浓度 1—6 月变化不明显，从 7 月开始浓度逐渐降低，9 月达到最低，后逐渐升高。2014 年总氮和氨氮的变化规律一致，春冬季浓度较高，夏秋季较低，6 月浓度有明显的上升趋势，10 月达到年内最低。2015 年总氮浓度春冬季浓度较高，夏秋季较低，7 月浓度较高；氨氮浓度春季显著高于其他 3 个季节。

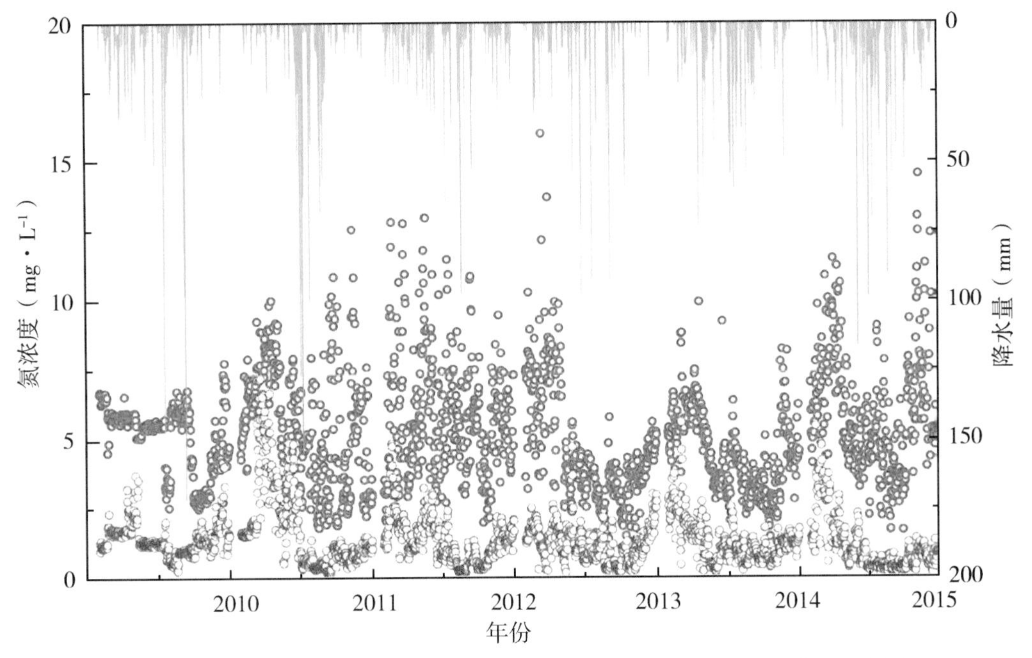

图 6.3 水体中总氮和氨氮浓度的日变化特征（上方蓝色柱状图代表日降水量；绿色点代表日总氮浓度；橘色点代表日氨氮浓度）

6.1.3 乌溪港汛期非汛期氮素变化特征

在监测期间，除 2010 年和 2012 年总氮浓度在汛期和非汛期没有明显差异外（图 6.4），其余 4 年，非汛期浓度要远高于汛期。氨氮连续 6 年均呈现非汛期浓度高于汛期的特征，在 2011 年非汛期氨氮浓度异常高。2015 年汛期氨氮浓度明显低于其余年份。

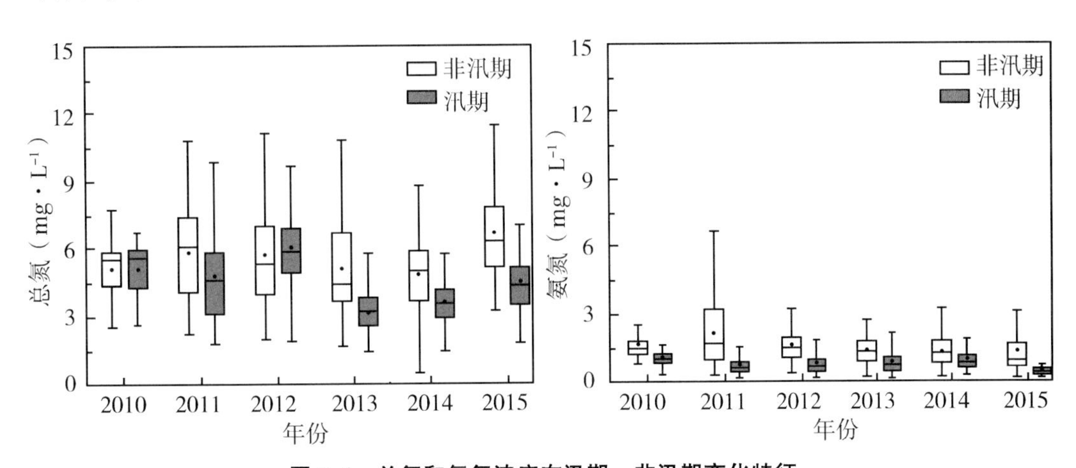

图 6.4 总氮和氨氮浓度在汛期、非汛期变化特征

6.1.4 蠡河流域污染物输出变化特征

蠡河流域5个监测点2014年3—8月，共采集6次水样测试结果如图6.5所示，旨在显示从蠡河流域上游竹海（太湖之源）到油车水库、流域上游总出口分洪桥、莲花荡，最后直至入湖港口乌溪港的水质变化情况。由图可以看出水污染物浓度从上游丘陵区到下游平原水网区逐渐升高，入湖港口乌溪港水质较差，总磷、氨氮、化学需氧量（Chemical Oxygen Demand，COD）变化趋势具有高度相似性。监测期间各点总磷浓度介于0.004~0.60 mg · L^{-1}，均值为0.176 mg · L^{-1}，低于Ⅲ类水浓度限值（0.2 mg · L^{-1}），浓度最大值为劣Ⅴ类水质。氨氮浓度小于0.003~4.75 mg L^{-1}，均值为1.08 mg · L^{-1}，低于地表水Ⅴ类浓度限值（2.0 mg · L^{-1}），浓度最大值为劣Ⅴ类水质。COD浓度小于49.0 mg · L^{-1}，均值为10.63 mg · L^{-1}，低于Ⅰ类水浓度限值（15 mg · L^{-1}），浓度最大值为劣Ⅴ类水。冯帅等（2016）在太湖流域的研究显示9月太湖流域上游河网20个监测点总磷浓度的平均值为0.27 mg · L^{-1}，氨氮为1.71 mg · L^{-1}，与蠡河流域污染物浓度相近。

从图6.5中可以看出水体中总磷浓度从水源地向太湖迁移的过程中，受工业、农业、生活等人类活动的影响，随着迁移距离的增加污染物浓度逐渐升高。莲花荡水体的总磷浓度0.33 mg · L^{-1}比乌溪港0.21 mg · L^{-1}高，这主要是因为莲花荡水体主要的污染源为集中畜禽养殖废水、沿岸居民散排生活污水和来自农田的尾水，而水体从莲花荡向乌溪港移动的过程中，沿岸城镇用地的面积显著减小，汇入河道的污染物减少，加上河道的衰减功能，故而乌溪港的水质略好于莲花荡。水体中氨氮浓度的高低可以反映河流受生活污水、工业废水以及畜禽养殖污染的程度，从水源地向太湖迁移的过程中也呈现浓度逐渐升高的趋势，莲花荡水体的氨氮浓度2.57 mg · L^{-1}也高于乌溪港1.83 mg · L^{-1}。上游竹海水体中的氨氮浓度最低为0.037 mg · L^{-1}。从图中可以看出河流水体中的COD浓度从上游到入湖港口浓度呈逐渐升高的趋势，即使在浓度最高的乌溪港21.3 mg · L^{-1}，COD浓度未超过地表水环境质量的Ⅳ类标准，流域水体COD浓度整体较低，说明流域受化工厂、农药等的污染较轻。

6.1.5 蠡河流域汛期和非汛期污染物输出变化特征

蠡河流域6—9月为汛期，其余时间为非汛期，监测期为2014年3—8月，分为非汛期（3—5月）和汛期（6—8月），通过分析宜兴气象站2014年的降水数据得到监测期间非汛期降水总量为358.56 mm，汛期降水总量为784.79 mm。图6.6为宜兴市2014年逐月降水量。可以看出7月降水量最大，达453 mm，占到全年降水量的30%。

5个监测点总磷的平均浓度在汛期和非汛期分别为0.22 mg · L^{-1}和0.16 mg · L^{-1}，汛期总磷浓度略高于非汛期。从图6.7可以看出：在非汛期，分洪桥、莲花荡、乌溪港水体中的总磷浓度显著高于竹海和油车水库；而在汛期，5个监测点位的水质没有显著差异，原因是在非汛期降水量较少时，随着迁移距离的增加，来自河流沿岸的工业点源、农田、畜禽养殖和城镇以及农村生活的磷排入水体，导致水体中的总磷含量逐级升高；但在汛期，降水量较大时，虽然各种污染物随地表径流汇入河道中的量增加，但降

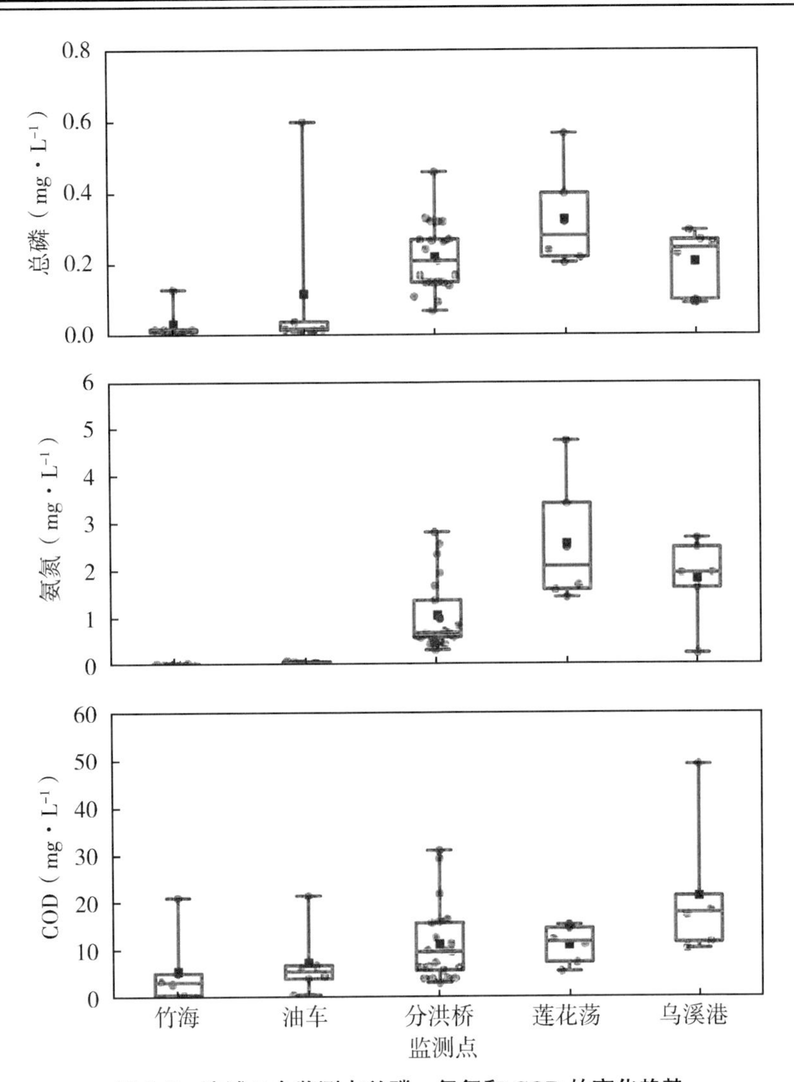

图 6.5 流域 5 个监测点总磷、氨氮和 COD 的变化趋势

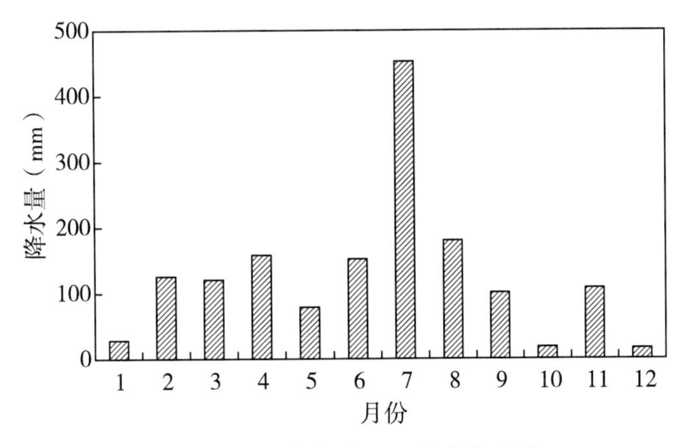

图 6.6 宜兴气象站 2014 年月降水量

水对污染物浓度起到了稀释的作用，这与以农业为主的丘陵区汛期河流水质变化情况不同，丘陵区在降水时土壤侵蚀较为严重，水土流失会携带大量养分进入水体，三峡库区香溪河流域的研究显示，由于降水引起的侵蚀作用导致污染物浓度在汛期时达到峰值显著高于非汛期（崔超，2016）。而在平原水网区地表侵蚀作用较小，农业面源污染物向河道水体迁移的主要动力为降水径流，而汛期水质没有恶化，说明在这个流域，农业源不是污染物的主要来源。生活污染和工业污染的贡献更大。陈诗文等（2016）在太湖流域西苕溪支流的研究显示，枯水期河流中总氮、总磷浓度高于丰水期，而且表明在丰水期和枯水期河流水体中不同来源污染物的贡献不同。

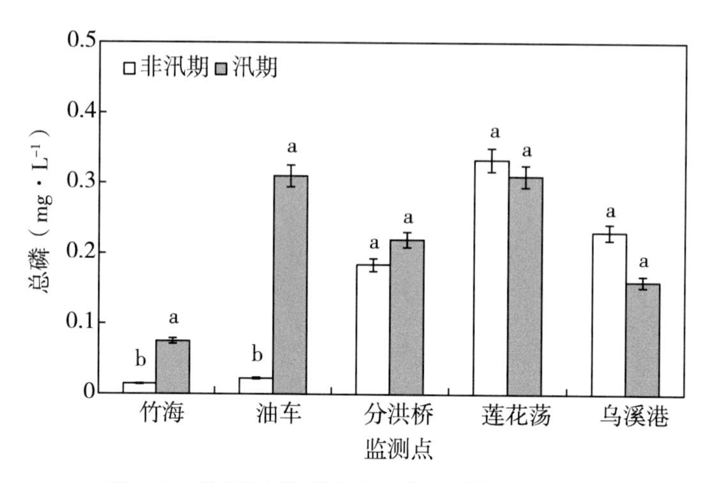

图 6.7　蠡河流域汛期和非汛期总磷的变化趋势

5 个监测点氨氮的平均浓度在汛期和非汛期分别为 1.28 mg·L^{-1}和 0.97 mg·L^{-1}。从图 6.8 可以看出两个时期水体中氨氮浓度在这 5 个监测点位的水质变化规律一致。氨氮浓度随着迁移距离的增加而逐渐升高，其中莲花荡水体中的氨氮浓度最高。来自河流沿岸的工业点源、农田、畜禽养殖和城镇以及农村生活的氨氮排入水体，导致水体中的氨氮含量逐级升高。从图中可以看出，虽然汛期和非汛期水质变化规律一致，但是在汛期水体中氨氮浓度略高于非汛期，这说明降水起到的稀释作用较小，而降水作为驱动因子将较多的氨氮随地表径流汇入水体，导致汛期氨氮浓度升高。

各监测点 COD 的平均浓度在汛期和非汛期分别为 13.89 mg·L^{-1}和 8.99 mg·L^{-1}。如图 6.9 所示，在非汛期，乌溪港水体中的 COD 浓度显著高于竹海、油车水库和分洪桥这 3 个监测点；而在汛期，乌溪港监测点显著高于竹海和分洪桥，而竹海、油车水库、分洪桥、莲花荡这 4 个监测点的 COD 浓度没有显著差异。从图中的变化趋势可以看出，非汛期 COD 浓度从上游到下游逐渐升高。而在汛期，COD 浓度从上游到下游没有明显的升高趋势。说明汛期雨量大，汇入河流中，对水体中的 COD 起到了稀释的作用。

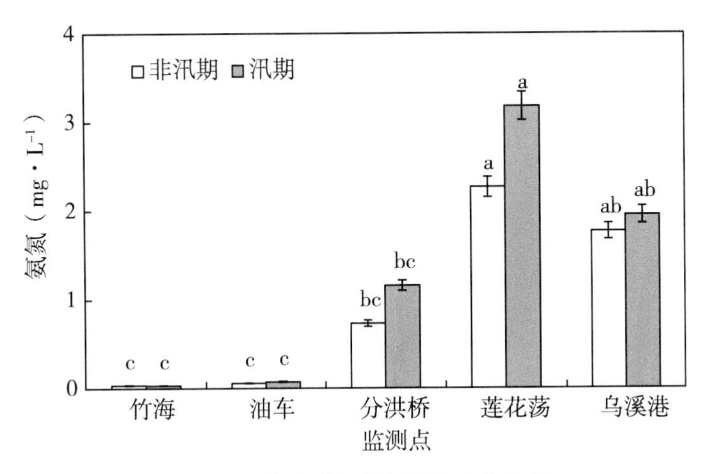

图 6.8　汛期和非汛期氨氮的变化趋势

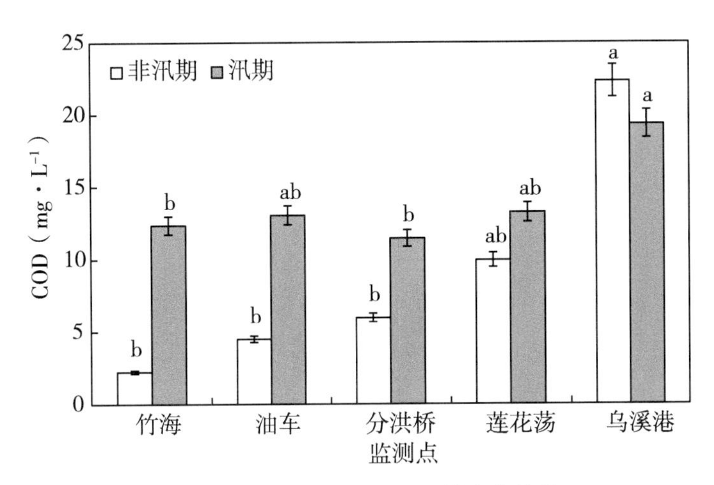

图 6.9　汛期和非汛期 COD 的变化趋势

6.2　讨论

6.2.1　土地利用对水体中污染物浓度的影响

流域各种土地利用类型所占比例为林地 44.60%，居民地 23.90%，旱地 14.43%，水域 6.30%，水田 4.53%，园地 3.79%，草地 2.45%。可以看出，蠡河流域是一个城镇化程度较高的小流域，流域内水资源丰富，河网密布，河流水质受人类活动影响较大。

将流域按照水样采集点位的水质受影响的区域划分成 5 部分，各部分的土地利用情况直接影响采样点的水质，对这 5 部分的土地利用组成进行了分析，如图 6.10 所示。竹海监测点所在区域的土地利用林地 83.98%，居民地 9.34%，旱地 2.29%，水域

2.94%，水田0.78%，园地0.34%，草地0.38%。油车水库监测点所在区域的土地利用林地67.54%，居民地7.86%，旱地10.23%，水域6.65%，水田0.82%，园地5.55%，草地1.34%。分洪桥监测点所在区域的土地利用林地55.44%，居民地15.03%，旱地18.86%，水域3.19%，水田1.85%，园地4.04%，草地1.58%。莲花荡监测点所在区域的土地利用林地19.44%，居民地49.84%，旱地11.29%，水域9.32%，水田5.79%，园地0.93%，草地3.38%。乌溪港监测点所在区域的土地利用林地11.76%，居民地28.84%，旱地16.69%，水域11.15%，水田18.17%，园地7.54%，草地5.85%。

可以发现从上游到下游林地面积占比逐级显著减小，居民地面积所占比例逐渐升高，在莲花荡监测点周围居民地所占比例最大，居民地面积占比从上游到下游的变化规律与水体中污染物浓度的变化规律高度相似。另外水田面积也是从上游到入湖口逐渐增加。将污染物浓度与不同土地利用类型面积占比做Pearson相关分析，结果显示水体中总磷浓度与居民地面积比例显著正相关，可知水体中总磷主要来源于生活源，这与Wilson（2015）的研究结果一致；氨氮浓度与居民地面积比例显著正相关，与林地面积比例显著负相关，氨氮的主要来源也是生活源，并且林地面积的增加可以有效减少氨氮的流失。COD浓度与水田和草地面积比例显著正相关，在蠡河流域中，水田和草地面积占比较低，但是在下游入湖港口附近面积占比显著增加，这种变化趋势与COD浓度的变化相一致。

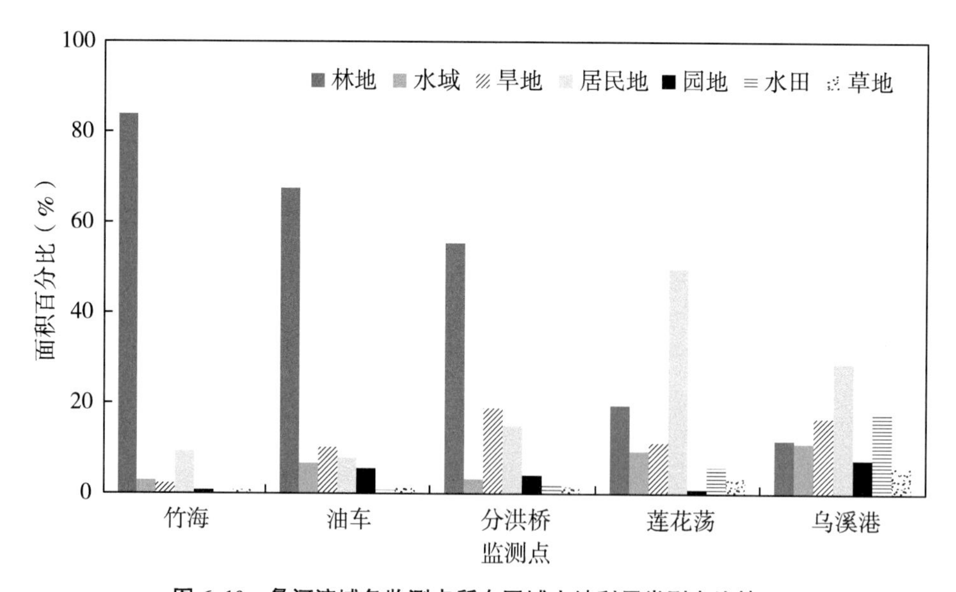

图6.10　蠡河流域各监测点所在区域土地利用类型占比情况

6.2.2　不同污染源的空间分布及对水质的影响

从研究区各村庄人口数量分布中可以看出（图6.11），人口主要分布在流域中下游，上游人口较少。莲花荡和乌溪港监测点周边人口密度较大，这两个监测点的水质受生活污染的程度也较大，王雪蕾等（2015）在巢湖流域的研究表明，人口密度与氨氮的 Pearson 相关系数高达 0.98。表 6.2 中 Spearman 相关分析显示，人口密度与总磷和氨氮浓度显著正相关。图上分布的村庄的总人口为 69 642 人。此外丁蜀镇城镇人口 138 876 人，湖汊镇城镇人口 23 333 人。流域总的人口密度为 1 220.27 人 · km^{-2}，有学者在江南地区的研究表明小城镇对人口自然承载能力的最大允许密度为 674.3 人 · km^{-2}（周启星等，1997），蠡河流域已经远远超过这个限值。通过生活源的年总磷、氨氮和 COD 输出系数和流域农村人口统计数据计算出了来自农村生活污染的总磷、氨氮和 COD 的负荷分别为 12.21 t、23.68 t 和 1 005 t，占全流域农业源总磷产生量的 16.10%，氨氮产生量的 53.74%，COD 产生量的 49.84%。生活污染是氨氮和 COD 的主要来源，是流域农业面源污染防治的重点。

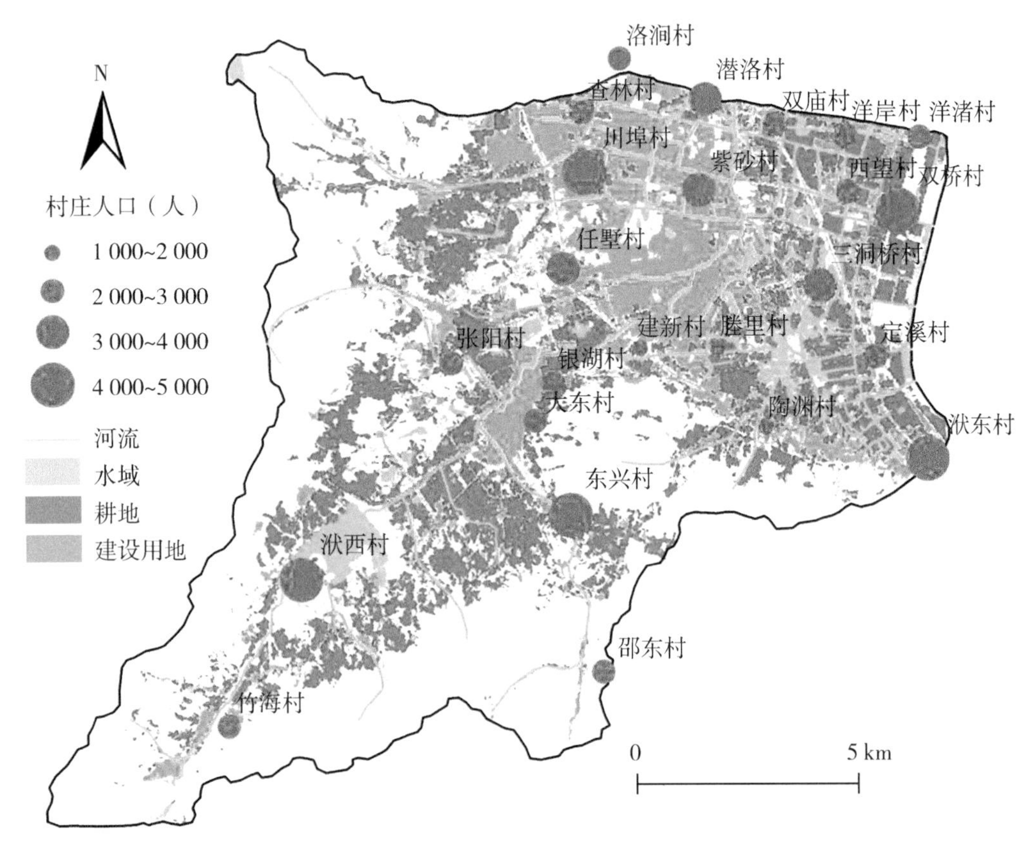

图 6.11　蠡河流域各村庄人口分布

畜禽养殖污染在农业面源污染中占有很大比例，据 2010 年第一次中国污染普查公报显示来自畜禽养殖的 COD、总氮和总磷占农业源的 96%、38% 和 56%（吴丹，2011）。图 6.12 显示了蠡河流域畜禽养殖业产生的总磷、氨氮和 COD 的空间分布图，图上圆形的位置表明了畜禽养殖的位置，圆形的大小表示污染物的产生量，采用输出系数法计算得到来自畜禽养殖的总磷、氨氮和 COD 的负荷分别为 58.57 t、17.5 t 和 1 002 t，占全流域农业源总磷产生量的 77.24%，氨氮产生量的 39.72%，COD 产生量的49.69%。畜禽养殖是农业源总磷的最大来源，COD负荷仅次于生活污染，对氨氮的贡献量也较大，因此，对畜禽粪便的处理是蠡河流域水环境治理的关键。我们可以看出，流域上游基本没有畜禽粪便的产生，竹海和油车监测位点位于湖㳇镇旅游景区内，为了保护景区的生态环境，执行了禁养政策。大量的畜禽养殖集中在人类活动较为集中河网区，对流域下游的水质产生了恶劣的影响。表6.1中Spearman相关分析的结果显示，水体中总磷和氨氮浓度与流域畜禽粪便产生量显著正相关。

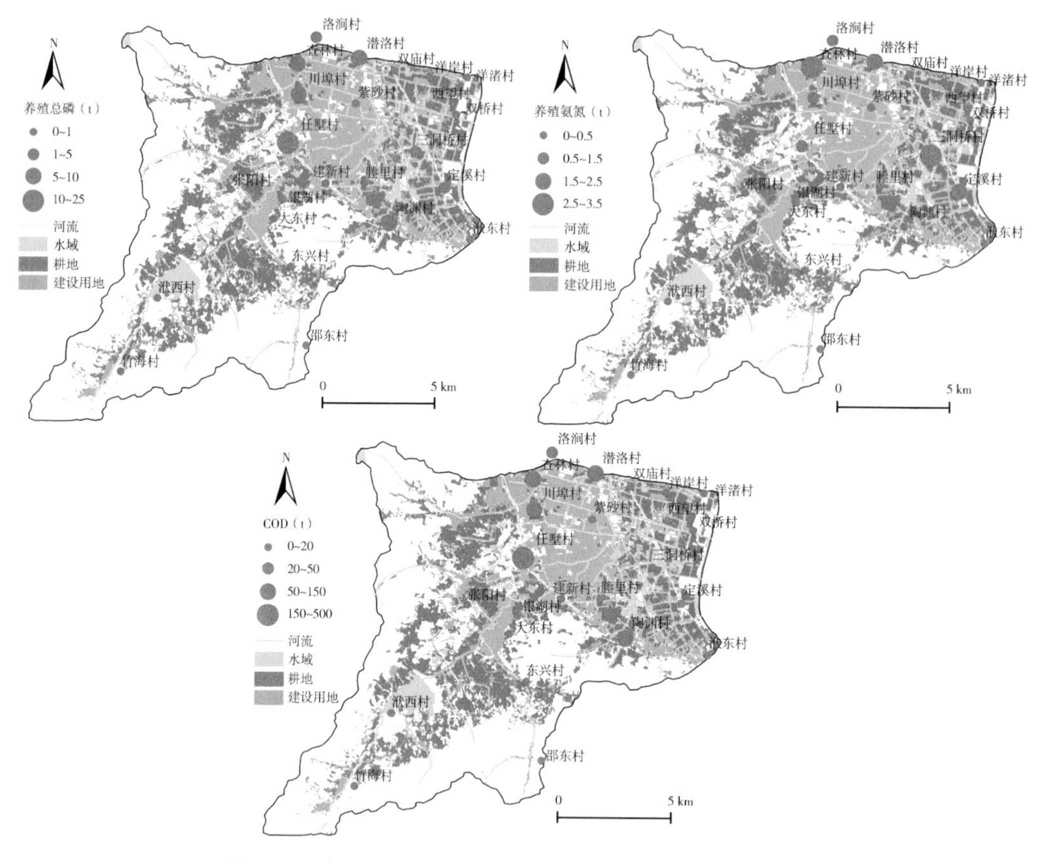

图6.12 蠡河流域各村庄养殖总磷、氨氮和COD分布图

太湖流域的种植业集约化程度较高，单位面积施肥量在全国处于较高水平。罗永霞等（2015）对太湖地区的研究显示，江苏宜兴市水稻、小麦、油菜、设施菜地、露天菜地的施肥量分别为（358±82）$kg \cdot hm^{-2}$、（259±51）$kg \cdot hm^{-2}$、（286±93）$kg \cdot hm^{-2}$、（693±132）$kg \cdot hm^{-2}$、（462±132）$kg \cdot hm^{-2}$。很多研究表明，施肥是导致土壤磷素累积和淋失的主要因素。在蠡河流域进行农户调研得到流域的施氮量为（426±118）$kg \cdot hm^{-2}$，施磷量为（157±63）$kg\ m^{-2}$，可以看出流域的施肥强度较大，Monika等（2011）的研究表明水田是地表水营养物质的主要来源。但是，在上文关于土地利用的分析结果表明，蠡河流域并不是一个以农业为主的小流域，相反，流域上游湖㳇镇的经济以旅游业为主，生态环境良好，林地较多。而下游的丁蜀镇工业发达，城镇化水平较高。此外流域处于平原河网区，地势平坦，水土流失并不严重。通过输出系数法计算出了 2014 年流域种植业总磷流失负荷为 5.05 t、氨氮为 2.88 t、COD 为 9.45 t，分别占农业源总量的 6.66%、6.54%和 0.47%，远小于生活源和畜禽养殖源。

表 6.1　污染物浓度与影响因素间的 Spearman 相关系数

项目	总磷	氨氮	COD	人口密度	施肥氮	施肥磷	畜禽粪便量
总磷	1.000						
氨氮	1.000**	1.000					
COD	0.900*	0.900*	1.000				
人口密度	0.900*	0.900*	0.800	1.000			
施氮肥	0.600	0.600	0.300	0.700	1.000		
施磷肥	0.100	0.100	0.000	0.200	0.700	1.000	
畜禽粪便量	0.900*	0.900*	0.700	0.700	0.700	0.300	1.000

注：* 表示 $P<0.05$，** 表示 $P<0.01$。

6.3　本章小结

（1）蠡河流域上游水质较好，下游入湖口水质一直处于劣Ⅴ类，污染严重。从空间分布特征来看，生活源和畜禽养殖源是流域的主要污染源，其中生活源的总磷、氨氮和 COD 排放占农业源的 16.1%、53.7%和 49.8%，畜禽养殖源占农业源的 77.2%、39.7%和 49.7%；时间特征上，污染物浓度变化具有明显的季节性差异，汛期高于非汛期，总磷、氨氮和 COD 在汛期和非汛期的浓度分别为 0.22 $mg \cdot L^{-1}$和 0.16 $mg \cdot L^{-1}$，1.28 $mg \cdot L^{-1}$和 0.97 $mg \cdot L^{-1}$，13.89 $mg \cdot L^{-1}$和 8.99 $mg \cdot L^{-1}$。

（2）蠡河流域不是以农业为主的流域，水质变化与土地利用类型显著相关（特别是城镇用地面积），建议将生活源和畜禽养殖源作为蠡河流域面源污染防控的关键源，将汛期（6—9 月）作为防控关键期，将流域中下游作为重点防控区。为降低面源污染流失，应完善流域内畜禽养殖区的粪污处理设施和居民生活区的生活污水处理设施，避免畜禽粪便还田过程中露天堆置引起的降雨冲刷流失。

参考文献

陈诗文，袁旭音，金晶，等，2016. 西苕溪支流河口水体营养盐的特征及源贡献分析［J］. 环境科学，37（11）：4179-4186.

崔超，2016. 三峡库区香溪河流域氮磷入库负荷及迁移特征研究［D］. 北京：中国农业科学院.

冯帅，李叙勇，邓建才，2016. 太湖流域上游河网污染物降解系数 研究［J］. 环境科学学报，36（9）：3127-3136.

李恒鹏，杨桂山，刘晓玫，等，2008. 流域土地利用变化的面源污染输出响应及管理策略——以太湖地区蠡河流域为例［J］. 自然灾害学报，17（1）：143-150.

罗永霞，高波，颜晓元，等，2015. 太湖地区农业源对水体氮污染的贡献——以宜溧河流域为例［J］. 农业环境科学学报，34（12）：2318-2326.

王雪蕾，吴传庆，冯爱萍，等，2015. 利用 DPeRS 模型估算巢湖流域氨氮和化学需氧量的面源污染负荷［J］. 环境科学学报，35（9）：2883-2891.

吴丹，2011. 太湖流域畜禽养殖非点源污染控制政策的实证分析［D］. 杭州：浙江大学.

翟子宁，王克勤，苏备，等，2015. 抚仙湖流域尖山河入湖河流水质变化研究［J］. 生态科学，34（2）：129-132.

朱红霞，陈效民，方堃，2008. 太湖地区旱季、雨季水体污染影响因素分析［J］. 农业环境科学学报，27（6）：2396-2400.

周启星，王如松，1997. 乡村城镇化水污染的生态风险及背景警戒值的研究［J］. 应用生态学报，8（3）：309-313.

MONIKA K，KENNETH W T，CHRIS V K，et al.，2011. Water quality in rice-growing watersheds in a mediterranean climate［J］. Agriculture，Ecosystems & Environment，144（1）：290-301.

WILSON C O，2015. Land use / land cover water quality nexus：quantifying anthropogenic influences on surface water quality［J］. Environmental Monitoring and Assessment，187（7）：424.

7 SWAT 模型在高原湖泊典型流域的应用

本研究选用 2.3 节所述 SWAT 模型，在高原湖泊典型流域——洱海凤羽河流域进行了应用。研究以子流域为空间分析单元，不仅量化了流域磷素的产生（原位流失）和输出（经河道输移后从子流域输出）的空间分布特征，还量化了产生输出的差异，揭示了河道输移过程对流域磷素输出的影响。研究发现，不同空间单元流失的磷经河道迁移后发生的不同变化是主要原因之一，凤羽河流域内不同子流域流失的磷经河道迁移后发生了 -25.6% ~ 21.6% 的变化，导致高输出强度区缩小为北部土壤侵蚀敏感区；不同子流域流失磷经河道迁移后的变化强度受磷流失产生强度与径流迁移时间的综合作用。

7.1 评估方法构建

7.1.1 模型数据库构建

SWAT 模型输入数据分为空间数据和属性数据，其中空间数据主要包括 DEM 图、水系图、土壤类型图与土地利用图等（表 7.1）；属性数据主要包括土壤属性、气象数据、农业管理措施及用于校准验证模型的水文、水质实测数据等。

SWAT 模型所需土壤属性分为物理属性和化学属性，其中物理属性数据包括土壤容重、含水量、导水率、机械组成等；化学属性数据包括无机磷含量、有机磷含量等；数据通过挖土壤剖面（每个土壤类型一个剖面）及土壤测试获得，测试方法采用肖春艳等（2013）中的方法。

表 7.1　数据类型、作用及来源

数据	作用	来源
1：5 万 DEM 图	用于提取坡度、坡长、河网水系等信息，划分子流域，确定流域边界等	国家基础地理信息中心
1：50 万土壤类型图	提供土壤类型及分布信息	全国第二次土壤普查
1：10 万土地利用图	提供土地利用类型及分布信息	洱源县土地局
1：25 万水系图	校准模型提取的水系	国家基础地理信息中心

SWAT 模型所需气象数据包括降水、气温、风速、相对湿度、太阳辐射等。本研究所用气象数据通过以下方式获取：① 1980—2012 年洱源气象站每日数据；② 2012 年 6 月后数据由流域内自建气象站获取；③根据 1980—2012 年洱源气象站数据构建天气发生器。

SWAT 模型所需农业管理措施数据包括作物、种植、耕作、灌溉、施肥等，通过入户问卷调查获取。调查得知，流域主要种植模式为水-旱与旱-旱轮作，相关作物主要为水稻、玉米和烤烟等大春作物（5—10 月）与油菜、蚕豆、大麦和小麦等小春作物（10 月至翌年 4 月）。化肥磷施用量为大春季 46 kg · hm^{-2}，小春季 60 kg · hm^{-2}，主要作为基肥施用。农事活动安排见表 7. 2。

表 7. 2　凤羽河流域农事活动安排时间表

作物	底肥	耕作	灌水	种植	灌溉	收获
水稻	5. 01	5. 05	5. 10	5. 15	6. 15~8. 20	10. 01
玉米	5. 01	5. 05	—	5. 15	6. 15~8. 20	10. 01
烤烟	4. 20	4. 25	—	5. 1	6. 1~8. 20	9. 20
油菜	10. 05	10. 10	—	10. 15	11. 1~翌年 2. 15	翌年 4. 10
蚕豆	10. 05	10. 10	—	10. 15	11. 1~翌年 2. 15	翌年 4. 25
大麦	10. 05	10. 10	—	10. 15	11. 1~翌年 2. 15	翌年 4. 25
小麦	10. 05	10. 10	—	10. 15	11. 1~翌年 2. 15	翌年 4. 25

注：时间 a. b 表示 a 月 b 日。

7. 1. 2　模型参数率定、验证

根据 SWAT 模型运行要求，收集整理相关数据，构建了流域 SWAT 模型数据库，并模拟了 2009 年 1 月至 2013 年 12 月流域径流、泥沙、磷等的输出。模拟运行成功后，运用 SWAT-CUP 软件，并选用 SUFI-2 算法，对流域出口的径流、泥沙与总磷负荷等模拟结果进行率定、验证。校准验证结果采用纳什系数 E_{ns} 和决定系数 R^2 等统计指标进行评价。

$$E_{ns} = 1 - \sum_{i=1}^{n} (S_i - M_i)^2 / \sum_{i=1}^{n} (S_i - \bar{S})^2 \tag{7.1}$$

$$R^2 = \left[\sum_{i=1}^{n} (S_i - \bar{S})(M_i - \bar{M}) \right]^2 / \left[\sum_{i=1}^{n} (S_i - \bar{S})^2 \sum_{i=1}^{n} (M_i - \bar{M})^2 \right] \tag{7.2}$$

式中：R^2 为决定系数；E_{ns} 为纳什系数；S_i 为实测数据；$\bar{S}$ 为实测数据总平均值；M_i 为模拟数据；$\bar{M}$ 为模拟数据总平均值。

将 SWAT 模拟结果与流域出口 2012 年 6 月至 2013 年 5 月实测径流、泥沙与总磷负荷等进行校准。

校准结果显示，径流、泥沙及总磷模拟值与实测值的决定系数 R^2 分别为 0. 95、0. 65 和 0. 98，纳什系数 E_{ns} 分别达到 0. 89、0. 53 和 0. 60，符合模型校准要求。应用校准后的模型选取不同时段重新进行模拟（不改变模型参数值），将 2011 年 1 月至 2012 年 5 月作为径流、泥沙验证期，2010 年 10 月至 2012 年 5 月作为总磷验证期。统计结果显示，径流、泥沙及总磷模拟结果与实测结果的决定系数 R^2 分别为 0. 88、0. 83 和 0. 90，纳什系数 E_{ns} 分别达到 0. 68、0. 76、0. 89。

7.1.3　模型模拟及关键参数计算

应用验证后的 SWAT 模型对 2010—2013 年流域内子流域径流、泥沙、磷等的产生、输出量进行模拟。经统计计算得到各指标的多年平均值，并以单位面积的量来表征。本章所述产生量（$SUB_{emission}$）指从坡面流失后进入子流域河道的量，对应模型输出文件中 *SUB* 的结果；子流域产生量指经河道迁移后的变化对应模型输出文件中 *RCHin* 与 *RCHout* 的差值。输出量（SUB_{export}）指经河道迁移后从该子流域出口输出的量。输出的计算根据如下公式：

$$SUB_{export} = SUB_{emission} \times \frac{RCH_{out}}{RCH_{in}} \tag{7.3}$$

磷流失产生量经河道迁移过程后的变化程度由衰减系数（*R*）来表征，计算公式：

$$R = \frac{RCH_{in} - RCH_{out}}{RCH_{in}} \tag{7.4}$$

7.2　评估结果

7.2.1　流域磷产生强度空间分布特征

流域内总磷高产生强度区主要分布于中部的子流域 31 与东北部的子流域 4、15（图 7.1），单位面积总磷产生量为 1.52～1.82 kg · hm^{-2}；次高产生强度区为东北部的子流域 3、5、7、8、9、17 与东部子流域 23、26，强度为 1.14～1.52 kg · hm^{-2}；其他区域产生强度较低。径流产生高强度及次高强度区集中分布于流域中部子流域 33、34、27、28、31 等和北部子流域 11。泥沙高产生强度区为流域东北部的子流域 4，次高强度区为子流域 9、15，其他区域强度较低。由于流域中部河网密集，径流潜力大，因此产生径流深较高，为流域的水文敏感区。流域东北部坡度较大，土地利用方式多以荒草地为主，部分被开垦为坡耕地，土壤侵蚀严重，因此，泥沙产生强度较大（3.6～6.0 t · hm^{-2}），为流域的土壤侵蚀敏感区。

总磷高产生强度区子流域 4、15、31 分别与泥沙高强度区、次高强度区及径流次高产生区重合（图 7.2），说明土壤侵蚀敏感区及水文敏感区是磷流失的高风险区。此外，总磷高产生强度子流域多有旱地分布，且以坡耕地为主，肥料投入较大，土壤磷含量较高（李文超等，2014）。因此，流域内总磷高产生强度区是高肥料投入、高土壤磷存量及水文、侵蚀因子综合作用的结果。

7.2.2　流域磷输出强度空间分布特征

总磷高输出强度区主要分布于流域东北部的子流域 4、15，输出强度为 1.52～1.62 kg · hm^{-2}；次高输出强度区为东北部的子流域 8、9、17，东部的子流域 23、26 和中部子流域 31，强度为 1.14～1.52 kg · hm^{-2}；其他区域输出强度较低（图 7.3）。

径流输出高强度及次高强度区集中分布于流域中部子流域 33、34、27、28、31 等，零星分布于北部子流域 11。泥沙高输出强度区为流域东北部的子流域 4，次高强度区为子

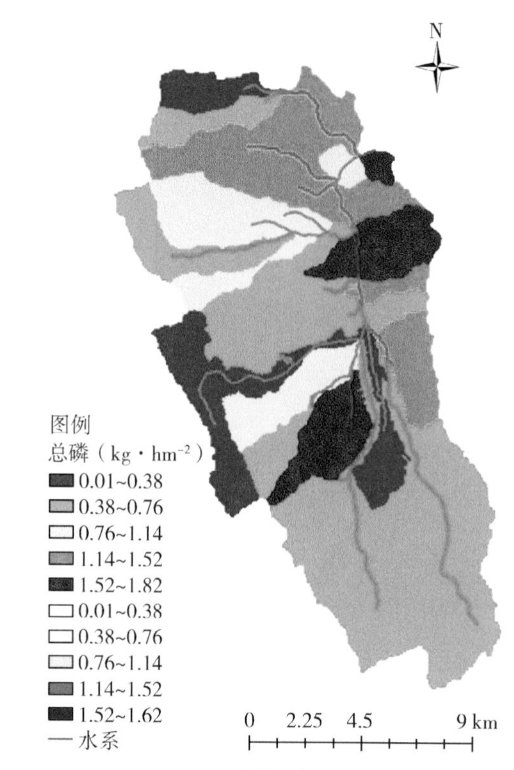

图 7.1　总磷产生空间分布

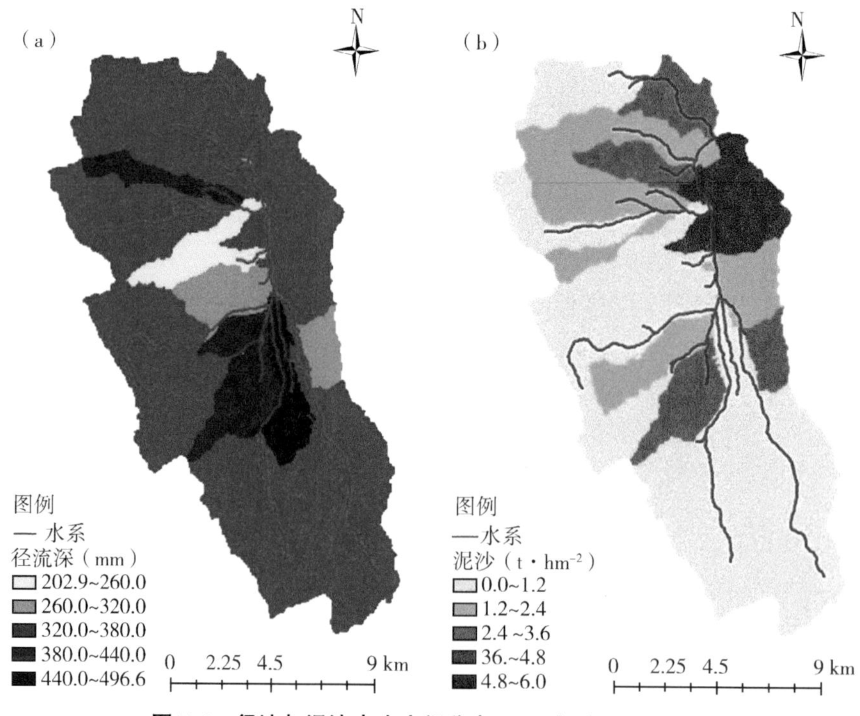

图 7.2　径流与泥沙产生空间分布（a：径流、b：泥沙）

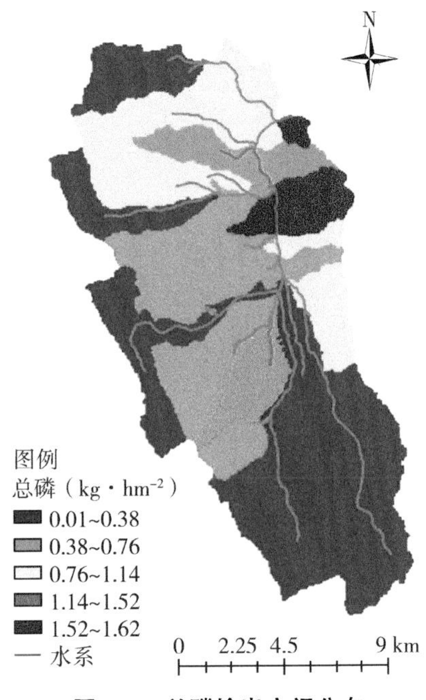

图 7.3　总磷输出空间分布

流域 15，其他区域强度较低（图 7.4）。总磷高输出强度区子流域 4、15 分别与泥沙高强度区和次高强度区重合（图 7.3，图 7.4），说明土壤侵蚀是导致磷输出的主要原因。

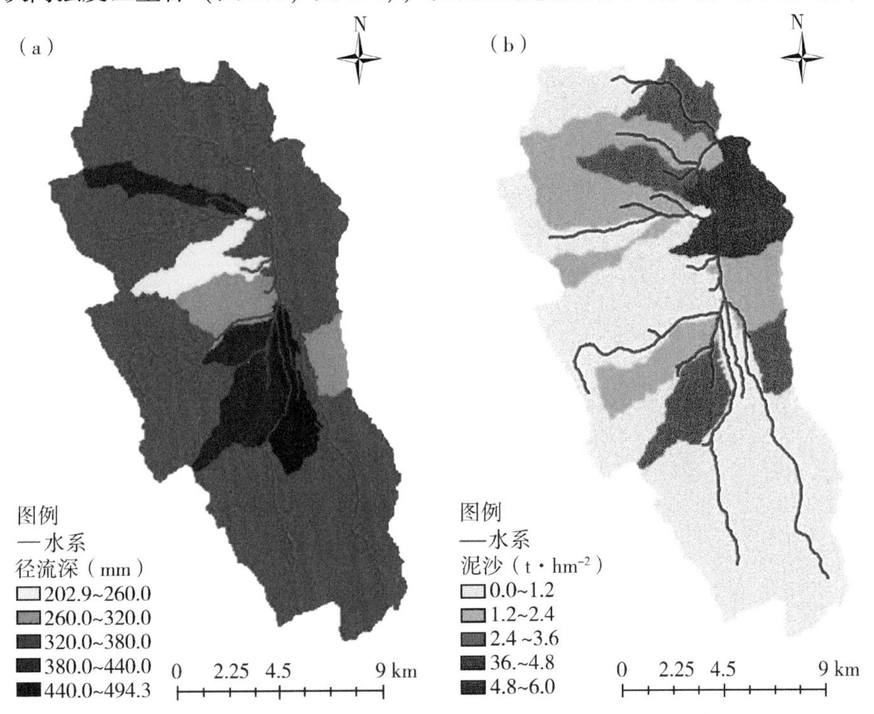

图 7.4　径流与泥沙输出空间分布（a：径流、b：泥沙）

流域内总磷输出空间分布与总磷产生空间分布相比发生了明显变化（图 7.3，图 7.5），高输出强度区较高产生强度区缩小为东北部土壤侵蚀敏感区的 4、15 子流域单元，高产生强度区的 31 子流域输出强度降为次高。

7.2.3 磷的河道迁移转化过程

流域中大部分子流域磷的河道衰减系数为正值（图 7.5），表明河道迁移过程对磷输出主要起削减作用（负作用）。但河道衰减系数在一些子流域也会出现负值，例如研究流域内的子流域 7、8、16、18、24、33 出现了负值（-25.6%～-0.1%）（图 7.6），表明以上子流域的河道迁移过程并未降低磷的输出，反而使子流域流失产生的磷经河道迁移后负荷量增加。

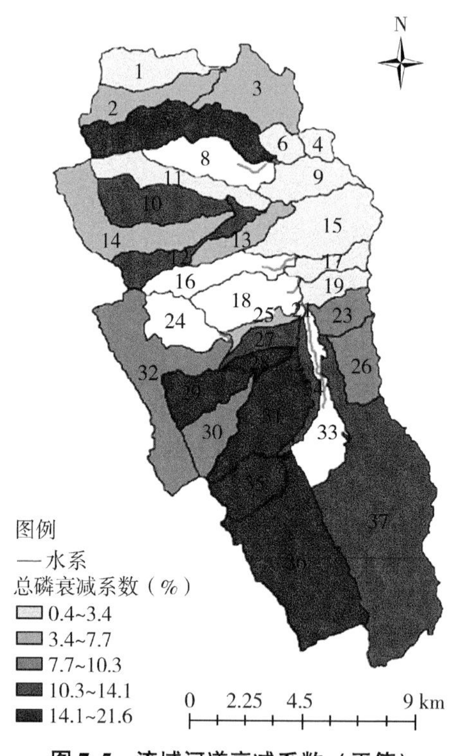

图 7.5 流域河道衰减系数（正值）

流域内磷的河道衰减系数的差异，主要与磷迁移过程中不同子流域的河道对磷的主导作用机制不同有关。一般情况下，沉积作用使河道水中的磷沉积在底泥中，致使河道输出的磷减少，因此，一些河道迁移过程对流域磷的输出具有抑制作用。与大部分子流域流失磷的河道衰减系数为正值相反，部分河道迁移过程对流域磷的输出具有促进作用。这些子流域流失产生的磷经河道迁移后负荷量的增加可能与河道底泥磷释放过程占主导作用有关，在流速较快的河段内，磷从底泥中释放出来的过程是主导过程，这一过程使得沉积在底泥中的磷重新释放到河道水中（Ongley et al.，2010），导致河道输出磷增加。

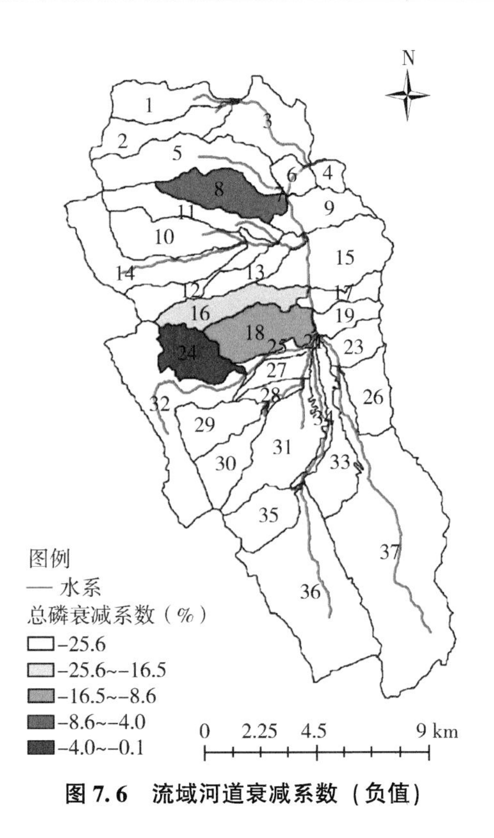

图 7.6　流域河道衰减系数（负值）

不同子流域流失产生的磷在河道迁移过程中主导作用机制的不同，导致了流域磷流失输出的空间分布特征与产生空间分布的差异。

7.3　讨论

7.3.1　河道迁移过程对磷流失的削减作用

研究表明，迁移过程对磷转化的作用强度主要与迁移时间、迁移距离、流速等有关，相同距离下，流速决定了迁移时间，也导致对磷的作用产生差异（Withers et al., 2008; Alexander et al., 2007; Hejzlar et al., 2009; Dupas et al., 2015），而流速的差异与河道的弯曲度、坡度、粗糙度等有关（沈哗娜，2010）。在一些河道内，磷在河道内迁移时间越长，作用强度越大，磷被衰减得越完全（Huang et al., 2015）。本研究流域内，总磷产生高强度的子流域 4、15、31 衰减系数（0.6%、2.8%、18.2%）的差异主要由于子流域 4、15 处于流域内东北部土壤侵蚀敏感区，这一区域内河流稀疏、坡度较大，磷迁移时间较短，因此衰减系数较小；而处于中部水文敏感区的 31 子流域，河网密集、河流较长且地势平缓，磷在河道中的迁移时间较长，因此衰减系数较大；并且 31 子流域径流输出与产生强度相比无明显变化（图 7.2，图 7.4），因此磷在子流域 31 河道迁移过程发生的衰减主要由浓度降低造成。

此外，入河前磷的浓度及入河量对河道衰减过程也具有一定的影响（Withers et al., 2008）。一般情况下，随着污染物入河量的增加，河流中污染物的衰减总量增加，而衰减率呈先增大后降低的趋势（沈哗娜，2010）；Marti 等发现入河磷的量超过河流的衰减能力时，衰减效率降低（Marti et al., 2004；Schulz et al., 2005）。因此，不同子流域河道形态的差异及入河磷量的不同是造成衰减系数存在差异的主要原因。子流域 35 河道较长且入河前磷量较低（产生强度低），因此，其衰减系数最高。

7.3.2 河道迁移过程对磷流失的促进作用

研究表明，被底泥吸附的磷会在一定条件下解析出来，发生沉积的磷在水体波动下也可能发生再悬浮，重新进入水体（Withers et al., 2008；唐洪武等，2014），并且当水流紊动强度提高、含沙量增加造成底泥吸附的磷释放到上覆水的量增多（唐洪武等，2014）。彭进平等（2003）通过研究不同流速下水体中磷浓度差异发现，流速越大，上覆水溶解磷浓度越高。Vilmin 等（2015）发现底泥释放的生物可利用磷 75%发生在高流速期，且固液相间颗粒无机磷的交换量是低流速期的 4 倍。因此，本研究中子流域 7、8、16、18、24、33 等河道衰减系数出现的负值（图 7.6），可能由于迁移过程给河道底泥磷创造了再释放的环境，促进了其输出，但具体原因还有待于进一步研究。

7.4 本章小结

本研究采用经实测数据验证后的定量模拟工具——SWAT 模型和数学统计方法，以面源污染较为严重的高原湖泊洱海典型小流域为案例，通过分析流域面源磷流失的产生与输出空间分布特征得出：①流域面源磷流失空间分布与耕地、水文敏感区及土壤侵蚀敏感区关系密切，凤羽河流域磷流失的产生高强度区主要集中在有坡耕地分布的水文敏感区和植被覆盖度差的土壤侵蚀敏感区；②面源磷流失的输出与产生空间分布特征发生明显变异，不同空间单元流失的磷经河道迁移后发生的不同变化是主要原因之一，凤羽河流域内不同子流域流失的磷经河道迁移后发生了-25.6%~21.6%的变化，导致高输出强度区缩小为北部土壤侵蚀敏感区；③不同子流域流失磷经河道迁移后的变化强度受磷流失产生强度与径流迁移时间的综合作用。

参考文献

李文超，刘申，雷秋良，等，2014. 高原农业流域磷流失风险评价及关键源区识别——以凤羽河流域为例 [J]. 农业环境科学学报，33（8）：1787-1796.

彭进平，逄勇，李一平，等，2003. 水动力条件对湖泊水体磷素质量浓度的影响 [J]. 生态环境，12（4）：388-392.

沈哗娜，2010. 流域非点源污染过程动态模拟及其定量控制 [D]. 杭州：浙江大学.

唐洪武，袁赛瑜，肖洋，2014. 河流水沙运动对污染物迁移转化效应研究进展 [J]. 水科学进展，25（1）：139-147.

肖春艳，武俐，赵同谦，等，2013. 南水北调中线源头区蓄水前土壤氮磷分布特征［J］. 中国环境科学（10）：1814-1820.

ALEXANDER R B，SMITH R A，SCHWARZ G E，et al.，2007. Differences in phosphorus and nitrogen delivery to the Gulf of Mexico from the Mississippi River Basin［J］. Environmental Science & Technology，42（3）：822-830.

DUPAS R，DELMAS M，DORIOZ J M，et al.，2015. Assessing the impact of agricultural pressures on N and P loads and eutrophication risk［J］. Ecological Indicators，48：396-407.

HEJZLAR J，ANTHONY S，ARHEIMER B，et al.，2009. Nitrogen and phosphorus retention in surface waters：an inter-comparison of predictions by catchment models of different complexity［J］. Journal of Environmental Monitoring，11（3）：584-593.

HUANG J J，LIN X，WANG J，et al.，2015. The precipitation driven correlation based mapping method（PCM）for identifying the critical source areas of non-point source pollution［J］. Journal of Hydrology，524：100-110.

MARTI E，AUMATELL J，GODÉ L，et al.，2004. Nutrient retention efficiency in streams receiving inputs from wastewater treatment plants［J］. Journal of Environmental Quality，33（1）：285-293.

ONGLEY E D，XIAOLAN Z，TAO Y，2010. Current status of agricultural and rural non-point source pollution assessment in China［J］. Environmental Pollution，158（5）：1159-1168.

SCHULZ M，KÖHLER J，2006. A simple model of phosphorus retention evoked by submerged macrophytes in lowland rivers［J］. Hydrobiologia，563（1）：521-525.

VILMIN L，AISSA-GROUZ N，GARNIER J，et al.，2015. Impact of hydro-sedimentary processes on the dynamics of soluble reactive phosphorus in the Seine River［J］. Biogeochemistry，122（2/3）：229-251.

WITHERS P J A，JARVIE H P，2008. Delivery and cycling of phosphorus in rivers：a review［J］. Science of the Total Environment，400（1）：379-395.

8 流域农业面源入湖负荷评估方法在高原湖泊典型流域的应用

本研究选用 2.4 节所述流域农业面源入湖负荷评估方法，在高原湖泊典型流域——洱海凤羽河流域进行了应用。该方法采用 SWAT 模型来量化污染物在河道中的输移衰减，根据子流域的空间关系计算污染物从原位迁移至目标水体的输移距离，进而计算污染物从原位至目标水体的衰减量。该方法不仅量化了流域氮素的原位流失、入湖负荷及其空间分布，还通过比较原位流失与入湖负荷的差异，量化了污染物的输移衰减过程，解析了影响流域氮素原位流失、输移衰减的关键因子。

基于本研究的结果发现，不同类型耕地的氮素流失特征不同，对流域氮素总体流失的贡献具有不同作用。不同类型耕地的组成及空间分布是流域氮素输出（入湖负荷）关键影响因子。相对于单个耕地类型，不同类型耕地的组合可以解释更多的氮素原位流失的空间变异。水田对流域氮素流失具有非常重要的作用，含有水田比例因子的回归模型对氮素流失空间变异的解释能力更强。从空间尺度上来看，河道衰减与迁移距离正相关。距离流域出口更近的源对流域氮素输出的贡献可能更大。这也是耕地空间分布对流域氮素输出具有影响的主要原因。

8.1 评估方法构建

8.1.1 空间单元划分

考虑到影响氮素流失相关因子，如气象、地形、土壤、土地利用等的空间异质性，SWAT 模型将流域概化划分为不同的子流域及水文响应单元，进行氮素流失的估算。根据汇水单元，将流域划分成 37 个子流域作为空间计算单元（图 8.1）。

8.1.2 原位流失量计算

通过入户问卷调研及资料收集，获取典型流域主要农业源规模及氮磷流失系数，计算典型流域内主要农业源氮磷原位流失量。典型流域主要农业源氮磷原位流失系数见表 8.1 所示。

经调查及查阅相关统计资料得到了各子流域内的耕地面积、化肥施用量及人口数量、养殖种类及数量等（表 8.2）。

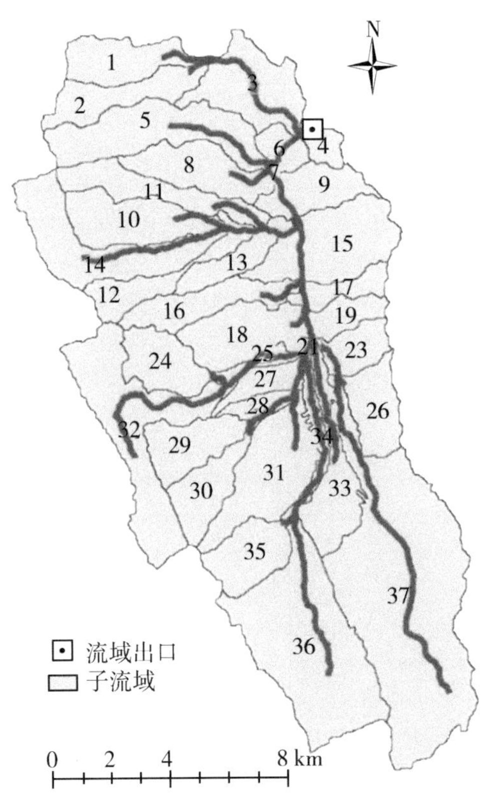

图 8.1　洱海流域典型流域空间单元划分

表 8.1　养殖源、种植源及农村生活源排污系数

	种植源				养殖源			生活源	
	化肥流失系数（%）		基础流失率（kg·hm^{-2}）		排污系数（kg·头$^{-1}$·a^{-1}）			排污系数（kg·人$^{-1}$·a^{-1}）	
种植类型	总氮	总磷	总氮	总磷	动物种类	总氮	总磷	总氮	总磷
大田作物	0.71	0.27	6.93	0.75	生猪	1.18	0.16	0.38	0.06
水旱轮作	1.32	0.10	15.00	0.33	奶牛	14.46	0.91		
园地	1.17	0.22	6.58	0.78	肉牛	12.01	0.59		
					肉羊	0.80	0.16		
					蛋鸡	0.07	0.03		

表 8.2　种植源、农村生活源及养殖源规模

子流域	面积（hm^2）			化肥施用量（kg·hm^{-2}）		农村生活	养殖规模				
	子流域	居民区	耕地	氮肥	P_2O_5	人口（人）	猪（头）	肉牛（头）	奶牛（头）	肉羊（只）	鸡（羽）
1	531.1	0.0	3.9	390	207	0	0	0	0	0	0
2	528.2	0.0	1.2	390	207	0	0	0	0	0	0

（续表）

子流域	面积（hm^2）			化肥施用量（$kg \cdot hm^{-2}$）		农村生活	养殖规模				
	子流域	居民区	耕地	氮肥	P_2O_5	人口（人）	猪（头）	肉牛（头）	奶牛（头）	肉羊（只）	鸡（羽）
3	780.5	13.8	256.0	419	265	2 613	1 837	401	591	3 315	0
4	139.4	3.5	35.1	406	238	414	284	13	95	11	434
5	1017.7	1.2	121.1	404	239	3 805	2 068	154	970	926	3 591
6	193.2	9.5	38.3	399	259	910	613	34	220	45	1 124
7	5.9	0.0	2.4	370	230	0	0	0	0	0	0
8	616.4	3.2	129.4	434	294	725	300	19	164	125	480
9	470.0	1.6	110.8	387	211	0	0	0	0	0	0
10	694.6	23.3	220.5	410	276	1 979	820	51	445	361	1 290
11	565.8	19.7	121.9	409	257	1 174	387	66	263	151	800
12	433.4	1.6	105.7	384	234	0	0	0	0	0	0
13	339.4	11.0	250.0	376	229	940	123	0	222	0	426
14	965.4	4.7	160.5	390	237	0	0	0	0	0	0
15	956.3	25.6	386.9	384	229	997	70	0	500	0	0
16	531.2	31.6	147.9	369	231	2 459	500	0	618	0	1 263
17	250.8	15.8	87.6	397	248	821	65	0	424	0	0
18	694.7	37.9	403.8	382	249	1 973	1 740	51	227	1 928	1 760
19	260.6	18.1	108.8	454	346	503	50	0	244	0	0
20	1.9	0.0	1.2	366	234	0	0	0	0	0	0
21	13.9	0.4	13.8	366	234	0	0	0	0	0	0
22	0.8	0.0	0.8	366	234	0	0	0	0	0	0
23	311.8	18.9	101.4	404	264	1 406	1 386	297	716	363	4 240
24	496.8	9.5	11.4	384	214	0	0	0	0	0	0
25	122.1	6.3	96.6	376	229	0	0	0	0	0	0
26	461.5	14.2	101.4	400	242	1 507	504	95	439	363	1 538
27	238.4	46.5	193.2	371	229	5 401	4 881	1 441	697	319	5 306
28	155.7	16.6	132.9	372	227	1 919	2 600	158	240	214	4 906
29	499.0	11.0	69.0	388	217	0	0	0	0	0	0
30	458.3	5.1	33.9	388	209	0	0	0	0	0	0
31	939.3	61.1	549.0	390	243	5 998	2 232	36	2 346	135	5 102
32	1 403.4	23.7	37.1	400	235	0	0	0	0	0	0
33	608.6	22.1	382.6	382	249	3 018	843	59	776	556	2 825
34	213.6	16.6	190.5	377	236	0	0	0	0	0	0
35	510.8	2.4	15.8	457	333	0	0	0	0	0	0
36	1 984.4	3.2	55.6	409	243	0	0	0	0	0	0
37	3 413.7	21.3	532.0	396	252	1 034	504	128	503	0	1 654

8.1.3　迁移路径分析

原位氮素的入湖负荷是原位流失及迁移衰减过程的综合结果。识别原位氮素进入目标水体的迁移路径对于估算原位氮素在迁移过程的衰减非常重要。SWAT 模型对氮素流失的模拟分为陆面过程和河道过程，其中，陆面过程控制原位氮素进入临近河道中的原位流失量，河道过程决定原位氮素迁移至目标水体过程的衰减。根据每个子流域在空间上的分布关系（图 8.2a），分析每个子流域内原位氮素流出流域（进入目标水体）所经过的子流域（图 8.2b），以及流经子流域内所有河道的长度（迁移距离）。

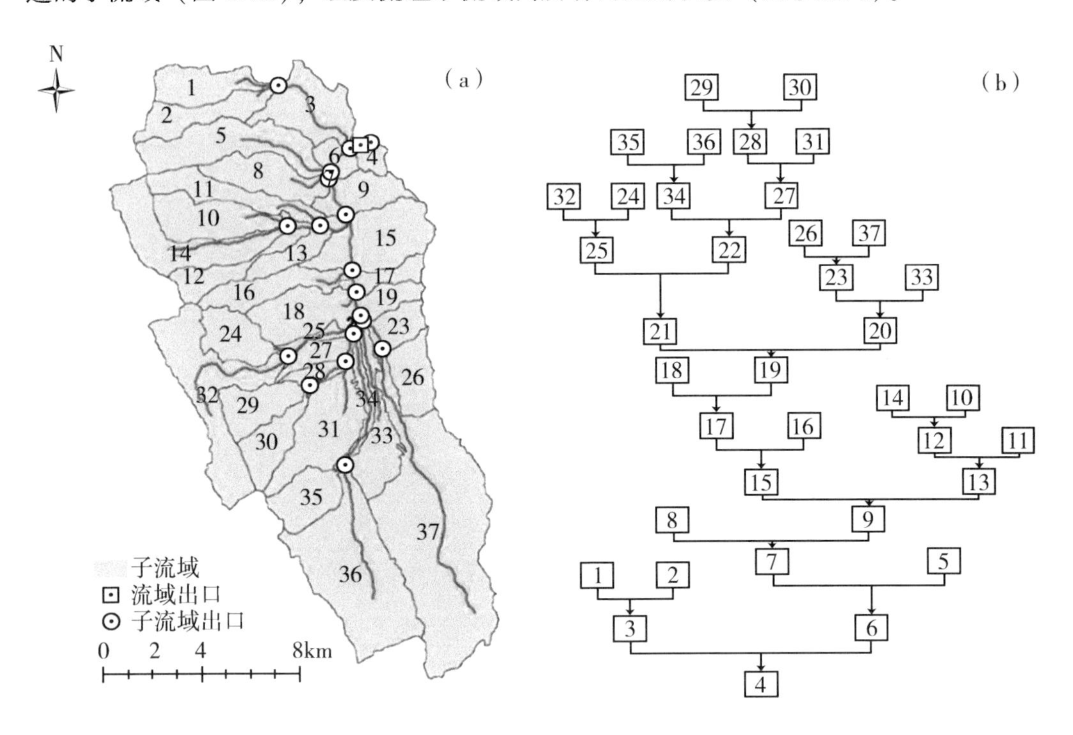

图 8.2　流域迁移路径（a）子流域及其出口空间分布图（b）子流域之间的连接关系

8.1.4　SWAT 模型构建

SWAT 模型数据库的构建包括，空间数据：DEM 图、土壤图以及土地利用图，相关地图的来源见表 8.3；属性数据：土壤物理化学属性数据，如容重、土壤机械组成、碳氮磷含量等，详细信息见表 8.4，气象数据，农业管理数据等。农业管理数据包括施肥、灌溉、耕作收货时间、施肥量等，具体施肥信息见表 8.5。流域划分成 37 个子流域和 738 个水文响应单元。模型模拟步长是日尺度。

SWAT 模型输入数据分为空间数据和属性数据两大类（图 8.3）。空间数据主要包括 DEM 图、水系图、土壤类型图和土地利用图等；属性数据主要包括土物理化学属性数据、气象数据、作物管理措施数据以及用于模型校准验证的水文水质数据等。

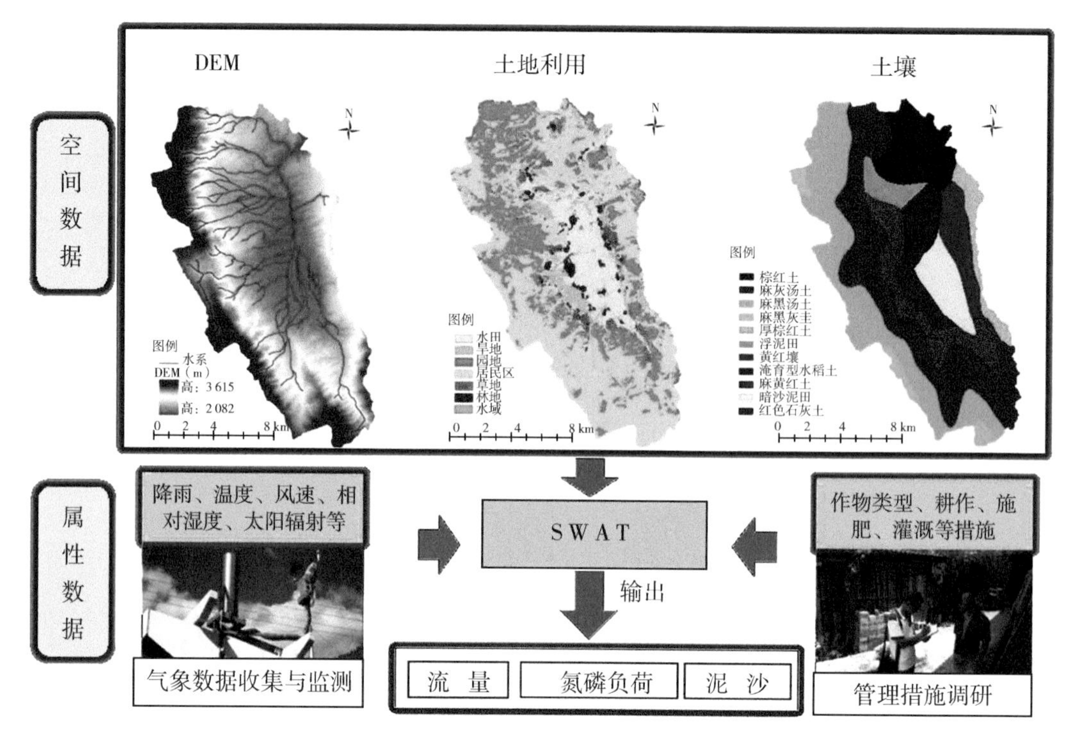

图 8.3　SWAT 模型输入输出框架

表 8.3　SWAT 模型构建所需数据及来源

数据类型	数据来源	分辨率	数据属性
DEM	中国科学院地理科学与资源研究所	1：50 000	高程数据
土壤属性	中国科学院南京土壤研究所	1：500 000	土壤物理、化学属性
土地利用	中国科学院地理科学与资源研究所	1：100 000	土地利用分类，2011 年数据
气象数据	洱源气象站，下龙门气象站	2 个气象站	日尺度降水、温度、风速、相对湿度、太阳辐射等
农业管理措施	通过农户调查获得	—	种植、收获、灌溉、施肥等

表 8.4　土壤属性数据

土壤类型	面积（%）	土壤容重（$g \cdot cm^{-3}$）	黏粒（%）	粉粒（%）	砂粒（%）	有机碳（%）	总氮（$g \cdot kg^{-1}$）	总磷（$g \cdot kg^{-1}$）
红壤	27.8	1.27	5.3	51	43.7	2.1	1.5	0.7
水稻土	14.3	1.40	8.9	60.1	31	1.9	1.7	0.6
石灰性土	3.0	1.53	6.5	79.6	13.9	1.7	1.6	0.8
棕壤	25.8	0.88	14	82	4	3.3	2.4	0.9
暗棕壤	22.4	0.89	9	75	16	3.5	2.6	1.0
黄棕壤	3.7	1.04	8	63.9	28.1	1.9	1.7	1.1
亚高山草甸土	3.1	0.73	8.7	57.4	33.9	9.6	7.3	1.8

注：土壤分类采用美国制，颗粒粒径分别为：黏粒，＜0.002 mm；粉粒，0.002～0.05 mm；砂粒，0.05～2.00 mm。

表 8.5　不同作物施肥日期和施肥量安排

作物	施肥日期	有机肥（畜禽粪便）		化肥	
		N（$kg \cdot hm^{-2} \cdot a^{-1}$）	P（$kg \cdot hm^{-2} \cdot a^{-1}$）	N（$kg \cdot hm^{-2} \cdot a^{-1}$）	P（$kg \cdot hm^{-2} \cdot a^{-1}$）
水稻	5.1	70	30	53.6	28.3
	6.1	—	—	57.9	0.0
	7.1	—	—	57.9	0.0
	总量	70	30	169.4	28.3
玉米	5.1	81	36	48.4	38.9
	6.1	—	—	59.9	9.0
	7.1	—	—	59.9	9.0
	总量	81	36	168.2	56.9
蚕豆	10.1	120	55	30.4	47.7
	11.15	—	—	27.2	11.3
	1.1	—	—	27.2	11.3
	总量	120	55	84.8	70.3
油菜	10.1	131	61	53.0	26.8
	11.15	—	—	56.9	12.0
	1.1	—	—	56.9	12.0
	总量	131	61	166.5	50.8

注：养殖粪便的总氮、总磷含量分别为0.45%和0.23%，基肥采用复合肥 N：P：K 为 10：7：7，追肥采用46%含氮量的尿素。

8.1.5　模型校准验证

模型参数的校准验证采用 SUFI-2 法（Abbaspour et al.，2007），通过 SWAT-CUP 软件执行（Arnold et al.，2012）。参数校准是不断调整参数以保证模拟数据与实测数据相吻合的迭代过程，由此降低模型预测的不确定性，对流域养分流失的模拟具有重要作用。模型验证，对校准后的模型进行验证以评估模型的适用性，这有助于量化预测的准确性（Arnold et al.，2012）。采用 2012 年 6 月至 2013 年 12 月的实测数据对流量模拟参数进行校准，2011 年 1 月至 2012 年 5 月期间的流量实测数据用于对模型进行验证。采用 2012 年 6 月至 2013 年 12 月的总氮输出负荷监测结果对总氮输出模拟参数进行校准，并根据 2010 年 10 月至 2012 年 5 月的总氮负荷实测结果对模型进行验证。纳什系数（NSE）（Nash and Sutcliffe，1970）和决定系数（R^2）用于评价模型校准验证的效果。

本研究对月尺度流量及总氮输出的模拟效果进行了校准验证，流量校准的 R^2 和 NSE 分别为 0.95 和 0.85，验证的 R^2 和 NSE 分别为 0.88 和 0.68（图 8.4）；泥沙模拟校准的 R^2 和 NSE 分别为 0.65 和 0.53，验证的 R^2 和 NSE 分别为 0.83 和 0.76（图 8.5）；总氮输出模拟校准的 R^2 和 NSE 分别为 0.79 和 0.56，验证的 R^2 和 NSE 分别为 0.67 和 0.54（图 8.6）。根据 $R^2>0.6$ 且 $NSE>0.5$ 为模拟效果较好的条件（Santhi et al.，2001），采用 SWAT 模型模拟凤羽河流域流量及总氮输出的效果基本满意。

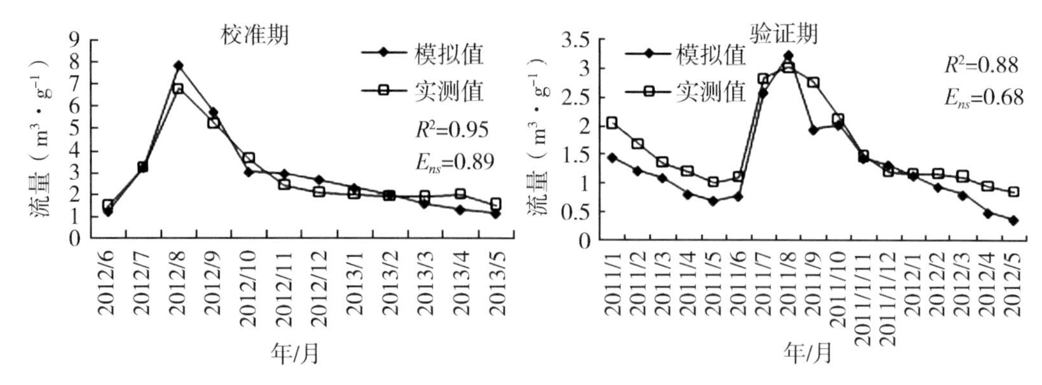

图 8.4 凤羽河流域总出口流量输出负荷校准、验证结果

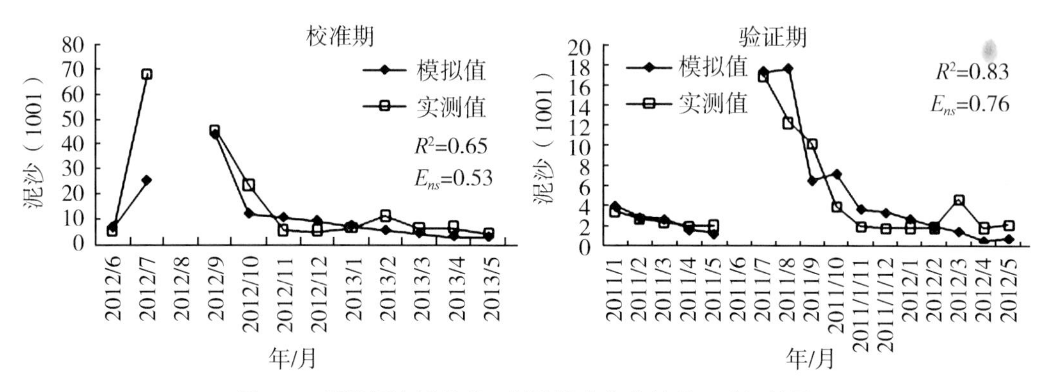

图 8.5 凤羽河流域总出口泥沙输出负荷校准、验证结果

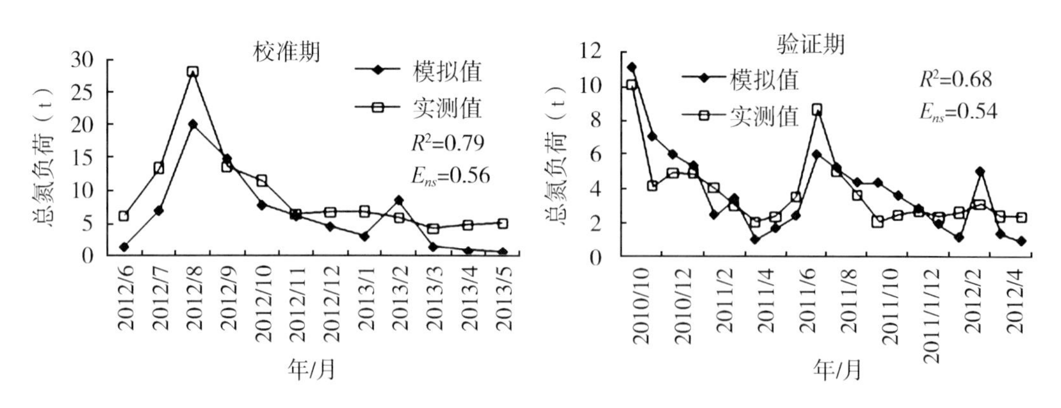

图 8.6 模型总氮输出负荷校准、验证结果

8.1.6 输移衰减系数计算

基于 SWAT 模型模拟子流域总氮（包括无机氮和有机氮）的原位流失量（SUB_{source}）（进入子流域河道）和子流域河道输出量（SUB_{export}）（从子流域河道输出的量）。某一子流域原位氮素进入目标水体的负荷根据公式（8.1）来计算，其是原位流

失与流经子流域河道（RCH_j）衰减的综合结果。换言之，某一子流域原位氮素进入目标水体的负荷是原位流失中未被河道衰减的部分。

氮素在河道中的迁移转化过程采用 QUAL2E 模型进行模拟，其是一个一维河道模型，目前已经集成在 SWAT 模型中（Brown and Barnwell Jr，1987）。氮素从原位流失后至迁移到目标水体的过程的衰减系数根据以下公式（8.2）来估算。

$$SUB_{i\_export} = SUB_{i\_source} \times \prod_{j=i}^{n} \frac{RCH_{j\_out}}{RCH_{j\_in}} \tag{8.1}$$

$$R_{etention}coefficient = \frac{SUB_{source} - SUB_{export}}{SUB_{source}} \tag{8.2}$$

其中，SUB_{i_source} 是第 i 个子流域的氮素原位流失量（进入子流域河道的量），即各个水文响应单元原位流失量的加和，总氮的原位流失量包括无机氮（NSURQ）和有机氮（ORGN）流失量，且以上结果根据 SWAT 模型的输出文件获得（也就是 SUB 后缀的文件）；RCH_{j_out} 是第 j 个子流域河道氮素输出量，其输出氮素的形态包括有机氮、硝态氮、氨氮和亚硝酸盐氮等，分别从 SWAT 的输出文件 ORGN_OUT、NO_3_OUT、NH_4_OUT 和 NO_2_OUT 中获取；RCH_{j_in} 是第 j 个子流域河道的氮素输入量，其是本子流域原位流失量与其上一个子流域河道输出量的总和；n 是第 i 个子流域的原位氮素进入目标水体（流出流域）所流经的子流域河道的数量。$R_{etention}coefficient$ 是子流域 i 原位流失氮素进入目标水体所发生的河道衰减系数，其是所有流经子流域河道衰减综合作用的结果。

8.2　评估结果

8.2.1　入湖负荷来源的空间分布特征

不同子流域原位氮素的入湖负荷（流域出口输出）存在一定的变异，凤羽河流域氮素的入湖负荷为 0.0~11.4 kg·hm^{-2}·a^{-1}（图 8.7b），呈现出明显的空间异质性。通常分布于流域出口的少数几个子流域，贡献了高于其面积占比的总氮入湖负荷（图 8.7b）。虽然距离流域出口较远的一些子流域也具有较高的原位流失强度（图 8.7a），但其对流域输出负荷（入湖负荷）的贡献低于近流域出口的子流域。

靠近流域出口的子流域 3、4、6、8、9、10 和 15 单位面积总氮入湖负荷均高于 5.0 kg·hm^{-2}·a^{-1}，虽然面积仅占流域总面积的 17.7%，但贡献了流域总氮输出负荷的 40.7%（图 8.8）。除此之外的子流域面积占流域总面积的 82.3%，但对流域总氮输出负荷贡献仅有 59.3%。因此，在凤羽河流域靠近流域的这些贡献了高于其面积占比的总氮入湖负荷的子流域是该流域总氮输出的关键区。

8.2.2　原位流失与入湖负荷的关系

子流域总氮的入湖负荷与其原位流失呈显著正相关关系（图 8.9）。然而两者相关关系的 R^2 仅为 0.54，即原位流失仅能解释子流域入湖负荷变异的 54%，剩余 46%的

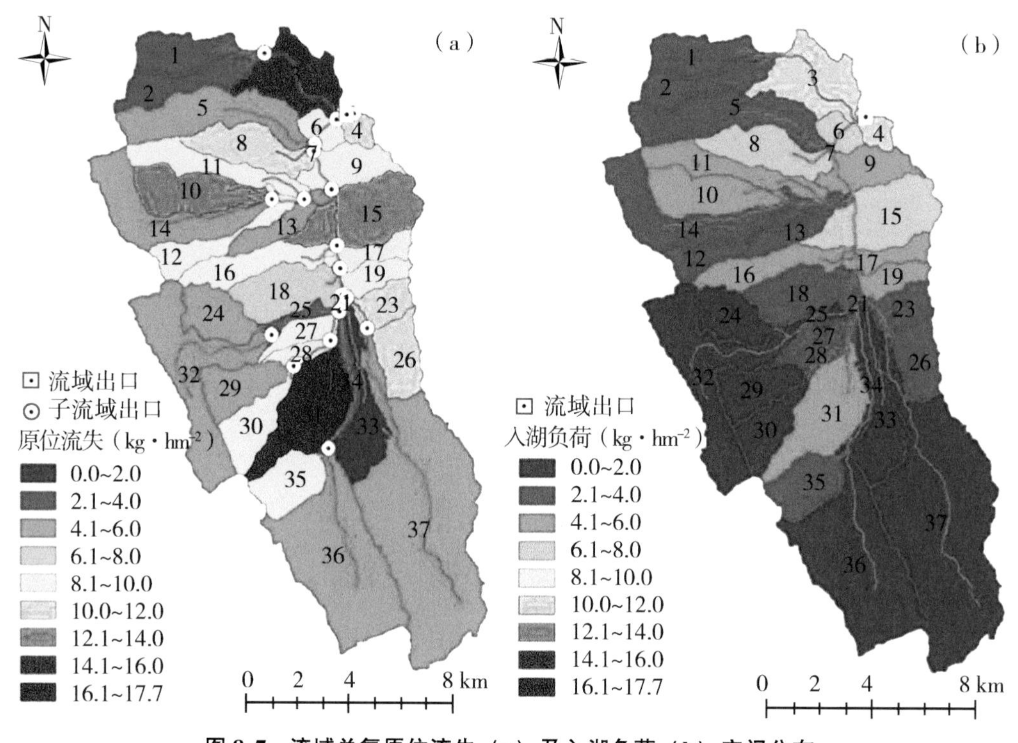

图 8.7　流域总氮原位流失（a）及入湖负荷（b）空间分布

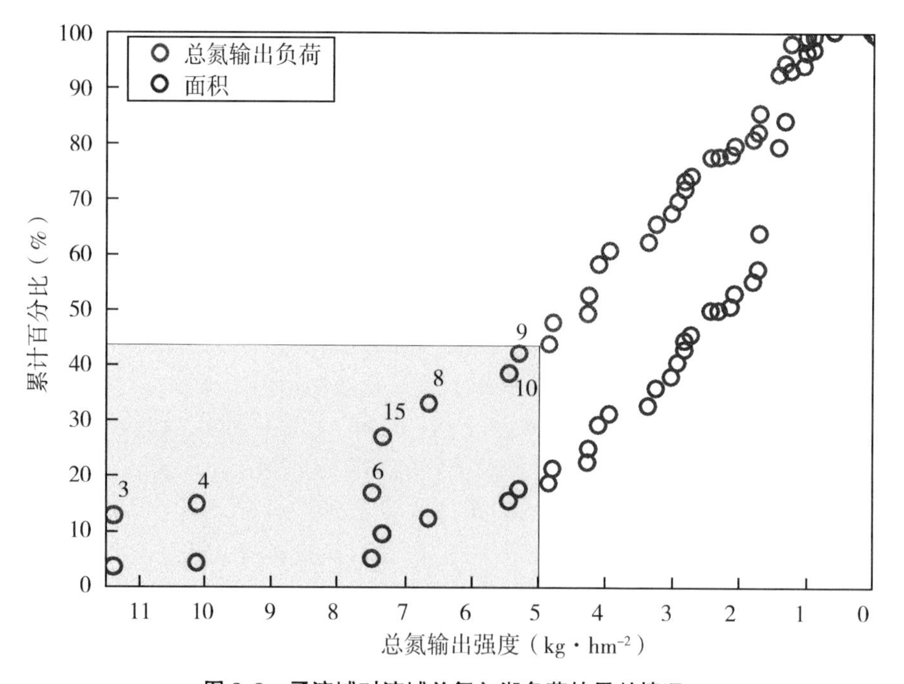

图 8.8　子流域对流域总氮入湖负荷的贡献情况

变异可能与河道的衰减有关，这主要由于入湖负荷是原位流失和河道衰减综合作用的结果。总体来看，距离流域出口较远子流域的原位流失氮素较距离流域出口较近子流域，流出流域（进入目标水体）的可能性更小。例如子流域 31，其具有很高的原位流失强度，但其与具有同等或低强度原位流失的近流域出口子流域相比，表现较低的流域输出强度（图 8.7）。因此，河道衰减作用是距离流域出口的子流域原位氮素进入目标水体的重要影响因子。

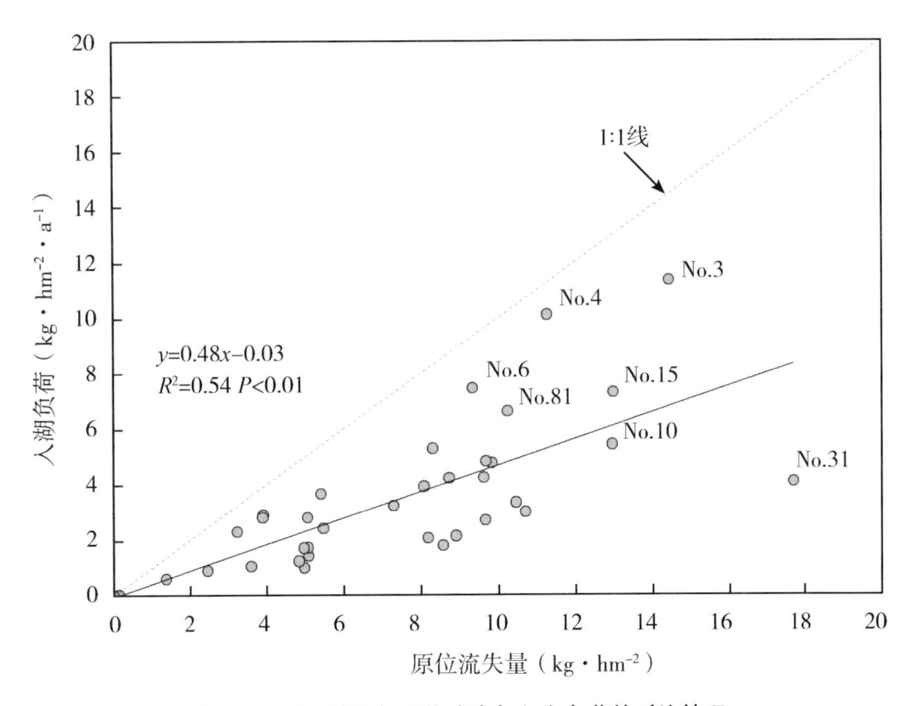

图 8.9　子流域总氮原位流失与入湖负荷的对比情况

8.2.3　河道衰减对流域氮素输出的影响

研究流域内的每一个子流域的氮素入湖负荷均低于其原位流失量（图 8.9）。就整个流域而言，流域氮素的输出量（入湖负荷）仅为其原位流失量（各个子流域原位流失量的总和）的 48%，在输移过程中有 52%的总氮原位流失量发生了衰减。子流域氮素原位流失量进入目标水体（流出流域）的比例随迁移距离的增加而降低。例如，子流域 1~9、13 和 15 中的原位流失氮素有 60%以上的可能从流域输出，而其他子流域原位流失氮素从流域输出的比例均低于 50%（图 8.10）。不同子流域表现出的原位流失氮素从流域输出可能性的差异表明，河道的衰减过程对氮素流域输出空间变异具有重要影响。

氮素从原位到目标水体的衰减系数与迁移距离呈显著正相关关系（图 8.10），但与原位流失量关系不显著。从空间分布上来看，距离流域出口越远，氮素从原位到目标水体发生衰减的量越大，衰减系数越高（图 8.11）。因此，源的位置对于流域氮素的输出具有重要的影响。

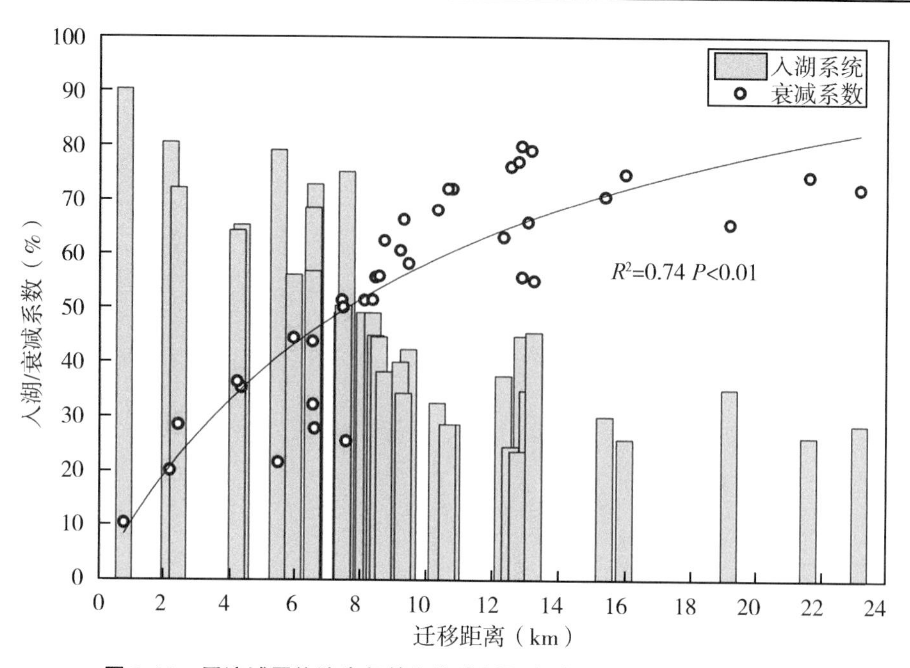

图 8.10　子流域原位流失氮的入湖比例及衰减系数与迁移距离的关系

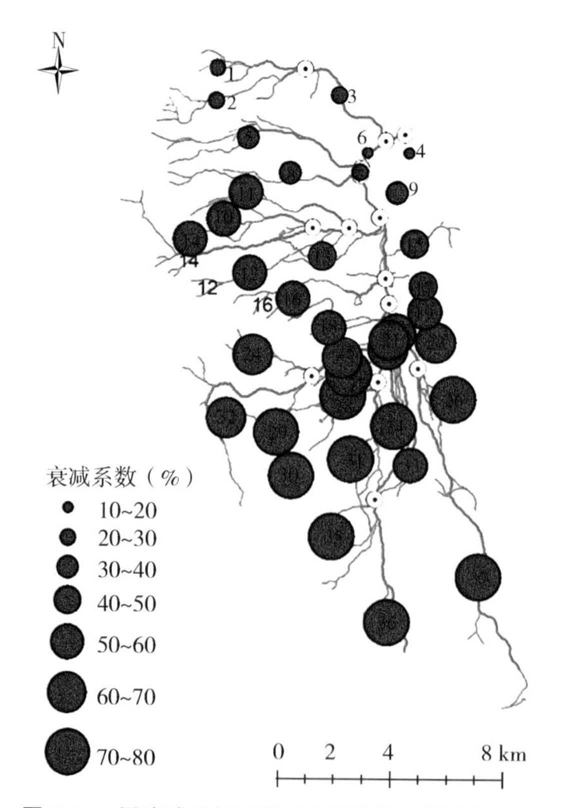

图 8.11　子流域总氮河道衰减系数的空间分布情况

8.2.4　耕地类型及组成对流域氮素输出的影响

研究结果表明，具有高原位流失强度的子流域往往旱地及果园面积比例较高，例如子流域3、10、15、31（图8.12a），或高数量的奶牛养殖数量，例如子流域10、15、23及31（图8.12b）。从空间变异来看，子流域氮素原位流失与径流（年度）相关性不显著（$R^2<0.01$，$P=0.94$），但与耕地类型及其组成紧密相关（表8.6）。此外，子流域氮素的原位流失量与子流域内奶牛养殖数量（Cattle）、旱地的比例（包括旱地与果园）（%Dry）呈正相关关系，与水田的比例（%Paddy）呈负相关关系。

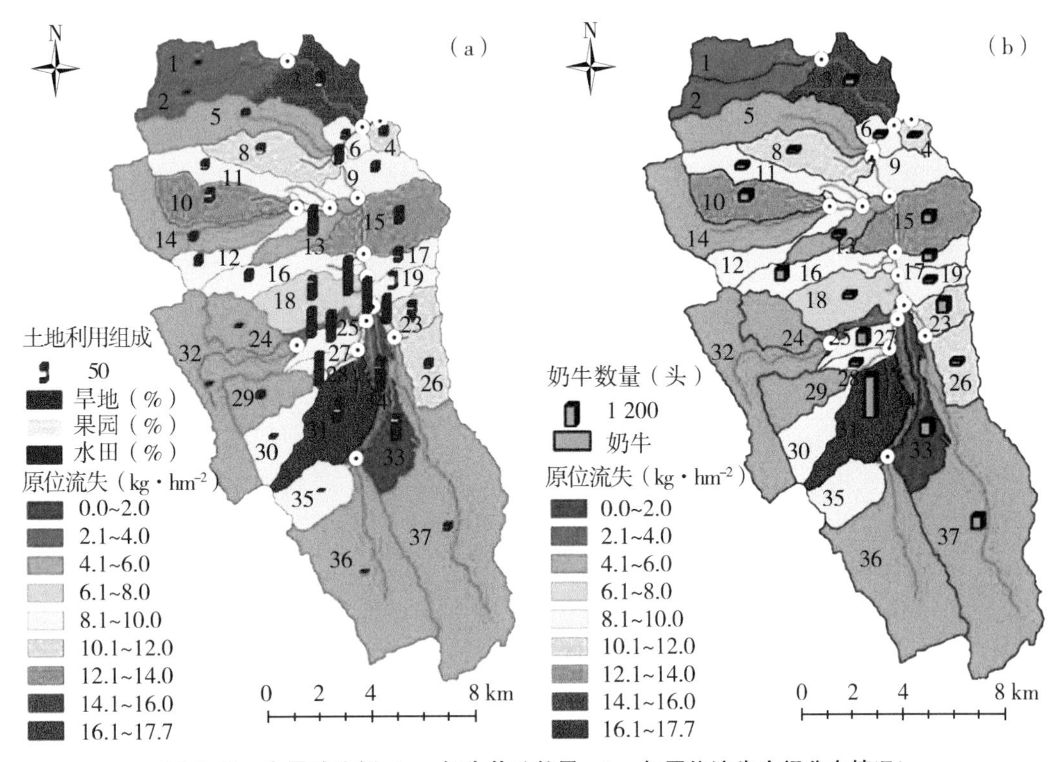

图8.12　水旱地比例（a：奶牛养殖数量；b：与原位流失空间分布情况）

奶牛养殖数量、旱地的比例、水田的比例等因子对子流域间总氮原位流失差异的解释度分别为30.0%、39.5%、19.2%（表8.6）。另外，以上3个因子的相互组合可以提高对氮素原位流失子流域间差异的解释能力（表8.6）。水田的比例是唯一与氮素原位流失呈负相关的因子，且含有水田比例因子的多元回归模型对氮素原位流失子流域间差异的解释能力更强。这说明，水田比例是影响氮素原位流失的重要因子，且可能比其他因子的作用更大。综合含有奶牛养殖数量、旱地的比例、水田的比例等因子的多元回归模型可以解释总氮原位流失空间变异性的70.5%（表8.6）。

表 8.6　总氮原位流失的关键因子及其相关关系

自变量	拟合方程	统计指标
%Paddy	TN=8.764−0.066%Paddy	R^2=0.192，P=0.004
%Dry	TN=0.277 %Dry+3.495	R^2=0.395，P<0.001
Cattle	TN=0.005 4Cattle+5.804	R^2=0.300，P<0.001
%Dry，Cattle	TN=0.214%Dry+0.003 5Cattle+3.436	R^2=0.498，P<0.001
%Dry，%Paddy	TN=0.265%Dry−0.06%Paddy+5.091	R^2=0.565，P<0.001
Cattle，%Paddy	TN=0.005 6Cattle−0.07%Paddy+7.419	R^2=0.537，P<0.001
%Dry，Cattle，%Paddy	TN=0.193%Dry+0.003 9Cattele−0.064 9%Paddy+5.149	R^2=0.705，P<0.001

注：自变量，旱地及果园比例（%Dry），奶牛数量（Cattle）及水田比例（%Paddy）；样本数量，37（子流域数）。

8.3　讨论

8.3.1　河道衰减对流域氮素输出的影响

本研究发现，原位流失的总氮有 20%~80%为从流域输出（图 8.10），表明了河道衰减对流域氮素输出的重要性。河道氮素的衰减过程包括反硝化过程、吸附、沉积及生物同化等（Mulholland et al.，2008；Hejzlar et al.，2009；Grizzetti et al.，2015；Billen et al.，2009），以往的研究已经发现，以上过程是河流氮素输出的重要控制因子（Wollheim et al.，2008；Van Breemen et al.，2002；Stewart et al.，2011；Seitzinger et al.，2002）。本研究还发现，源的位置及空间分布也是河道氮素衰减的重要影响因子。距离流域出口较近的原位氮素发生河道衰减的概率小于距离流域出口较远的。当源的位置距离流域出口的距离（或迁移距离）大于 10 km，原位流失的氮素在河道迁移过程中被去除的比例在 60%~80%，该结果可以为流域农业面源污染防控提供理论依据 Mineau 等（2015）。也发现，当源的位置距离流域出口较远时，河道氮素的衰减能力降低。

从空间尺度上来看，河道衰减与迁移距离高度相关（图 8.11），表明其他因子对河道衰减的影响相对较小。其他影响河道衰减的因子包括，水温、河流中氮的浓度、水力停留时间等（Zhao et al.，2015b；Withers and Jarvie，2008；Herrman et al.，2008；Hejzlar et al.，2009；Botter et al.，2010；Alexander et al.，2009），但基于 SWAT 模型分析的结果，从空间尺度的变异来看，水力停留时间是影响河道衰减的最重要的因子（Hejzlar et al.，2009）。尽管河流中氮素的浓度对氮素在河流中的去除速率有影响，但水力停留时间决定氮素衰减的比例（Seitzinger et al.，2006）。河网中容易创造较长水力停留时间的位置往往被认为具有汇的功能，因为更长水力停留时间给生物化学过程的发生创造了良好的条件，促进氮素的去除（Harrison et al.，2009）。此外，流域的物理特性，如水文条件、地形地貌，对水力停留时间具有重要的影响，从而对氮素的去除过程起到重要的作用

(Kellogg et al., 2010)。以往的研究发现，氮素在河道中的去除与河道水文特性，河宽、水深、河长等具有很好的相关性（Seitzinger et al., 2002; Dupas et al., 2015），这可能与这些因子决定了水力停留时间有关。

8.3.2　耕地类型及组成对流域氮素输出的影响

农业用地的类型对流域氮素的输出具有重要影响。众多已有的研究发现，氮素的流失与输出与耕地的比例紧密相关，且呈正相关关系（Shen et al., 2015; Jordan et al., 1997; Hill and Bolgrien, 2011; Chen et al., 2017）。氮素流失与耕地的这种相关关系可能与过量氮素投入（化肥、有机肥等）造成氮素盈余有关（Jordan et al., 1997; Hill and Bolgrien, 2011）。然而不同的耕地类型对氮流失的影响存在差异，本研究发现，高氮素原位流失强度的子流域往往具有较高的旱地比例和较低的水田比例（图8.12），而一些子流域（子流域27和33）虽然旱地比例较高或奶牛养殖数量也较多，这些本都会增加其氮素流失风险，但其氮素原位流失量却相对较低，这可能与水田比例较高有关（表8.6）。因此，旱地和水田对氮素流失的影响表现出了截然相反的作用。

旱地和水田对于氮流失作用机制的差异，与其不同的农田管理方式有关。旱地增加氮素流失，可能与旱地农事操作改变了土壤表面性质导致土壤导水性降低、径流潜力增加有关（Zhou et al., 2017）。水田对氮素流失负荷的减负作用。首先，可能与水田的结构及其造成的特殊环境有关。由于水稻生长过程一直需要淹水环境，水田往往为保水的箱式结构（Xia et al., 2016），形成了类似于湿地的形态，因而，其具有更长的水力停留时间，且较低的径流潜力。水田的这种特殊的结构，是其对水质具有净化功能的主要原因（Takeda and Fukushima, 2006; Hejzlar et al., 2009）。以往的研究也发现，水田种植区，河流中硝态氮的浓度相对较低（Krupa et al., 2011）。水田具有比旱地更长的水力停留时间，是两种类型耕地对氮素流失作用相反的主要原因之一。其次，水田淹水条件创造了厌氧环境，有利于厌氧微生物的作用及反硝化过程的发生（Wang and Gu, 2013; Noll et al., 2005），增加了氮素反硝化气态损失，因此，降低了氮素的径流流失风险（Li et al., 2015）。同时，氨挥发也是水田氮素损失的又一个主要途径，损失的氮占氮素投入的9%~40%，这一过程也会显著降低田面水中氮浓度，降低稻田氮素径流流失风险（Jung et al., 2015; Fan et al., 2006; Chen et al., 2014b）。

与本研究发现水田又在流域氮素输出中表现出汇的功能不同的是，一些研究发现，水田是流域氮素输出的源（Xia et al., 2016; Wang et al., 2017; Wang et al., 2015a），这可能与水田所处流域的源组成有关。例如，在一个以林地为主的流域，水田是主要的农用地类型，由于水田具有比林地较高的氮素投入，因此，其相对于林地表现出源的功能（Wang et al., 2015a）。而在本研究中，由于流域内氮素的源类型较多，如养殖、旱地等，水田相对于养殖、旱地等具有较低的氮素流失潜力，因而就流域整体氮素输出而言表现出汇的功能。加之，水田往往分布于流域下游（水源丰富、地势平坦），而养殖活动及旱地往往分布于上游（村庄附近），这种分布格局也有助于水田发挥其汇的功能。以往的研究也发现，水田在一定条件下会表现出其汇的功能（Krupa et al., 2011），比如，在间歇灌溉期水流变缓创造了更长的水力停留时间（Lee et al., 2014）。

8.3.3 方法的局限性

SWAT 模型模拟结果的准确性对于研究结果的分析和应用至关重要。尽管本研究采用实测数据（流量、氮素输出负荷）对模型参数进行了校准及模拟效果的验证，补充更加细致的监测数据对模型模拟效果进行优化提升，将有助得到更加细致的研究结果和结论。例如，本研究根据流域出口的监测数据对模型进行了校准验证，但由于缺乏更长时间序列的监测数据，对模拟结果时间变异性及气候条件影响的分析还有所限制。通过补充多尺度（空间尺度：不同级别支流；时间尺度：不同时间频率）河流水质监测数据，可以对模型模拟结果进行优化提升。

8.4 本章小结

本研究采用考虑氮素河道迁移衰减过程的分布式流域模型，量化研究了氮素原位流失与入湖负荷的关系及其空间分布特征，进而分析了土地利用组成对氮素流失、输出的影响。研究结果发现，不同类型耕地的氮素流失特征不同，对流域氮素总体流失的贡献具有不同作用。不同类型耕地的组成及空间分布是流域氮素输出（入湖负荷）关键影响因子。相对于单个耕地类型，不同类型耕地的组合可以解释更多的氮素原位流失的空间变异。水田对流域氮素流失具有非常重要的作用，含有水田比例因子的回归模型对氮素流失空间变异的解释能力更强。从空间尺度上来看，河道衰减与迁移距离正相关。距离流域出口更近的源对流域氮素输出的贡献可能更大。这也是耕地空间分布对流域氮素输出具有影响的主要原因。

基于本部分研究内容提出如下管理建议。

（1）氮素入湖负荷来源空间分布的异质性，为识别重点控制源及其分布提供了依据，可以帮助识别面源氮素污染控制的优先源区（关键区），对成本有限的条件有所侧重。在本研究流域出口附近，氮素迁移距离较短，因而被河道去除的概率较小，相反，距离流域出口较远，氮素迁移距离较长，因而被河道治理的概率较大。因此，为减少氮素的入湖负荷，应优先防控迁移距离较短入湖负荷较高的区域。

（2）不同类型耕地对氮素流失不同甚至相反的作用，可以指导流域内种植结构调整，以期通过结构调整达到减少氮素流失的目的。与本研究区域类似的流域，为了最大限度地减少流域的氮素流失，应适当调整流域内水田和旱地的分配比例，尽可能提高水田的比例而降低旱地的比例，以减少氮素流失。

参考文献

ABBASPOUR K C，VEJDANI M，HAGHIGHAT S，2007. SWAT-CUP calibration and uncertainty programs for SWAT［C］//International Congress on Modelling and Simulation Modsim：1603-1609.

ALEXANDER R B，BOHLKE J K，BOYER E W，et al.，2009. Dynamic modeling of nitrogen losses in river networks unravels the coupled effects of hydrological and biogeochemical processes [J]. Biogeochemistry, 93 (1-2): 91-116.

ARNOLD J G, MORIASI D N, GASSMAN P W, et al., 2012. SWAT: model use, calibration, and validation [J]. Transactions of the Asabe, 55 (4): 1491-1508.

ARNOLD J G, SRINIVASAN R, MUTTIAH R S, et al., 1998. Large area hydrologic modeling and assessment-part 1: model development [J]. Journal of the American Water Resources Association, 34 (1): 73-89.

BILLEN G, THIEU V, GARNIER J, et al., 2009. Modelling the N cascade in regional watersheds: the case study of the seine, somme and scheldt rivers [J]. Agriculture, Ecosystems & Environment, 133 (3-4): 234-246.

BOTTER G, BASU N B, ZANARDO S, et al., 2010. Stochastic modeling of nutrient losses in streams: interactions of climatic, hydrologic, and biogeochemical controls [J]. Water Resources Research, 46: W08509.

BROWN L C, BARNWELL JR T O, 1987. The enhanced stream water quality models QUAL2E and QUAL2E-UNCAS: Documentation and user manual. EPA/600/3-87/007. Athens, Ga.: U. S. EPA, Environmental Research Laboratory.

CHEN A, LEI B, HU W, et al., 2014. Characteristics of ammonia volatilization on rice grown under different nitrogen application rates and its quantitative predictions in Erhai Lake Watershed, China [J]. Nutrient Cycling in Agroecosystems, 101 (1): 139-152.

CHEN B H, CHANG S X, LAM S K, et al., 2017. Land use mediates riverine nitrogen export under the dominant influence of human activities [J]. Environmental Research Letters, 12 (9): 094018.

DUPAS R, DELMAS M, DORIOZ J M, et al., 2015. Assessing the impact of agricultural pressures on N and P loads and eutrophication risk [J]. Ecological Indicators, 48: 396-407.

FAN X H, SONG Y S, LIN D X, et al., 2006. Ammonia volatilization losses and 15N balance from urea applied to rice on a paddy soil [J]. Jurnal of Environmental Sciences, 18 (2): 299-303.

GRIZZETTI B, PASSY P, BILLEN G, et al., 2015. The role of water nitrogen retention in integrated nutrient management: assessment in a large basin using different modelling approaches [J]. Environmental Research Letters, 10 (6): 065008.

HARRISON J A, MARANGER R J, ALEXANDER R B, et al., 2009. The regional and global significance of nitrogen removal in lakes and reservoirs [J]. Biogeochemistry, 93 (1-2): 143-157.

HEJZLAR J, ANTHONY S, ARHEIMER B, et al., 2009. Nitrogen and phosphorus retention in surface waters: an inter-comparison of predictions by catchment models of different complexity [J]. Journal of Environmental Monitoring, 11 (3): 584-593.

HERRMAN K S, BOUCHARD V, MOORE R H, 2008. An assessment of nitrogen removal from headwater streams in an agricultural watershed, northeast Ohio, USA [J].

Limnology and Oceanography, 53 (6): 2573-2582.

HILL B H, BOLGRIEN D W, 2011. Nitrogen removal by streams and rivers of the Upper Mississippi River basin [J]. Biogeochemistry, 102 (1-3): 183-194.

JORDAN T E, CORRELL D L, WELLER D E, 1997. Relating nutrient discharges from watersheds to land use and streamflow variability [J]. Water Resources Research, 33 (11): 2579-2590.

JUNG J W, LIM S S, KWAK J H, et al., 2015. Further understanding of the impacts of rainfall and agricultural management practices on nutrient loss from rice paddies in a monsoon area [J]. Water, Air & Soil Pollution, 226 (9): 208.

KELLOGG D Q, GOLD A J, COX S, et al., 2010. A geospatial approach for assessing denitrification sinks within lower-order catchments [J]. Ecological Engineering, 36 (11): 1596-1606.

KRUPA M, TATE K W, VAN KESSEL C, et al., 2011. Water quality in rice-growing watersheds in a mediterranean climate [J]. Agriculture, Ecosystems & Environment, 144 (1): 290-301.

LEE H, MASUDA T, YASUDA H, et al., 2014. The pollutant loads from a paddy field watershed due to agricultural activity [J]. Paddy and Water Environment, 12 (4): 439-448.

LI X, WELLEN C, LIU G, et al., 2015. Estimation of nutrient sources and transport using spatially referenced regressions on watershed attributes: a case study in Songhuajiang River basin, China [J]. Environmental Science and Pollution Research International, 22 (9): 6989-7001.

MINEAU M M, WOLLHEIM W M, STEWART R J, 2015. An index to characterize the spatial distribution of land use within watersheds and implications for river network nutrient removal and export [J]. Geophysical Research Letters, 42 (16): 6688-6695.

MULHOLLAND P J, HELTON A M, POOLE G C, et al., 2008. Stream denitrification across biomes and its response to anthropogenic nitrate loading [J]. Nature, 452 (7184): 202-U46.

NOLL M, MATTHIES D, FRENZEL P, et al., 2005. Succession of bacterial community structure and diversity in a paddy soil oxygen gradient [J]. Environmental Microbiology, 7 (3): 382-395.

SANTHI C, ARNOLD J G, WILLIAMS J R, et al., 2001. Validation of the swat model on a large river basin with point and nonpoint sources [J]. Journal of the American Water Resources Association, 37 (5): 1169-1188.

SEITZINGER S P, STYLES R V, BOYER E W, et al., 2002. Nitrogen retention in rivers: model development and application to watersheds in the northeastern USA [J]. Biogeochemistry, 57 (1): 199-237.

SEITZINGER S, HARRISON J A, BOHLKE J K, et al., 2006. Denitrification across landscapes and waterscapes: a synthesis [J]. Ecological Applications, 16 (6): 2064-2090.

SHEN Z, ZHONG Y, HUANG Q, et al., 2015. Identifying non-point source priority management areas in watersheds with multiple functional zones [J]. Water Research, 68: 563-571.

STEWART R J, WOLLHEIM W M, GOOSEFF M N, et al., 2011. Separation of river network-scale nitrogen removal among the main channel and two transient storage compartments [J]. Water Resources Research, 47 (10): W00J10.

TAKEDA I, FUKUSHIMA A, 2006. Long-term changes in pollutant load outflows and purification function in a paddy field watershed using a circular irrigation system [J]. Water Research, 40 (3): 569-578.

VAN BREEMEN N, BOYER E W, GOODALE C L, et al., 2002. Where did all the nitrogen go? Fate of nitrogen inputs to large watersheds in the northeastern USA [J]. Biogeochemistry, 57 (1): 267-293.

WANG J, GU J D, 2013. Dominance of Candidatus Scalindua species in anammox community revealed in soils with different duration of rice paddy cultivation in Northeast China [J]. Applied Microbiology and Biotechnology, 97 (4): 1785-1798.

WANG Y, LIU X, LI Y, et al., 2015. Rice agriculture increases base flow contribution to catchment nitrate loading in subtropical central China [J]. Agriculture, Ecosystems & Environment, 214: 86-95.

WANG Y, LIU X, WANG H, et al., 2017. Rice agriculture impacts catchment hydrographic patterns and nitrogen export characteristics in subtropical central China: a paired-catchment study [J]. Environmental Science and Pollution Research International, 24 (18): 15700-15711.

WITHERS P J A, JARVIE H P, 2008. Delivery and cycling of phosphorus in rivers: a review [J]. Science of the Total Environment, 400 (1-3): 379-395.

WOLLHEIM W M, VÖRÖSMARTY C J, BOUWMAN A F, et al., 2008. Global N removal by freshwater aquatic systems using a spatially distributed, within-basin approach [J]. Global Biogeochemical Cycles, 22 (2): GB2026.

XIA Y, TI C, SHE D, et al., 2016. Linking river nutrient concentrations to land use and rainfall in a paddy agriculture-urban area gradient watershed in southeast China [J]. Science of the Total Environment, 566-567: 1094-1105.

ZHAO Y, XIA Y, TI C, et al., 2015. Nitrogen removal capacity of the river network in a high nitrogen loading region [J]. Environmental Science & Technology, 49 (3): 1427-1435.

ZHOU Y, XU J F, YIN W, et al., 2017. Hydrological and environmental controls of the stream nitrate concentration and flux in a small agricultural watershed [J]. Journal of Hydrology, 545: 355-366.

9　流域农业面源入湖负荷评估方法在山地丘陵典型流域的应用

本研究选用 2.4 节所述流域农业面源入湖负荷评估方法，在山地丘陵典型流域——香溪河流域进行了应用。该方法采用产排污系数法对不同农业源的产生量进行量化，输移衰减过程采用 SWAT 模型进行量化，根据子流域的空间关系计算污染物从原位迁移至目标水体的输移距离，进而计算污染物从原位至目标水体的衰减量。该方法不仅量化了流域出口农业源的氮磷输出负荷，还通过比较农业源入湖负荷与流域出口总入湖负荷的差异，量化了农业源对流域氮磷输出的贡献。

基于本研究的结果发现畜禽养殖业是山地丘陵流域农业面源总氮流失的主要来源，占农业源总氮排放量的 82%，畜禽养殖业和种植业是流域农业面源总磷流失的主要来源，分别占农业源总磷排放量的 52%和 42%。山地丘陵小流域，由于地势较陡，污染物从产生到输出的过程中迁移滞留时间较短，只有 5%的总氮和 10.7%的总磷在迁移过程中被削减。农业源主要分布在流域中下游河道沿岸的平缓地带，这一区域也是氮磷污染物排放的关键区，防控农业面源污染的相关措施应该重点在此实施。

9.1　评估方法构建

本研究提出的计算框架结构如图 9.1 所示。第一步，结合农业统计数据和产排污系数（每个不同源单位时间或面积氮磷的排放量），计算不同农业源氮磷污染物的输出量。第二步，运用 SWAT 模型模拟获得每个子流域的河道迁移系数。河道迁移系数由 SWAT 模型输出项中的河道投入和河道输出模块计算得来。

$$河道迁移系数=河道输出/河道输入$$

各子流域出口的污染物负荷为各子流域内污染物在流入水库（接收水体）前排入河流的量。换句话说，污染物从上游的子流域产生后，会流经下游的子流域最终进入库区，而不是直接进入库区。决定最终向水库污染物负荷的值被定义为污染物的输移比。各子流域的输移比即该子流域所流经下游子流域河道迁移系数的乘积（Li et al., 2018）。最后，各子流域的输移比乘以不同农业源的产生量即得到该污染源到流域出口的排放强度。

9.1.1　空间单元划分

考虑到影响氮素流失相关因子，如气象、地形、土壤、土地利用等的空间异质性，SWAT 模型将流域概化划分为不同的子流域及水文响应单元。根据汇水单元，将流域划分成 29 个子流域作为空间计算单元（图 9.2）。且子流域 29 为流域总出口，子流域 15、16 出口的交汇处即为香溪河的始段，三峡大坝蓄水后，受回流水作用，子流域 25、27、

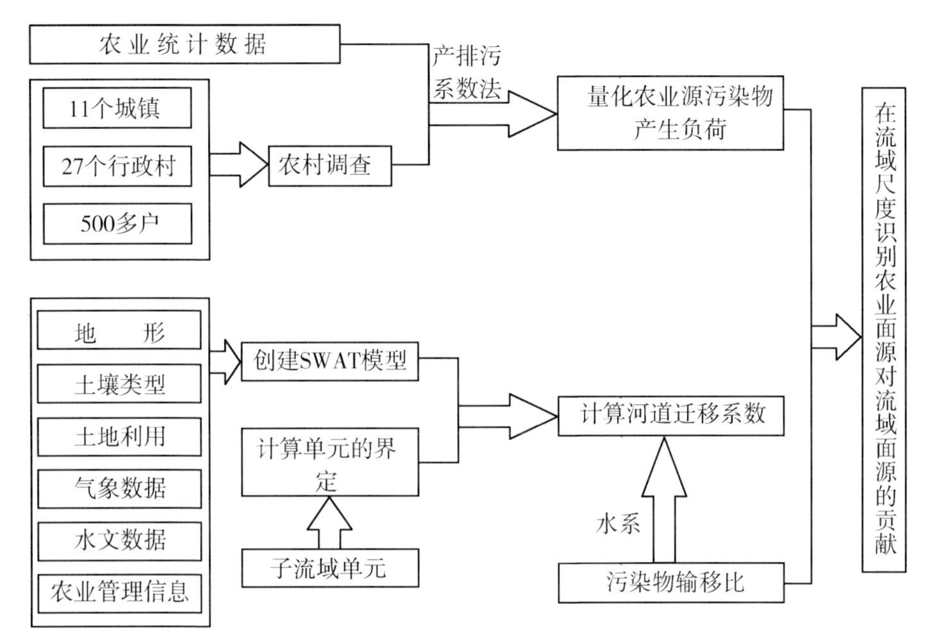

图 9.1　SWAT-ECA 计算框架

29 主河道即为香溪河库湾，上游支流水流均汇入其中。

9.1.2　原位产生量计算

通过入户问卷调研及资料收集，获取典型流域主要农业源规模及氮磷流失系数，计算典型流域内主要农业源氮磷污染物的产生量。典型流域主要农业源氮磷原位流失系数见下表 9.1。

表 9.1　湖北省三峡库区农业源排污系数

种植模式	种植业源 肥料流失系数（%） 总氮	种植业源 肥料流失系数（%） 总磷	种植业源 本底流失系数（$kg \cdot hm^{-2}$） 总氮	种植业源 本底流失系数（$kg \cdot hm^{-2}$） 总磷	动物种类	畜禽养殖业 排污系数（$kg \cdot 头^{-1}/羽^{-1} \cdot a^{-1}$） 总氮	畜禽养殖业 排污系数（$kg \cdot 头^{-1}/羽^{-1} \cdot a^{-1}$） 总磷	来源	农村生活源 排污系数（$g \cdot 人^{-1} \cdot d^{-1}$） 总氮	农村生活源 排污系数（$g \cdot 人^{-1} \cdot d^{-1}$） 总磷
水旱轮作	1.21	1.11	13.3	0.48	母猪	13.2	2.01	污水	0.17	0.02
大田作物	0.48	0.3	2.84	0.35	生猪	2.25	0.044			
					牛	14.9	0.73	垃圾	0.45	0.09
园地	0.4	0.29	6.59	0.78	鸡	0.003	0.002			

经调查及查阅相关统计资料得到了各子流域内的农村人口数量、耕地类型及面积、养殖种类及数量等情况（表 9.2）。

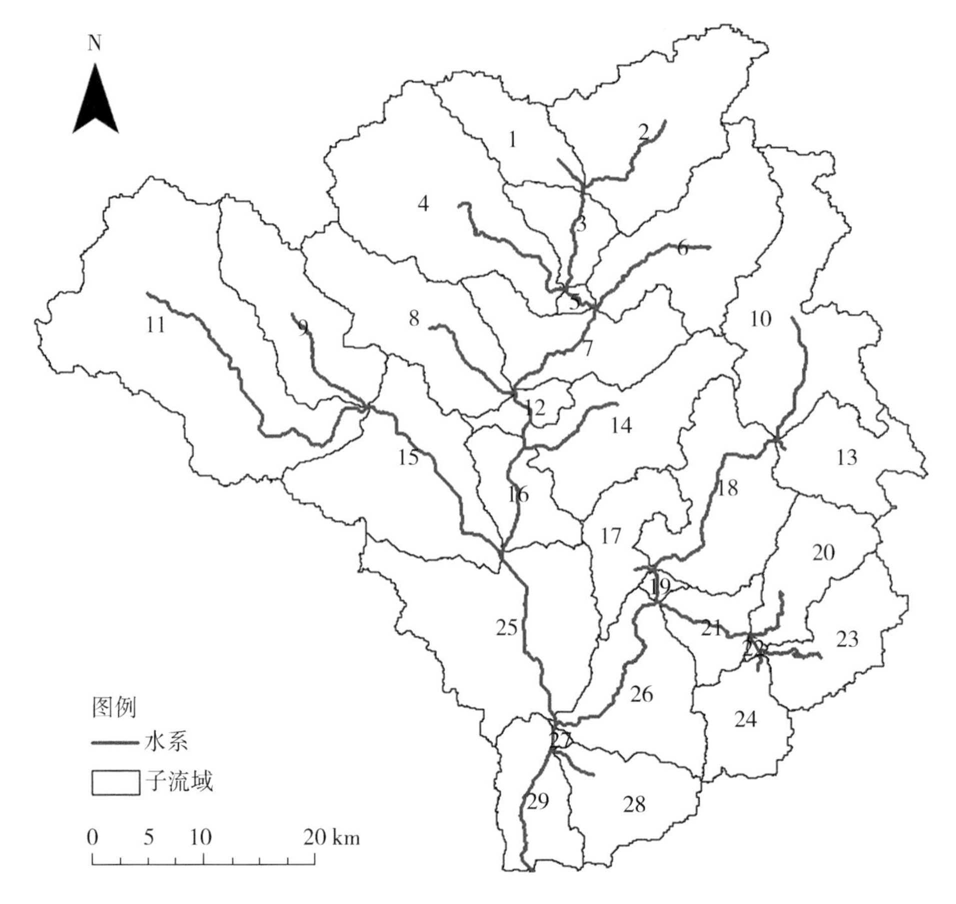

图 9.2　香溪河流域空间单元划分

表 9.2　流域各子流域概况

子流域	面积 (km²)	农村生源	种植业源			畜禽养殖业源			
		乡村人口（人）	水田（hm²）	旱地（hm²）	园地（hm²）	母猪（头）	公猪（头）	牛（头）	活鸡（羽）
1	71.2	0	0	0	0	0	0	0	0
2	180.4	3 513	10.1	302.3	9.2	218	3 875	246	27 121
3	48.7	1 009	7.4	113.9	1	63	1 781	32	3 924
4	223.1	2 200	7.8	181.3	54.7	230	3 286	54	7 402
5	6.5	0	0	0	0	0	0	0	0
6	159.7	4 863	0	874.3	0	161	6 882	243	18 500
7	113.4	2 017	14.7	227.7	2.1	127	3 563	65	7 850
8	147.8	2 930	17.5	308.1	70	219	5 916	64	13 230
9	127.9	1 065	3.3	75.7	31.1	61	1 343	5	2 100

（续表）

子流域	面积（km^2）	农村生源	种植业源			畜禽养殖业源			
		乡村人口（人）	水田（hm^2）	旱地（hm^2）	园地（hm^2）	母猪（头）	公猪（头）	牛（头）	活鸡（羽）
10	194	5 631	0	1 146.5	0	149	7 979	166	10 221
11	359.6	6 433	2.5	419.5	210.7	296	8 263	24	10 482
12	24.3	2 952	52.7	324.4	413.3	142	7 143	29	7 849
13	84.7	2 863	0	467.7	112.4	244	8 856	90	6 072
14	139.3	8 412	225.7	981.7	922.3	604	27 910	258	40 580
15	184.1	10 051	102.2	923.1	1 134.3	911	28 812	90	28 325
16	63.3	10 487	187.4	678.3	1 244.9	1 072	27 583	72	51 585
17	66.8	8 225	228.9	802.2	949.9	1 881	31 450	138	70 800
18	147.1	4 522	6.2	976.9	344.8	823	19 707	308	15 300
19	6.4	911	13.1	153.1	30.8	50	854	40	2 350
20	82.2	3 258	64.3	398.4	165.5	482	11 417	42	10 490
21	49.9	2 439	23	329.7	122.7	364	8 543	50	4 300
22	2.8	988	18.8	57.5	39.3	25	592	2	2 600
23	89.2	5 632	250.9	329.5	523.9	654	18 228	155	17 160
24	66	2 485	113.5	319.7	321.3	301	7 607	55	6 320
25	224.6	22 667	570.5	1 479.5	3 505.1	3 592	59 111	233	63 667
26	123.9	7 567	107.2	1 020	857.9	1 088	25 965	49	27 136
27	2.8	1 639	5.3	33.2	46.2	28	570	1	4 400
28	85.1	7 856	81.8	513.6	482.7	866	13 589	14	25 068
29	75.6	12 175	104.7	456.1	636.7	1 356	18 373	96	28 608

9.1.3 迁移路径分析

原位氮素的入湖负荷是产生量及迁移衰减过程的综合结果。识别原位氮素产生量进入目标水体的迁移路径对于估算氮素产生量在迁移过程的衰减非常重要。SWAT 模型对氮素流失的模拟分为陆面过程和河道过程，其中，陆面过程控制原位氮素进入临近河道中的产生量，河道过程决定原位氮素迁移至目标水体过程的衰减。根据每个子流域在空间上的分布关系（图 9.3a），分析每个子流域内原位氮素流出流域（进入目标水体）所经过的子流域（图 9.3b），以及流经子流域内所有河道的长度（迁移距离）。流域内子流域的汇流关系见图 9.2。

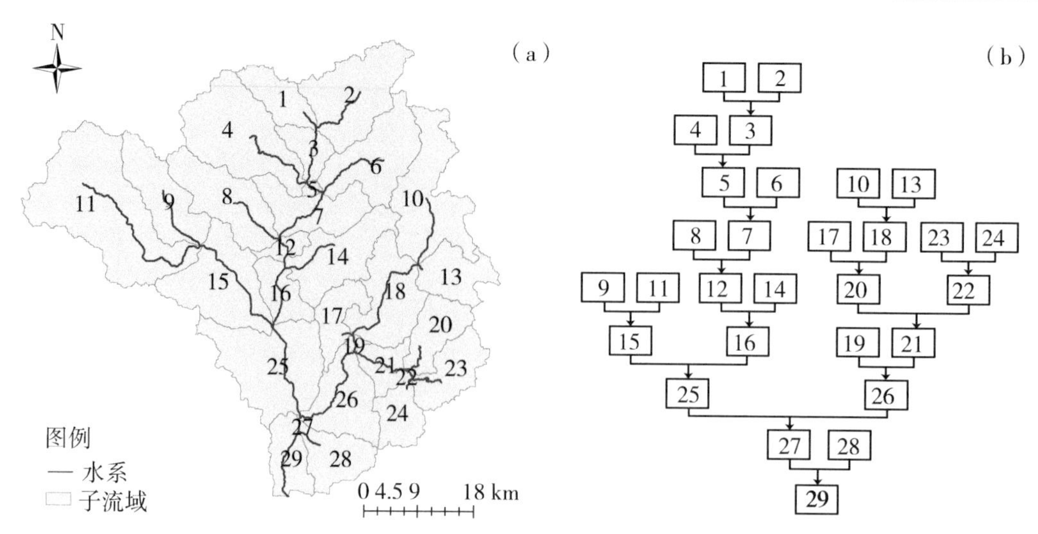

图 9.3 流域迁移路径（a）子流域空间分布图（b）子流域之间的连接关系

9.1.4 SWAT 模型构建

SWAT 模型数据库的构建包括，空间数据：DEM 图、土壤图以及土地利用图，相关地图的来源见表 9.3；属性数据：土壤物理化学属性数据，如容重、土壤机械组成、碳氮磷含量等，气象数据，农业管理数据等。农业管理数据包括施肥、灌溉、耕作收货时间，施肥量等，具体施肥信息见表 9.4。模型模拟步长是日尺度。

表 9.3 模型基础输入数据

数据类型	数据源	数据描述
DEM	全国地图无缝数据分布系统	网格大小 25m × 25m
土壤类型	中国科学院南京土壤研究所	土壤理化性质；比例尺（1：1 000 000）
土地利用	中国科学院地理科学与资源研究所	土地利用分类；比例尺（1：100 000）
气象数据	中国气象局宜昌气象站	温度、降水、风速、湿度、太阳辐射
管理措施	第一次全国面源污染普查	种植、施肥、施肥方式和收获

表 9.4 流域内主要农事活动时间安排

作物	底肥	耕作	灌溉	种植	追肥 1	追肥 2	收获
玉米	5 月 8 日	5 月 8 日	—	5 月 8 日	6 月 15 日	7 月 2 日	9 月 28 日
	375kg · hm^{-2}（复合肥 15-15-15）	—	—	—	150 kg · hm^{-2}（尿素）	225 kg · hm^{-2}（尿素）	—
油菜	10 月 2 日	10 月 2 日	—	10 月 2 日	12 月 5 日	—	翌年 5 月 1 日
	225 kg · hm^{-2}（复合肥 15-15-15）	—	—	—	150 kg · hm^{-2}（尿素）	—	—

（续表）

作物	底肥	耕作	灌溉	种植	追肥 1	追肥 2	收获
水稻	5 月 4 日	5 月 4 日	5 月 3 日	5 月 5 日	5 月 25 日	—	9 月 27 日
	450 kg · hm^{-2}（复合肥 15-15-15）	—	—	—	300 kg · hm^{-2}（尿素）	—	—
柑橘	—	—	—	—	2 月 25 日	7 月 2 日	—
	—	—	—	—	1 500 kg · hm^{-2}（复合专用肥 15-7-13）	2 250 kg · hm^{-2}（复合专用肥 15-7-13）	—

SWAT 模型输入数据分为空间数据和属性数据两大类（图 9.4）。空间数据主要包括 DEM 图、水系图、土壤类型图和土地利用图等；属性数据主要包括土壤物理化学属性数据、气象数据、作物管理措施数据以及用于模型校准验证的水文水质数据等。

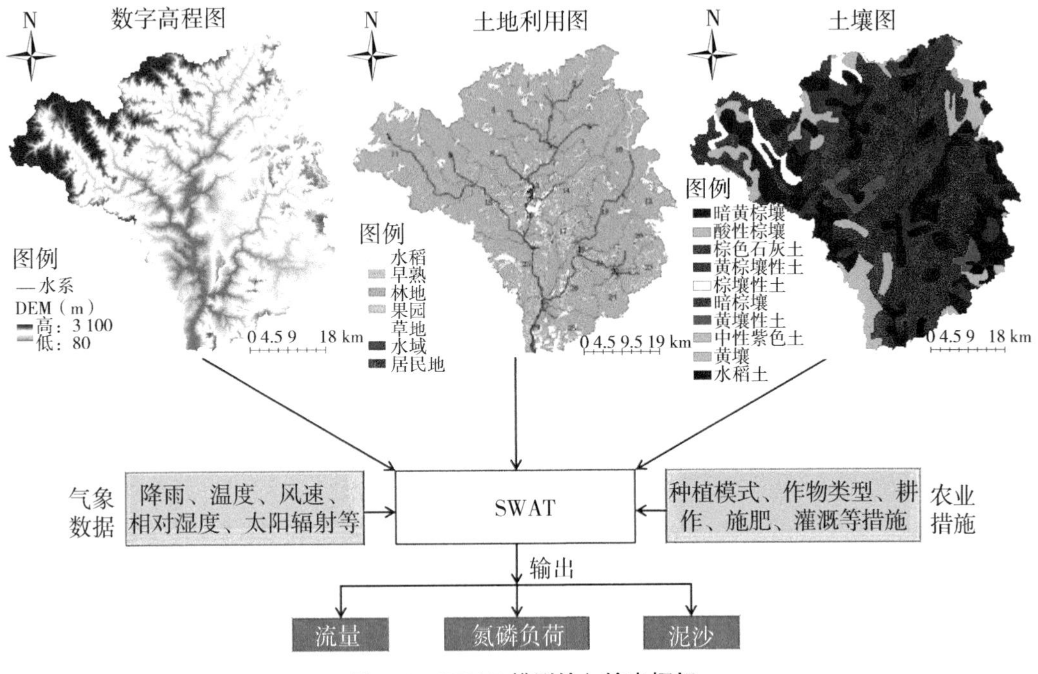

图 9.4　SWAT 模型输入输出框架

9.1.5　模型校准验证

模型参数的校准验证采用 SUFI-2 法（Abbaspour et al.，2007），通过 SWAT-CUP 软件执行（Arnold et al.，2012）。参数校准是不断调整参数以保证模拟数据与实测数据相吻合的迭代过程，由此降低模型预测的不确定性，对流域养分流失的模拟具有重要作用。模型验证，对校准后的模型进行验证以评估模型的适用性，这有助于量化预测的准确性。流量校准周期为 2003 年 1 月至 2010 年 12 月，流量验证周期为 2011 年 1 月至 2014 年 12 月。2014 年 1 月至 2014 年 12 月和 2013 年 1 月至 2013 年 12 月对总氮、总磷进行校正验证。纳什系数（NSE）（Nash and Sutcliffe，1970）和决定系数（R^2）用于评价模型校准验证的效果。

本研究对月尺度流量及总氮输出的模拟效果进行了校准验证，流量校准的 R^2 和 NSE 分别为 0.76 和 0.61，验证的 R^2 和 NSE 分别为 0.868 和 0.73（图 9.5）；泥沙模拟校准的 R^2 和 NSE 分别为 0.65 和 0.86，验证的 R^2 和 NSE 分别为 0.68 和 0.86（图 9.6）；总氮输出模拟校准的 R^2 和 NSE 分别为 0.64 和 0.86，验证的 R^2 和 NSE 分别为 0.61 和 0.89（图 9.7）；总磷输出模拟校准的 R^2 和 NSE 分别为 0.65 和 0.85，验证的 R^2 和 NSE 分别为 0.64 和 0.87（图 9.8）。根据 $R^2>0.6$ 且 NSE>0.5 为模拟效果较好的条件（Santhi et al.，2001），采用 SWAT 模型模拟香溪河流域流量及总氮输出的效果基本满意。

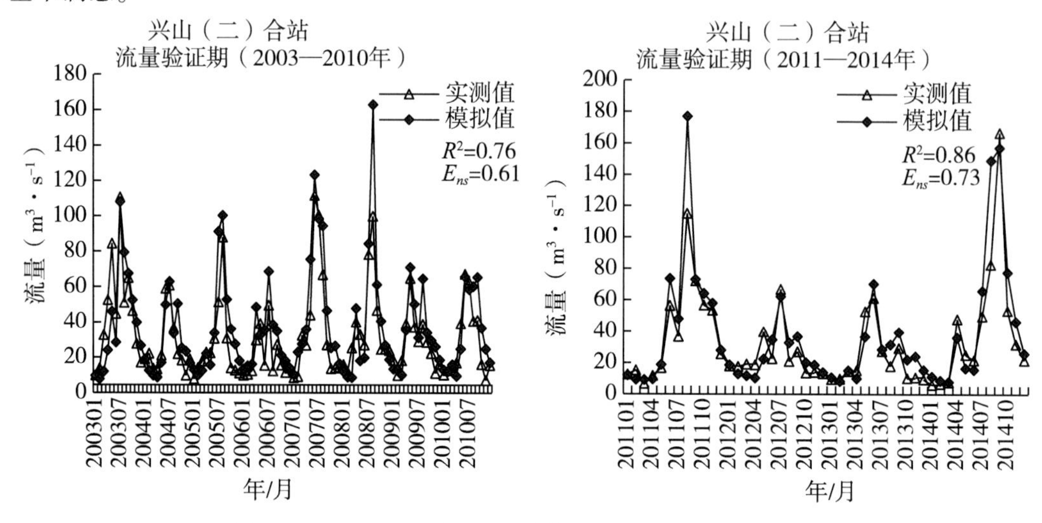

图 9.5　香溪河流域总出口流量输出负荷校准、验证结果

注：200301 表示 2003 年 1 月，下同。

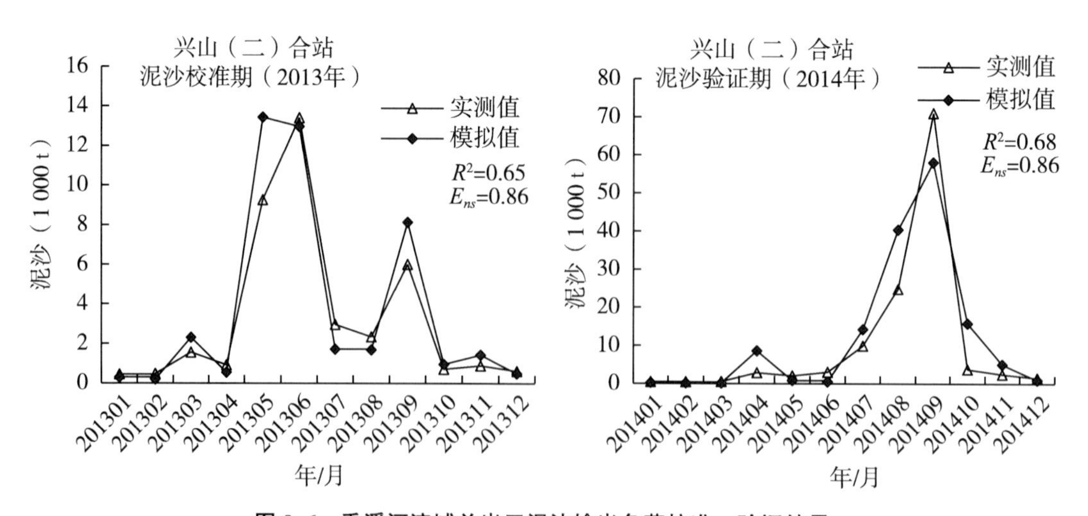

图 9.6　香溪河流域总出口泥沙输出负荷校准、验证结果

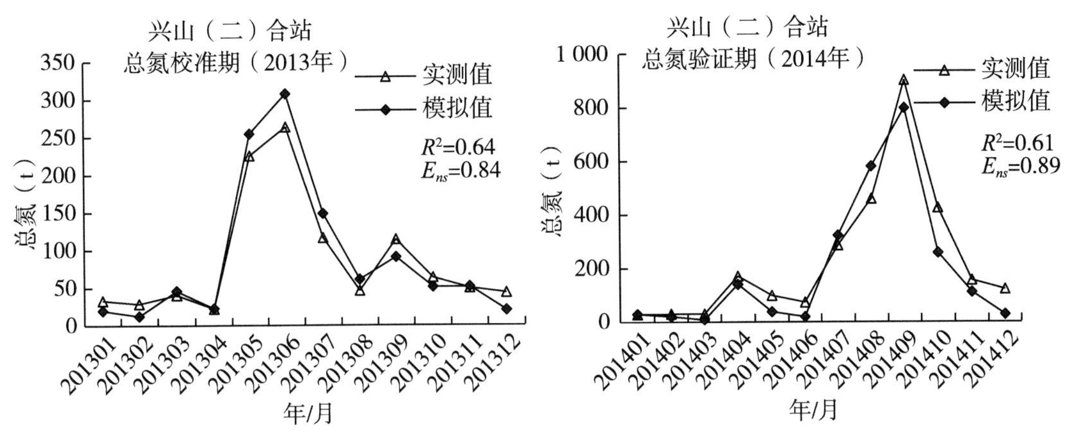

图 9.7　香溪河流域总出口总氮输出负荷校准、验证结果

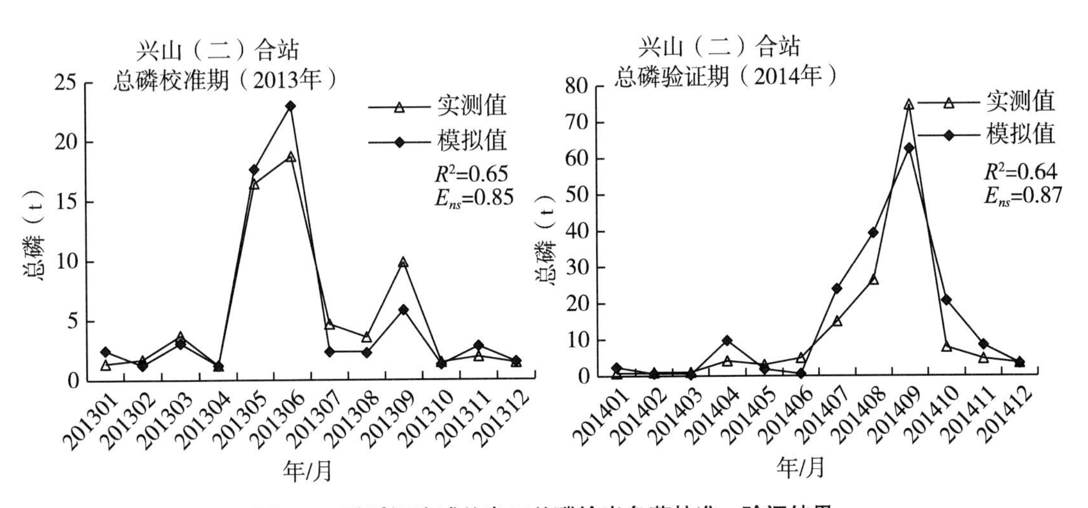

图 9.8　香溪河流域总出口总磷输出负荷校准、验证结果

9.1.6　输移衰减系数计算

基于 SWAT 模型模拟子流域氮磷的原位流失量（SUB_{source}）（进入子流域河道）和子流域河道输出量（SUB_{export}）(从子流域河道输出的量)。某一子流域原位氮磷进入目标水体的负荷根据公式（9.1）来计算，其是原位流失与流经子流域河道（RCH_j）衰减的综合结果。换言之，某一子流域原位氮磷进入目标水体的负荷是原位流失中未被河道衰减的部分。

氮磷在河道中的迁移转化过程采用 QUAL2E 模型进行模拟，其是一个一维河道模型，目前已经集成在 SWAT 模型中（Brown and Barnwell Jr，1987）。氮磷从原位流失后至迁移到目标水体的过程的衰减系数根据公式（9.2）来估算。

$$SUB_{i\_export} = SUB_{i\_source} \times \prod_{j=i}^{n} \frac{RCH_{j\_out}}{RCH_{j\_in}} \tag{9.1}$$

$$R_{etention}coefficient = \frac{SUB_{source} - SUB_{export}}{SUB_{source}} \tag{9.2}$$

式中：SUB_{i_source} 为第 i 个子流域的氮磷原位流失量（进入子流域河道的量），即各个水文响应单元原位流失量的加和，且以上结果根据 SWAT 模型的输出文件获得（也就是 SUB 后缀的文件）；RCH_{j_out} 为第 j 个子流域河道氮磷输出量，分别从 SWAT 的输出文件中获取；RCH_{j_in} 是第 j 个子流域河道的氮磷输入量，其是本子流域原位流失量与其上一个子流域河道输出量的总和；n 为第 i 个子流域的原位氮磷进入目标水体（流出流域）所流经的子流域河道的数量。$R_{etention}coefficient$ 为子流域 i 原位流失氮磷进入目标水体所发生的河道衰减系数，其是所有流经子流域河道衰减综合作用的结果。

9.2 评估结果

9.2.1 农业源总氮、总磷负荷的产生量

本研究中，农业源包括了畜禽养殖业源、种植业源和农村生活源。不同农业源污染物负荷产生量用产排污系数来计算。每年由种植业源、畜禽养殖业源和生活源产生的总氮与总磷负荷分别为 205.3 t、1 061 t、32.8 t 和 40.6 t、51 t、5.83 t。畜禽养殖业源贡献了农业源总氮负荷的 82%，种植业源贡献了 16%（图 9.9a）。农业源总磷负荷的主要贡献者为畜禽养殖业源和种植业源，分别占总负荷的 52%和 42%（图 9.9b）。农村生活源对农业源总氮、总磷排放负荷的贡献均较小。

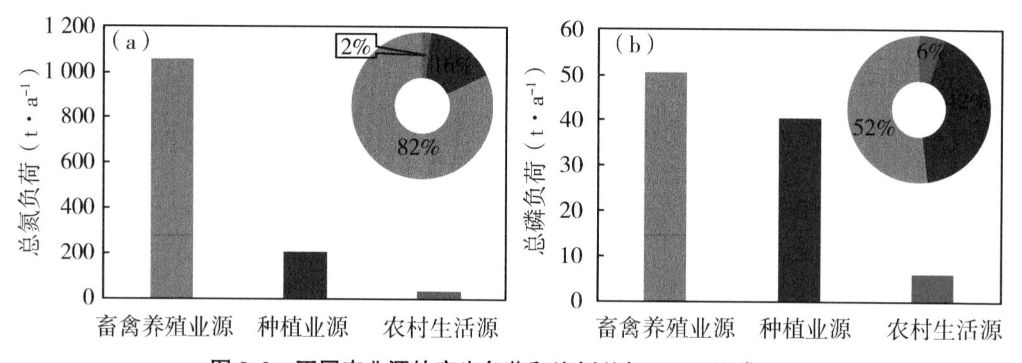

图 9.9 不同农业源的产生负荷和比例总氮（a）总磷（b）

整个流域内，总氮和总磷负荷产生量的空间分布特征具有一致性（图 9.10）。污染物产生负荷最多的子流域主要集中在香溪河三条支流的下游，总氮和总磷的排放强度分别达 10.3~17.2 $kg \cdot hm^{-2}$ 和 0.79~1.39 $kg \cdot hm^{-2}$。上游子流域氮磷的输出较少，其中，子流域 1、4、9 的总氮排放强度不足 0.61 $kg \cdot hm^{-2}$，子流域 1、2、4、7、8、9 和 11 总磷排放强度不足 0.09 $kg \cdot hm^{-2}$。

9.2.2 总氮总磷迁移至流域出口的输移比

总氮的河道迁移系数范围为 0.78~1.08（表 9.5），其中子流域 5、12、21、23 最高，且河道迁移系数均超过了 1.00，说明在这些子流域的河道径流中总氮在迁移过程中并没有得到削减，反而增加，因此河道对以上子流域总氮的输出具有贡献作用。其余

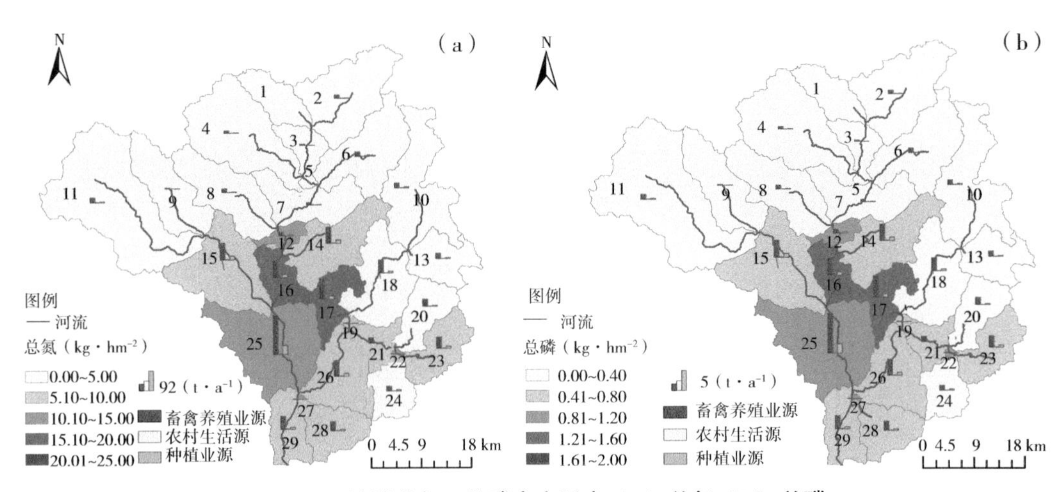

图 9.10　流域总氮、总磷产生强度（a）总氮（b）总磷

子流域河道迁移系数分布在 0.78~1.00。河道对所有子流域的总磷均具削减作用，迁移系数为 0.78~1.00，其中最低为子流域 6 和 11，系数均为 0.78，最高为子流域 27，系数为 1.00。其余子流域系数范围在 0.80~0.99。

表 9.5　香溪河各子流域内河道迁移系数

子流域	径流	泥沙	总氮	总磷
1	0.99	1.00	0.96	0.99
2	0.99	1.00	0.89	0.80
3	0.99	0.47	0.99	0.91
4	0.99	1.00	0.87	0.86
5	1.00	0.81	1.03	0.99
6	0.99	1.00	0.88	0.78
7	0.98	0.34	0.99	0.94
8	0.99	1.00	0.88	0.83
9	0.99	1.00	0.87	0.84
10	0.99	1.00	0.91	0.84
11	0.99	1.00	0.78	0.78
12	1.00	0.70	1.01	0.98
13	1.00	1.00	1.00	0.98
14	0.99	1.00	0.94	0.84
15	0.98	0.09	0.89	0.88
16	0.99	0.27	0.97	0.93
17	1.00	1.00	0.98	0.97
18	0.99	0.22	0.88	0.80
19	1.00	0.89	1.00	0.99

（续表）

子流域	径流	泥沙	总氮	总磷
20	0.99	1.00	0.93	0.81
21	0.99	0.54	1.04	0.90
22	0.99	0.87	1.08	0.98
23	0.99	1.00	1.04	0.83
24	1.00	1.00	1.00	0.95
25	0.99	0.11	0.95	0.91
26	0.98	0.27	0.97	0.89
27	1.00	0.97	1.00	1.00
28	1.00	1.00	0.95	0.92
29	1.00	0.50	0.99	0.97

整个流域总氮和总磷的输移比都相对较高（>0.50），尤其是河流下游（图9.11）。与总氮相比，总磷的输移比与到流域出口的距离呈正相关。流域出口的总氮通量呈增加而非减少的趋势。子流域25、27和29的总磷负荷直接排放到库区没有滞留。河网对总氮和总磷从源产生区至流域出口的截留率分别仅5%和10.7%（图9.12）。

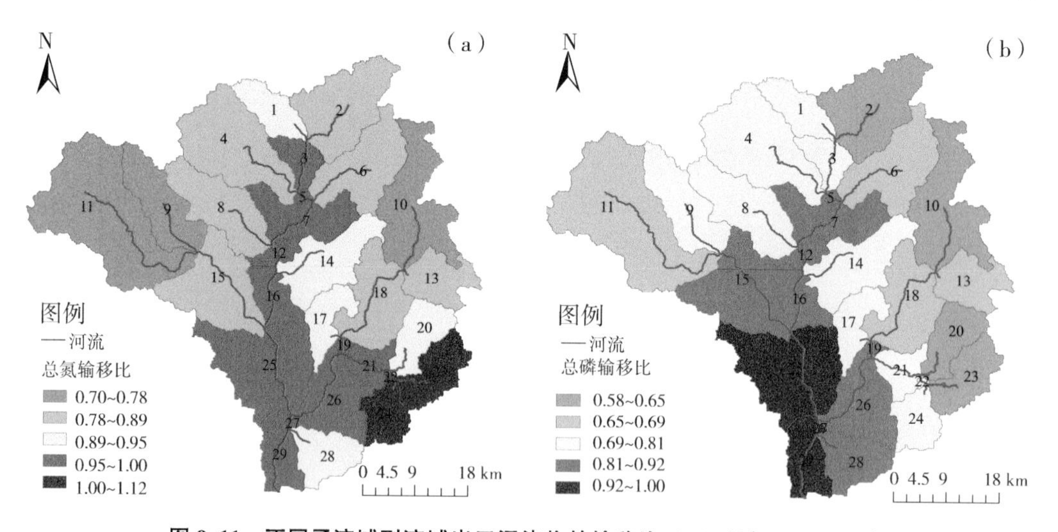

图9.11 不同子流域到流域出口污染物的输移比（a）总氮（b）总磷

9.2.3 农业源氮、磷入湖负荷

研究通过对流域出口的不同类型农业源污染物的定量分析结果表明（图9.13），流域出口种植业源、畜禽养殖业源和农村生活源的总氮和总磷年排放负荷分别为195.2 t、1 007.9 t、30.9 t和36.2 t、45.7 t、5.2 t。与产生负荷相比，削减比例较小。流域出口氮磷负荷输出强度在流域内的分布特征与产生强度分布相似氮磷负荷输出强度高的地

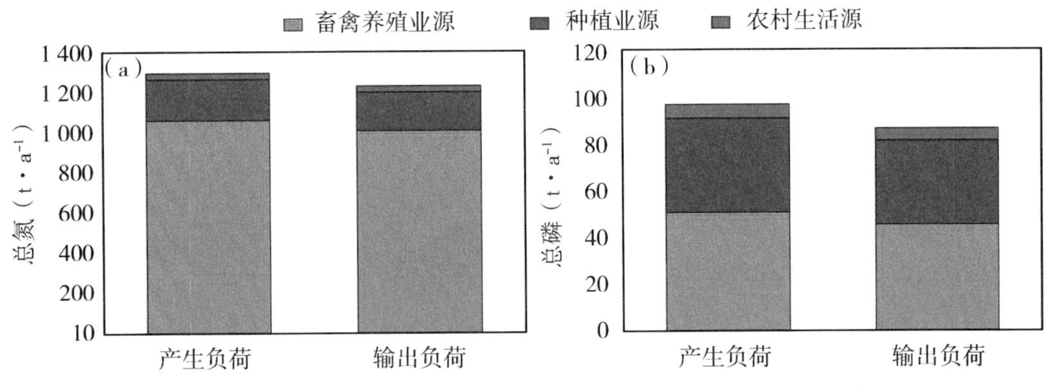

图 9.12　流域农业面源污染物的产生和输出（a）总氮（b）总磷

区集中在古夫河和南阳河交汇处的子流域 12、16、17、25（图 9.13），总氮和总磷的输出强度分别达到 10.2~11.7 kg·hm^{-2}和 0.79~1.26 kg·hm^{-2}。

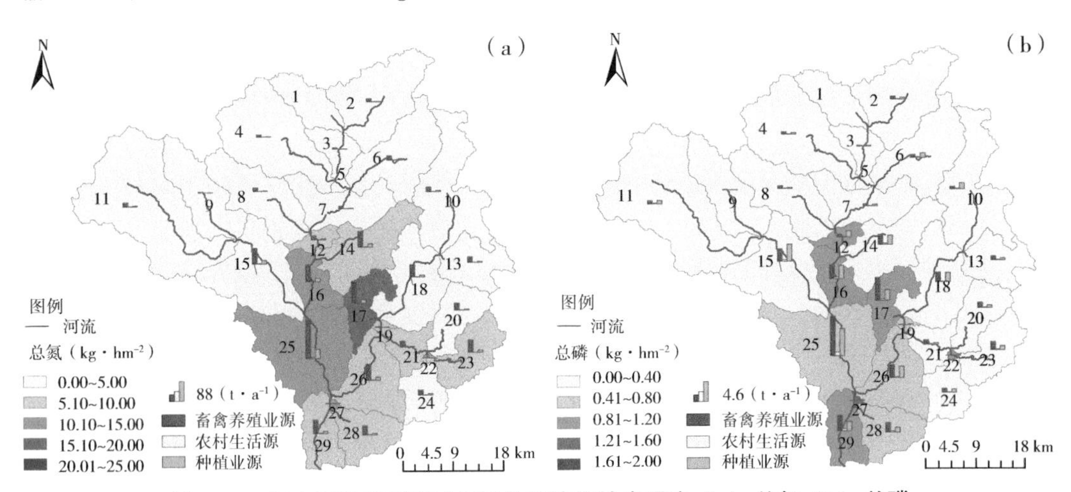

图 9.13　每个子流域到流域出口的污染物输出强度（a）总氮（b）总磷

总氮和总磷的面源污染负荷主要分布在整个流域的下游，特别是子流域 16、17 和 25。流域上游，农业面源产生的总氮总磷负荷对面源负荷的贡献较小，总氮和总磷的贡献分别为 0~10%和 0~9.27%。在整个流域的中下游，农业源对面源的贡献显著增加，总氮和总磷的贡献比例达到 55.4%~97.4%和 56.3%~86.1%（图 9.14）。

9.3　讨论

9.3.1　流域农业面源的分布

香溪河流域是典型的山地小流域。主要的土地利用类型为森林，占整个流域面积的 80%以上（图 9.4），流域内种植业分布面积较少，人口、和畜禽养殖量也较少。流域内农业面源主要分布在中下游的河流交汇处和下游库湾地区，这些区域内畜禽养殖量、

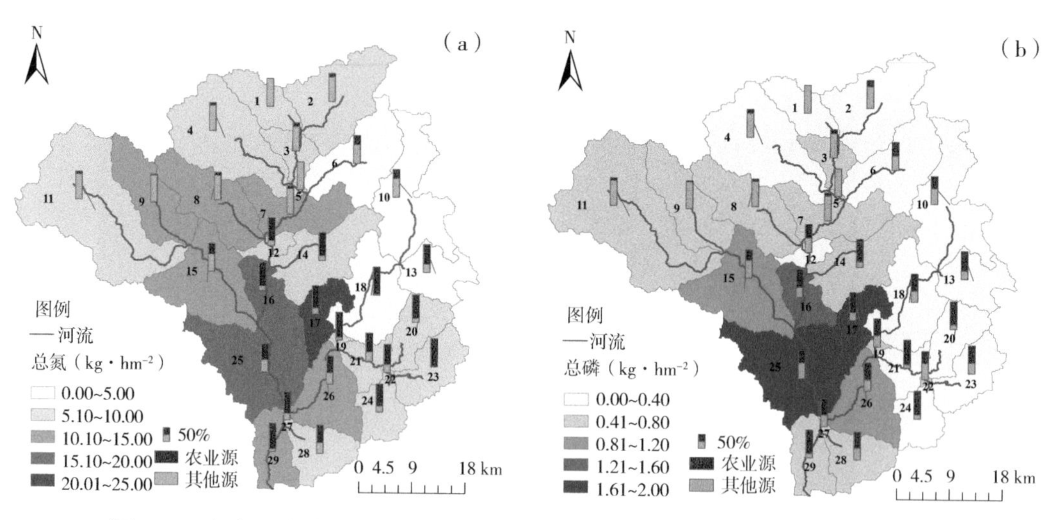

图 9.14 每个子流域到流域出口的输出强度和农业源的贡献（a）总氮（b）总磷

人口数量和耕地面积分别占整个流域的 63.5%、59.1%和 59.0%（Wu et al.，2016）。为降低内农业源氮磷负荷对水体影响，应该对流域内的农业源进行管理（Yuan et al.，2011），并且根据源组成和入水体负荷贡献的空间差异，制定不同治理和管理策略。

本研究的流域上游，由于主要土地利用类型为林地，人口数量、农用地面积和畜禽养殖量相对较少，因此，总氮和总磷的产生负荷相对较小。根据以往的研究结果表明，不同情景的模拟下，森林面积的任何额外增加都可能进一步降低地表径流率和产沙量（Jim and Yang，2006）。相比之下，农业源输出的总氮和总磷污染物主要集中在古夫河、南阳河和高岚河两岸。研究流域内，畜禽养殖业源是总氮负荷的主要来源，占农业源总氮负荷的 81.7%（图 9.9a）。畜禽养殖业源和种植业源是总磷负荷的主要来源，分别占农业源总磷负荷的 52.3%和 41.5%（图 9.9b）。根据对研究流域内养殖情况的调查结果表明，丘陵区流域内畜禽养殖一般以分散养殖方式为主（Ren et al.，2015），动物粪便通常是在没有任何处理设施的情况下临时堆积起来，在暴雨过程中，总氮和总磷等污染物被直接冲刷到周围水体中，造成水体污染。河流两岸的大部分农作物种植区都是农田和柑橘园。由于坡耕地的存在，农业面源污染物很容易通过较强的土壤侵蚀流失（Zhang et al.，2014）。农业活动在这些山区丘陵地区对邻近的水生系统的影响方面发挥了重要作用（Somura et al.，2012；Valentina and Mike，2015）。

9.3.2 流域内农业面源污染物的迁移

在本研究中，丘陵区典型的地形和气候条件导致了不同农业面源污染物迁移速度快、滞留率低。流域内超过 50%的面积坡度在 7°~25°，37.5%的流域面积坡度超过了 25°（Ding et al.，2010）。亚热带季风湿润气候下，流域内的年均降水量在 1 015 mm 左右，且降水季节分布极不均匀。在暴雨过程中，大量的氮和磷会通过地表径流和土壤侵蚀被冲走。古夫河、南阳河和高岚河三条支流上游的子流域总氮和总磷的输移比相对支流下游的较小，流域内污染源与目标水体之间的距离越短，污染物的输移比越高，氮磷污染物进入目标水体的输出强度就越大（Jim and Yang，2006；Arheimer and Brandt，2000）。另一方面，由于丘陵流域种植业源、畜禽养殖源和生活源大多分布在河流周边的平缓地区，农业面源污染物产生主要分布在此地区，使得农业面源污染物到流域出口输出强度的分布与产生强度分布差异不大（图 9. 10，图 9. 13）。

9. 4　本章小结

识别单独的农业源和水污染之间的联系是控制面源污染的必要条件。然而，由于难以量化来自单一农业源在流域出口处的负荷量，所以农业源对流域出口养分输出的贡献了解甚少。通过产排污系数法（ECA）和 SWAT 模型的结合，确定了畜禽养殖是农业面源总氮负荷的主要的来源，而总磷的输出通量主要来自畜禽养殖业和农作物种植。由于山地丘陵区农业污染物削减比例相对较低，因此，农业面源污染物的产生和输出都集中在三条主要支流的下游。因此，改善香溪河中下游地区水质的首要任务是加强农业面污染源控制（法规或法律的执行）。农业面源污染对流域的贡献结果可以为确定关键农业源和实施相关的管理实践提供依据。在本研究中（三峡库区），建议发展家庭化粪池，收集农村地区牲畜生产和农村污水。在三条支流的两侧，需要修建更多的灌木篱墙或缓冲带，以防止面源污染物进入河流。此外，本研究提出的计算框架（SWAT-ECA）可应用在世界其他地区，以便进行环境评估。

参考文献

ABBASPOUR K C，VEJDANI M，HAGHIGHAT S，2007. SWAT-CUP calibration and uncertainty programs for SWAT [C] //International Congress on Modelling and Simulation Modisim：1603-1609.

ARHEIMER B，BRANDT M，2000. Watershed modelling of nonpoint nitrogen losses from arable land to the Swedish coast in 1985 and 1994 [J]. Ecological Engineering，14 (4)：389-404.

ARNOLD J G，MORIASI D N，GASSMAN P W，et al.，2012. SWAT：model use，calibration，and validation [J]. Transactions of the Asabe，55 (4)：1491-1508.

BROWN L C，BARNWELL JR T O，1987. The enhanced stream water quality models QUAL2E and QUAL2E-UNCAS：Documentation and user manual. EPA/600/3-87/007. Athens，Ga.：U. S. EPA，Environmental Research Laboratory.

DING X W，SHEN Z Y，HONG Q，et al.，2010. Development and test of the export coefficient model in the upper reach of the yangtze river [J]. Journal of Hydrology，383：233-244.

JIM C Y，YANG F Y，2006. Local responses to inundation and de-farming in the reservoir region of the three gorges project (China) [J]. Environmental Management，38：618-637.

LI W C，ZHAI L M，LEI Q L，et al.，2018. Influences of agricultural land use composition and distribution on nitrogen export from a subtropical watershed in China [J]. Science of the Total Environment, 642: 21-32.

NASH J, SUTCLIFFE J, 1970. River flow forecasting through conceptual models part I-adiscussion of principles [J]. Journal of Hydrology, 10: 282-290.

REN T Z, LIU H B, FAN X B, et al., 2015. Emission coefficient manual of agricultural non-point source pollution in China [M]. Beijing: China Agriculture Press.

SANTHI C, ARNOLD J G, WILLIAMS J R, et al., 2001. Validation of the swat model on a large river basin with point and nonpoint sources [J]. Journal of the American Water Resources Association, 37 (5): 1169-1188.

SOMURA H, TAKEDA I, ARNOLD J G, et al., 2012. Impact of suspended sediment and nutrient loading from land uses against water quality in the Hii River basin, Japan [J]. Journal of Hydrology, 450: 25-35.

VALENTINA K, MIKE W, 2015. Advances in water resources assessment with SWAT: an overview [J]. Hydrological Sciences Journal, 5: 60.

WU L, LI P C, MA X Y, 2016. Estimating nonpoint source pollution load using four-modified export coefficient models in a large easily eroded watershed of the loess hilly-gully region [J]. China Environmental Earth Sciences, 75: 1056-1069.

YUAN Z W, SUN L, BI J, et al., 2011. Phosphorus flow analysis of the socioeconomic ecosystem of Shucheng County [J]. China Ecological Applications, 21: 2822-2832.

ZHANG H L, QI S, LU Q Q, 2014. Control zone of agricultural non-point source pollution based on water function zone in Hubei province [J]. Science of Soil and Water Conservation, 12 (2): 1-8.

10　流域畜禽粪尿输出负荷估算方法在高原湖泊典型流域的应用

本研究选用2.5节所述流域农业面源入湖负荷评估方法，在高原湖泊典型流域——洱海凤羽河流域进行了应用。旨在分析不同水文条件下分散养殖源产生的氮素在流域尺度的流失-输移过程及影响因素。主要研究目标是量化分散养殖对流域氮素输出的影响。具体研究目标分为：①量化不同径流条件下分散养殖畜禽粪尿氮素的产生及流失特征；②量化不同径流条件下分散养殖畜禽粪尿氮素在河流迁移中的衰减；③探明分散养殖畜禽粪尿对流域氮素输出及地表水质的影响。

本研究发现，畜禽粪尿是流域内氮素输出的重要源之一，并且与其他源不同，畜禽粪尿的贡献在旱季的贡献高于雨季，主要与畜禽粪尿氮素流失输出途径有关。基流条件下，养殖尿液的直排是畜禽粪尿氮素流域输出的主要途径。此外，畜禽粪尿氮素的输出与径流条件（径流类型、强度）密切相关。不同径流条件下，畜禽粪尿氮素的流失方式、河道衰减程度均出现较大变化。畜禽粪尿源产生的氮素8.7%直接进入地表水，且其中58.2%可以流出流域（进入目标水体）；基流条件下，畜禽粪尿氮素直接进入地表水的比例降低为7.6%，且其中只有51%流出流域；暴雨径流条件下，直接进入地表水的比例增加为10.8%，且其中流出流域的比例提高到68%；对应的进入到地表水的畜禽粪尿氮素在河道中的衰减系数总体为41.8%，基流条件下增加为49%，暴雨径流条件仅为32%。研究结果为流域氮素输出源解析提供了一种思路，加深了对畜禽粪尿地表水环境效应的认识。

10.1　评估方法构建

畜禽粪尿氮素的流域输出负荷估算方法见第2章图2.5。该方法包括以下几个步骤：①畜禽粪尿氮素的流失负荷（进入临近地表水的污染量）估算；②畜禽粪尿流失的氮素在河网中的衰减系数计算，根据相同径流条件下河网氮素输出量（流域输出量）与输入量（原位流失量）的差值计算；③畜禽粪尿氮素的流域输出负荷根据畜禽粪尿氮素的流失量及其在河网中的衰减系数计算（公式10.1）。

$$Export_{livestock} = Loads_{livestock} \times (100-R) \div 100 \qquad (10.1)$$

式中：$Export_{livestock}$为畜禽粪尿氮素的每日流域输出负荷（$kg \cdot km^{-2} \cdot d^{-1}$）；$Loads_{livestock}$为畜禽粪尿氮素的原位流失量（$kg \cdot km^{-2} \cdot d^{-1}$）；$R$为原位流失氮素在河网中的衰减系数（%）。

10.1.1　原位流失量估算

分散养殖畜禽粪尿氮素的原位流失途径包括尿液的直排和剩余尿液（$Loads_{urine}$）与

粪便堆置过程中的流失（$Loads_{manure}$）。尿液的直排量根据尿液的产生量和直排系数计算。其中，尿液的产生量根据产污系数法计算（Shen et al.，2011；Shang et al.，2012）（表 10.1），尿液的直排系数根据农户抽样调查获取，通过调查本研究流域尿液的直排系数取 20%。分散养殖畜禽粪尿氮素原位流失量的计算根据以下公式：

$$Loads_{livestock} = Loads_{urine} + Loads_{manure} \quad (10.2)$$

$$Loads_{urine} = \sum_{i=1}^{n} L_{u\_i} \times F_{u\_i} \times N_i \div 100 \times R_d \quad (10.3)$$

式中：L_{u_i}为畜禽类型 i 尿液的产生当量（kg·头$^{-1}$·d^{-1}）；F_{u_i}为畜禽类型 i 产生的尿液中总氮的含量（%）；N_i 为畜禽类型 i 的数量；R_d 为尿液的直排系数。

$$Loads_{manure} = \sum_{i=1}^{n} [L_{u\_i} \times F_{u\_i} \times N_i \div 100 \times (1 - R_d) + L_{m\_i} \times F_{m\_i} \times N_i \times N_{day} \div 100] \times R_{runoff} \div 100] \quad (10.4)$$

式中：1-R_d 代表产生的尿液除直排外随粪便一块堆置，L_{m_i}为畜禽类型 i 粪便产生当量（kg·头$^{-1}$·d^{-1}）；F_{m_i}为畜禽类型 i 产生的粪便中总氮的含量（%）；R_{runoff}为粪便堆置过程中发生径流时，堆置粪便氮素的流失系数；N_{day} 为发生径流时粪便的堆置天数。

表 10.1 产排污系数

氮源	畜禽尿液/生活污水			粪便			数量（头·人$^{-1}$）
	日产生量（kg·头$^{-1}$）	总氮含量（%）	日总氮产生量（kg·N·头$^{-1}$ 或（kg·N·人$^{-1}$）	日产生量（kg·N·头$^{-1}$ 或（kg·N·人$^{-1}$）	总氮含量（%）	日总氮产生量（kg·N·头$^{-1}$）	
奶牛	18	0.5	0.090	30	0.45	0.135	9 509
肉牛	12	0.5	0.060	25	0.45	0.113	2 691
生猪	4	0.17	0.007	3	0.55	0.017	19 801
人	30	0.003	0.001	0.31	0.64	0.002	35 050

10.1.1.1 粪便堆置过程氮素流失系数计算

堆置粪便遇到径流时氮素流失系数采用模拟降水实验进行估算。模拟降水实验的操作过程与所用设备同 5.1.2.4 部分。

模拟降水过程等降水量取径流水，并测试其总氮浓度。绘制粪便氮素流失量随累积降水量的关系图，建立粪便氮素流失系数与降水量的关系式（10.5）：

$$R_{runoff} = 0.001\,3Rainfall - 0.022\,0 \quad (10.5)$$

式中：R_{runoff} 为堆置粪便氮素的流失系数；$Rainfall$ 为单次降水事件的降水量（>16.5 mm）。

10.1.1.2 氮素流失时的堆置天数计算

通常堆置的粪便一年内还田 2 次，1 次在 5 月，另一次在 9 月。本研究将 5 月 1 日和 9 月 1 日设定两次还田的日期。因此，5 月 2 日和 9 月 2 日为粪便堆置开始日期，堆置天数（*Nday*）的计算根据径流发生日期及粪便堆置开始日期计算。

10.1.2　河道衰减系数计算

氮素在河道迁移中的衰减系数根据相同径流条件下河道氮素入河量及河道输出量的差值进行计算。由于基流条件下入河氮素的来源较为单一，因此，根据基流指数大于95%条件下的河道氮素入河量及河道输出量的差值计算河道氮素的衰减系数。计算步骤如下。

10.1.2.1　基流条件下河道氮素输出量的计算

河道氮素输出量为河道流量及河流氮素浓度的乘积。流量加权河流氮素月均浓度（FWMC）为月内河道氮素输出量与河道流量的比值。暴雨径流期，河道氮素日输出量为小时河道氮素输出量的累加值。

采用基流分割程序对日尺度河道流量划分为地表径流及基流流量（Arnold and Allen，1999）。地表径流及基流中氮素的浓度采用Schilling和Zhang（2004）文献中的方法，假定基流指数大于90%时的河流氮素浓度即为基流中氮素的浓度。流量加权的基流氮素月均浓度为月内基流指数大于90%的河道氮素输出总量与河道流量的比值。月内基流氮素输出总量为流量加权的基流氮素月均浓度与月内基流总流量的乘积。月内地表径流氮素输出总量为月内河道氮素输出量与基流氮素输出量的差值。

10.1.2.2　河道氮素入河量的计算

基流条件下入河氮素的来源包括背景源（源头氮素输出量）及生活污水及养殖尿液的直排。背景源氮素输出量，即源头水氮素的输出量为源头水流量与其氮素浓度的乘积。源头水中氮素的浓度通过水样采集测试获得。本研究中，分季节共采集24个源头水样，经测试发现，源头水氮素季节性变化较小，平均浓度为（0.25 ± 0.06）$mg \cdot L^{-1}$，因此，采用0.25 $mg \cdot L^{-1}$作为源头水氮素浓度进行源头水氮素输出的计算。养殖尿液的直排量根据公式10.3计算，生活污水的直排量根据公式10.6计算：

$$Loads_{people} = L_{u\_people} \times F_{u\_people} \times N_{people} \div 100 \times 0.2 \tag{10.6}$$

式中：L_{u_people}为生活污水的单位排放当量（$kg \cdot 人^{-1} \cdot d^{-1}$）；$F_{u_people}$为生活污水中总氮含量百分比（%）；$N_{people}$为人口；0.2为生活污水的直排系数。

10.1.2.3　河道氮素衰减系数的计算

河道氮素的衰减系数（R）根据如下公式10.7进行计算：

$$R = (Loads_{base} - Export_{base}) \div Loads_{base} \times 100\% \tag{10.7}$$

式中：$Loads_{base}$为基流条件下河道氮素的入河量（$kg \cdot km^{-2} \cdot d^{-1}$）；$Export_{base}$为同等径流条件河道输出量。

10.1.3　数据收集

① 2011—2013年流域出口日尺度河流流量数据；

② 2011—2013年流域出口日尺度河流水质数据（总氮浓度）。

10.1.4 评估结果验证与不确定性分析

采用纳什系数（NSE）（Nash and Sutcliffe，1970）和决定系数（R^2）评估以上方法对河道氮素衰减的模拟效果。基于以上方法，估算了基流条件下（基流指数大于90%）河道氮素的输出量。并将该估算量与实测条件下的基流河道氮素输出量进行对比。具体的，河道氮素估算值与实测值的对比分为两个阶段进行：①旱季（1—5 月及11—12 月），②雨季（6—10 月）。

旱季基流条件下河道氮素估算值与实测值的 R^2和 NSE 分别为 0.722 和 0.715（图10.1）。然而，雨季基流条件下河道氮素估算值与实测值的 R^2和 NSE 仅分别为 0.301和 0.202，这主要与一些异常天数有关（图 10.2）。剔除异常值后，雨季基流条件下河道氮素估算值与实测值的 R^2和 NSE 明显提高（图 10.2）。以上结果表明，该方法对旱季的模拟效果要好于雨季。

模拟异常值主要与源变化有关。虽然基流条件下，氮素输出的来源比较固定，但在雨季，降水径流事件导致河流流量及基流流量的变化（David et al.，2017）。流量的变化往往伴随源的变化（Kaushal et al.，2011），如降水径流事件下，氮沉降、土壤氮等内源氮的作用加强（Mueller et al.，2016），由于以上估算方法假定基流条件下仅有背景源及生活与养殖污水直排，因此，降水径流事件导致的源变化是预计氮素输出模拟不确定性的主要来源。旱季模拟异常值的出现，也可能与部分时段源的变化有关，每年 2 月左右是中国的农历新年，随着人口的大规模流动，在外务工人员春节返乡导致农村生活人口短时大幅增加，生活污水排放增多。

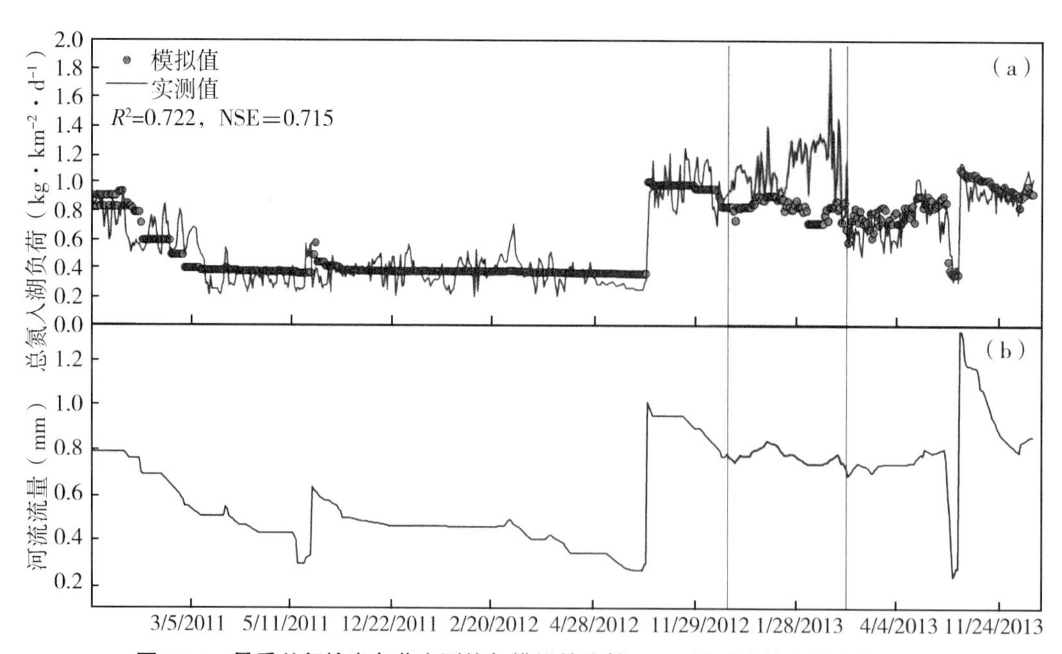

图 10.1 旱季总氮输出负荷实测值与模拟的比较（a）及对应的流量变化（b）

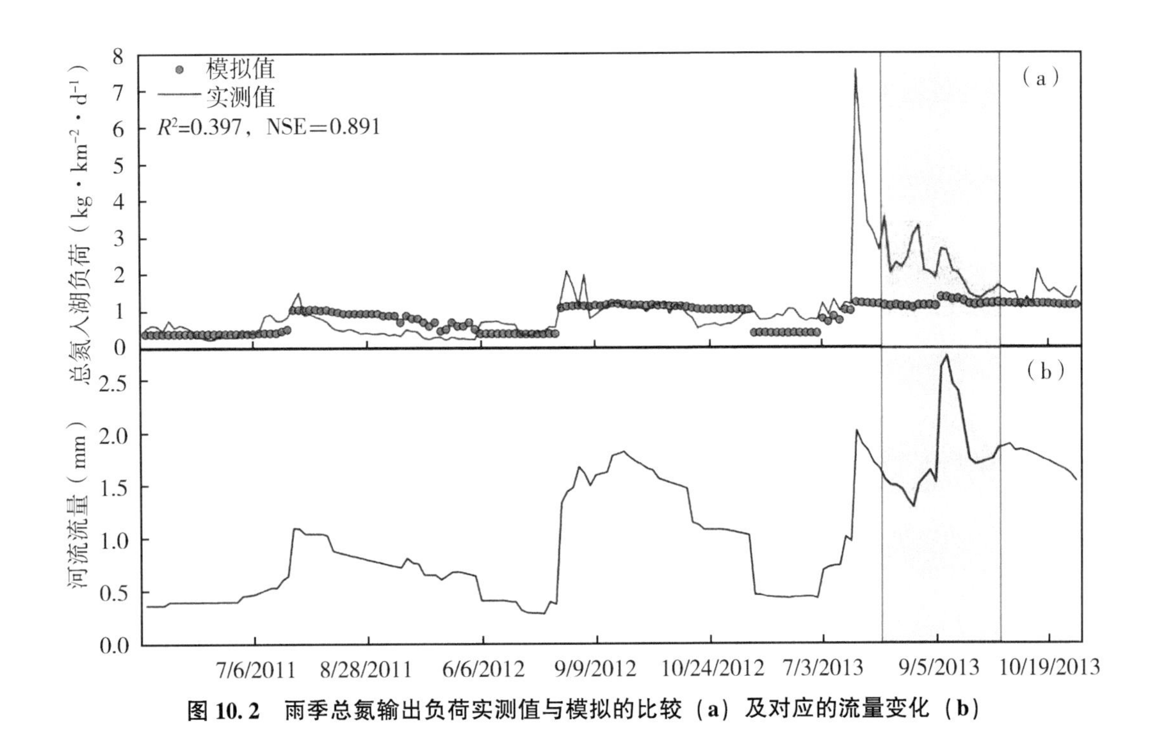

图 10.2　雨季总氮输出负荷实测值与模拟的比较（a）及对应的流量变化（b）

10.2　评估结果

10.2.1　畜禽粪尿氮素原位流失及河道衰减

研究期间，畜禽粪尿氮素的年均原位流失量为 447.4 kg·km^{-2}，其中 86.3% 来自养殖尿液的直排（386.2 kg·km^{-2}）（表 10.2）。堆置粪便被雨水冲刷发生的氮素流失量为 61.2 kg·km^{-2}，仅占原位流失总量的 13.7%。其中，养殖尿液的直排主要发生在基流条件下（66.1%），堆置粪便的流失主要发生在地表径流条件下（94%）。

原位流失的畜禽粪尿氮素在向流域出口迁移过程中，总体上约 41.8% 衰减在河道中，基流条件下，该衰减系数上升为 49.0%，地表径流条件下降低到仅为 32.0%（表 10.2）。

表 10.2　畜禽粪尿氮素入河及河道衰减情况

径流条件	年份	畜禽粪尿氮素入河量（kg·km^{-2}·a^{-1}）			衰减系数（%）
		尿液直排量	堆置粪便径流冲刷	小计	
基流（BFI>90）	2011	262.1	0.3	262.4	58.4
	2012	265.3	0.8	266.1	53.0
	2013	238.9	9.9	248.8	34.8
	小计	766.3	11.0	777.3	49.0

（续表）

径流条件	年份	畜禽粪尿氮素入河量（kg·km⁻²·a⁻¹）			衰减系数（%）
		尿液直排量	堆置粪便径流冲刷	小计	
地表径流（BFI≤90）	2011	123.7	15.1	138.8	37.7
	2012	121.6	50.7	172.3	33.3
	2013	146.9	106.9	253.8	28.0
	小计	392.2	172.7	564.9	32.0
总和		1 158.5	183.7	1 342.2	41.8

10.2.2 影响河道衰减的因子

基流条件下，流域氮素原位流失量及输出量均随流量的增加而增加（图 10.3a），尽管如此，两者的增加速率不同，原位流失量的增加速率（斜率为 0.25）低于输出（斜率为 1.15）。因此，氮素在河道中的衰减系数随流量的增加而降低（$R^2=0.775$，$P<0.001$）（图 10.3b）。氮素在河道中的衰减系数与温度的相关性较弱（$R^2=0.021$，

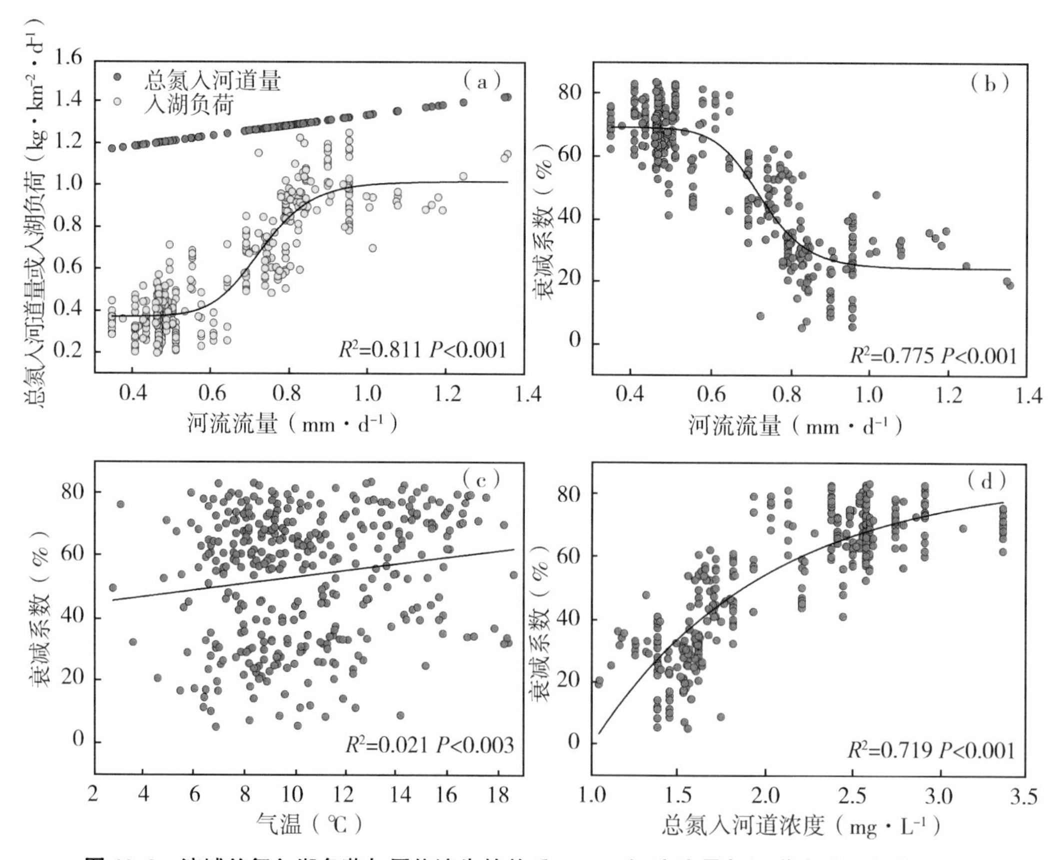

图 10.3 流域总氮入湖负荷与原位流失的关系（a），河流流量与河道衰减系数的关系（b），气温与河道衰减系数的关系（c），总氮入河量与河道衰减系数的关系（d）

P=0.003）（图 10.3c），与入河氮素的浓度的相关性较强（R^2=0.719，P＜0.001）（图 10.3d），同时表明，入河氮素的浓度在低径流条件下更高。

10.2.3　畜禽粪尿氮素流域输出

流域出口畜禽粪尿氮素的输出具有明显的季节性特征。2011 年各月流域出口畜禽粪尿氮素的输出在 10~26.4 kg·km^{-2}，在 2012 年（9.6~41.9 kg·km^{-2}）及 2013 年（15.9~63.4 kg·km^{-2}）的季节性变化趋势更加明显（图 10.4）。畜禽粪尿氮素的输出在夏季（7—9 月）明显增加，与河流流量表现出相似的变化趋势（图 10.4）。因此，夏季畜禽粪尿氮素的输出远高于其他季节。2013 年，畜禽粪尿氮素在夏季的输出比例最高（45.1%），2011 年最低（39.6%），2012 年居中（43.6%）。

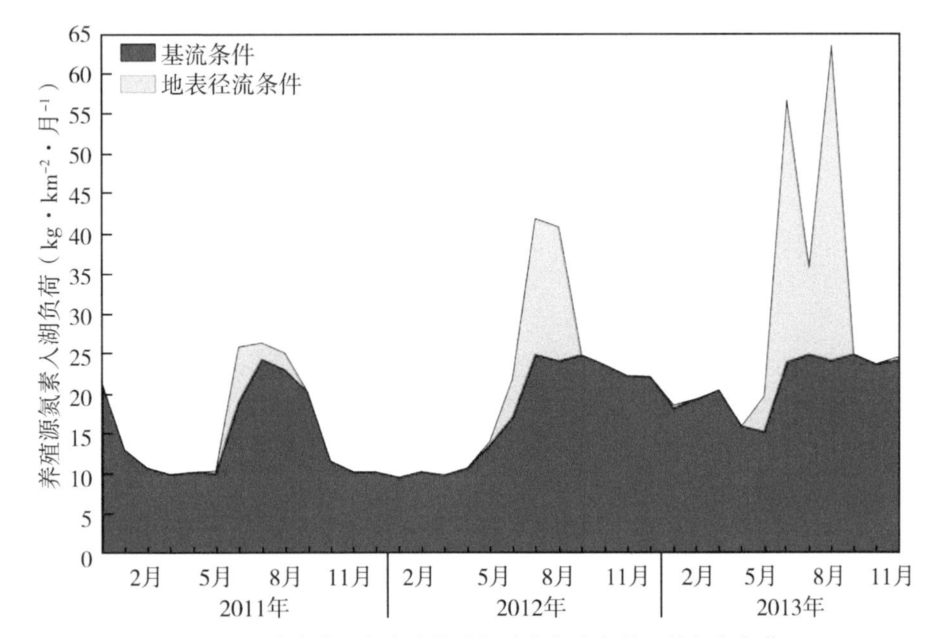

图 10.4　畜禽粪尿氮素在基流与地表径流条件下的入湖负荷

基流与地表径流条件下畜禽粪尿氮素的输出也均表现出季节性变化特征（图 10.4）。基流及地表径流条件下畜禽粪尿氮素的输出均随流量的增加而增加，因此，在夏季的输出均明显增加。除夏季外，基流是畜禽粪尿氮素流域输出的主要途径，2011 年畜禽粪尿氮素通过基流输出的比例为 96.9%~100%，2012 年为 96.7%~100%，2013 年为 77.2%~100%。夏季地表径流在畜禽粪尿氮素流域输出中的比重明显加大，2011 年为 7.8%~26.5%，2012 年为 22.2%~41%，2013 年为 30.4%~62%。

畜禽粪尿氮素的流域输出具有明显的年际变异（CV=24.1%），且通过地表径流途径输出的畜禽粪尿氮素的年际变异更加突出（CV=68.8%），远高于基流条件下畜禽粪尿氮素输出的年际变异（CV=14.5%）（表 10.3）。研究期间内，基流条件下畜禽粪尿氮素的年输出量为 109.2~162.2 kg·km^{-2}·a^{-1}（均值为 132.2 kg·km^{-2}·a^{-1}），地表径流条件下畜禽粪尿氮素的年输出量为 86.5～182.8 kg·km^{-2}·a^{-1}（均值为 128.1 kg·km^{-2}·a^{-1}）。

总体而言，流域出口畜禽粪尿氮素的输出量 82.2%来自养殖尿液的直排，17.8%来自降水径流条件粪便堆置过程中的流失（表 10.3）。其中，60.5%养殖尿液直排发生在基流条件下，而堆置粪便的流失主要发生在地表径流条件下（94%）。因此，流域出口畜禽粪尿氮素的输出 50.8% 发生在基流条件下，49.2%发生在地表径流条件下。

表 10.3　基流与地表径流条件下畜禽粪尿氮素入湖负荷

径流条件	年份	畜禽粪尿氮素入湖负荷（kg·km^{-2}·a^{-1}）			流域总负荷（kg·km^{-2}·a^{-1}）
		尿液直排	径流冲刷	小计	
基流（BFI>90）	2011	109.0	0.2	109.2	114.0
	2012	124.6	0.6	125.2	151.6
	2013	154.7	7.5	162.2	250.7
	小计	388.3	8.3	396.6	516.3
地表径流（BFI≤90）	2011	75.3	11.2	86.5	93.4
	2012	76.4	38.5	114.9	239.9
	2013	102.0	80.8	182.8	384.2
	小计	253.7	130.5	384.2	717.5
总和		642.0	138.8	780.8	1 233.8

10.2.4　畜禽粪尿对流域氮素输出的贡献

研究期内，流域氮素输出总量的 63.3%来自畜禽粪尿（表 10.3）。其中，基流条件下畜禽粪尿对流域氮素输出的贡献最高，为 76.8%，地表径流条件下，畜禽粪尿的贡献降低到 53.5%。同时，畜禽粪尿对流域氮素的输出表现出明显的季节性变化。夏季，畜禽粪尿对流域氮素输出的贡献低于其他季节。7—8 月畜禽粪尿对流域氮素输出的贡献最低，虽然该时期流域氮素的输出量最高。

总体而言，畜禽粪尿产生的氮素 8.7%直接进入地表水，且其中 58.2%可以流出流域（进入目标水体）（图 10.5a）；基流条件下，畜禽粪尿氮素直接进入地表水的比例降低为 7.6%，且其中只有 51%流出流域（图 10.5b）；暴雨径流条件下，直接进入地表水的比例增加为 10.8%，且其中流出流域的比例提高到 68%（图 10.5c）；对应地进入到地表水的养殖源氮素在河道中的衰减系数总体为 41.8%，基流条件下增加为 49%，暴雨径流条件仅为 32%（表 10.2）。

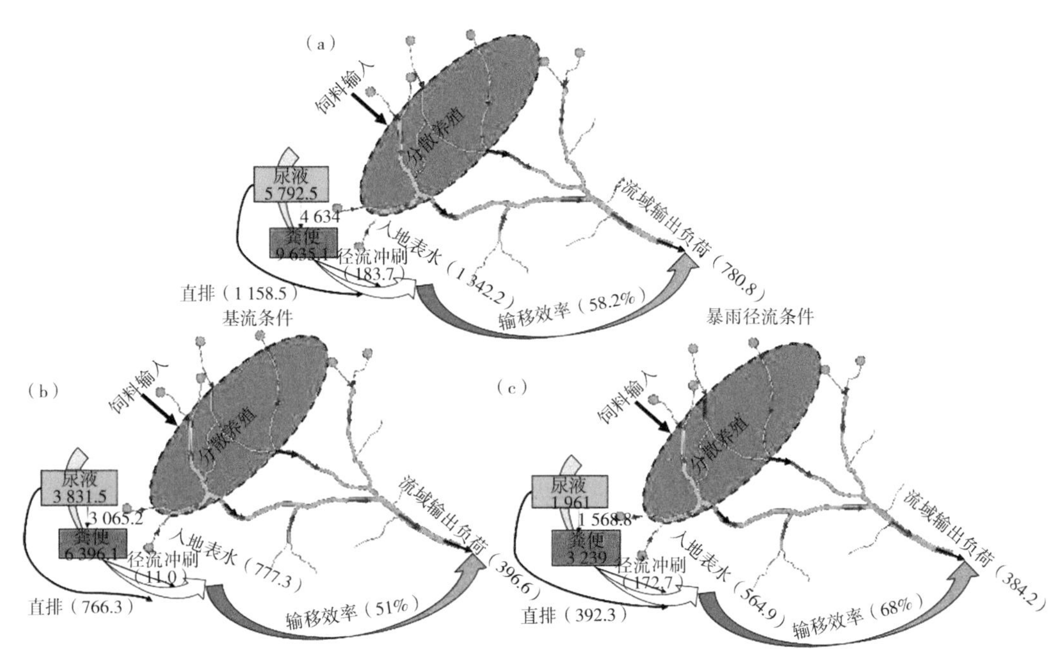

图 10.5 不同径流条件下畜禽粪尿氮素在流域的流失输移(单位:$kg \cdot km^{-2}$)

10.3 讨论

10.3.1 水文条件对畜禽粪尿氮素流域输出的影响

以往的研究表明,畜禽养殖业对地表水质具有明显的影响(Wang et al., 2018; Hao et al., 2018; Fan et al., 2018)。本研究结果表明,畜禽养殖产生的粪尿对流域氮素的输出及地表水质也具有重要影响。尽管分散养殖方式下的畜禽粪尿产生量单体规模较小,分布较散,但其仍贡献了流域氮素输出量的 63.3%(表 10.3),因此,畜禽粪尿排放出来的氮素也是流域氮素输出的重要源,其环境影响不容忽视。

畜禽粪尿对流域氮素输出的影响与径流条件有关。本研究发现,畜禽粪尿对流域氮素输出的影响在基流条件下高于地表径流条件下。一方面,由于畜禽粪尿氮素的输出主要来自养殖尿液的直排,且一般发生在基流条件下;另一方面,地表径流条件下,畜禽粪尿以外源的贡献增大,畜禽粪尿的作用相对降低。以上结果还表明,虽然基流条件下河道氮素的衰减比例较高,但仍不能抵消基流条件下畜禽粪尿原位流失较高对流域氮素输出的影响。这一结果证明了流域氮素输出受到径流条件的影响而出现一些变化(Yi et al., 2017; Kaushal et al., 2011),并且表现出一定的季节性或径流驱动性变异(Hu et al., 2018)。以往的研究发现,点源(无污水排放)与遗留氮素(土壤或地下水中滞留的氮)是基流条件下流域氮素输出的主要来源 Liu et al., 2018; Kopacek et al., 2013; Ji et al., 2017),外源氮素,如施肥、氮沉降是地表径流条件下流域氮素输出的主要来源

（Yang and Toor，2017；Mueller et al.，2016）。例如，有研究发现，暴雨径流条件下，氮沉降对流域氮素输出的贡献可达 50%（Kaushal et al.，2011）。本研究中，7—8 月流域氮素输出来自畜禽粪尿的比例最低，但流域氮素的输出量最高，这可能与该时期流域输出氮素来源发生了变化有关。因为，7—8 月为流域的雨季，外源氮素的贡献增加，流域氮素输出的来源组成发生的变异，导致了畜禽粪尿的贡献比例降低。

10.3.2 河道衰减对畜禽粪尿氮素流域输出的影响

本研究发现，河道衰减对畜禽粪尿氮素流域输出具有重要影响。总体而言，畜禽粪尿原位流失氮素中 41.8%衰减在河道中。氮素的河道衰减与径流条件密切相关，本研究中，基流条件下，河道氮素的衰减系数为 49%，而地表径流条件下该系数降低到仅为 32%（表 10.2）。以上结果与河道衰减随径流的变化趋势有关，以往研究发现，河道氮素的衰减随径流条件的增强而减弱。例如，有研究发现，低径流事件下，河道硝态氮的衰减系数可达 60%，当径流事件增大时，河道硝态氮的衰减系数急剧下降，甚至降为 0%（Wollheim et al.，2017），这主要与河道氮素衰减存在饱和度有关（Wollheim et al.，2018）。低径流条件下，氮素原位流失受限，河道对氮素的去除能力较强，随着径流条件的增高，氮素原位流失增加，逐渐超出河道对氮素去除的最大能力，及河道氮素衰减的饱和度，河道氮素的衰减系数降低。

10.3.3 针对畜禽粪尿污染的流域管理建议

本研究的相关结果可以为围绕减少畜禽粪尿氮素输出的相关措施的出台提供重要依据。例如，本研究中发现，畜禽粪尿对流域氮素输出的贡献较高（63.3%），因此，应制定削减畜禽粪尿氮素输出的相关措施。畜禽粪尿氮素的输出主要通过养殖尿液的直排发生，且主要发生在基流条件下，说明加强养殖尿液的排放管理及处理对流域氮素的输出作用明显，且应重点关注基流期，重点在基流期实施相关管理措施。当然，最理想的措施，应将尿液进行全部收集处理，但考虑到畜禽粪尿的分散性，建立处理设施的成本较高，还可以考虑对尿液进行收集还田。

此外，相关措施还应考虑到畜禽粪尿氮素流域输出的季节性变化特征。例如，本研究发现，畜禽粪尿氮素在基流条件下（旱季）的衰减系数高于地表径流条件下（雨季），因此，应考虑到这种季节性的差异而采取不同的措施。

10.4 本章小结

通过量化分散畜禽粪尿源氮素在流域内的产生、流失、衰减、输出过程，有效提升了对分散养殖生产的地表水环境效应的认识。本研究发现，畜禽粪尿是流域内氮素输出的重要源之一，并且与其他源不同，畜禽粪尿的贡献在旱季的贡献高于雨季，主要与畜禽粪尿氮素流失输出途径有关。基流条件下，养殖尿液的直排是畜禽粪尿氮素流域输出的主要途径；径流条件下，畜禽粪尿氮素的输出与径流条件（径流类型、强度）密切相关，不同径流条件畜禽粪尿氮素的流失方式、河道衰减程度均出现较大变化。径流条件下，畜禽粪尿源产生的氮素 8.7%直接进入地表水，且其中 58.2%可以流出流域（进入目标水体）；基流条件下，畜禽粪尿氮素直接进入地表水的比例降低为 7.6%，且其中只有 51%流出流域；暴雨径流条件下，直接进入地表水的比例增加为 10.8%，且其中流出流域的比例提高到 68%；地表径流条件下，对应地进入到地表水的畜禽粪尿氮素在河道中的衰减系数总体为 41.8%，基流条件下增加为 49%，暴雨径流条件仅为 32%。研究结果为流域氮素输出源解析提供了一种思路，并且为科学防控分散养殖的污染提供了科学依据。

参考文献

ARNOLD J G, ALLEN P M, 1999. Automated methods for estimating baseflow and ground water recharge from streamflow records [J]. Journal of the American Water Resources Association, 35 (2): 411-424.

DAVID D B, PETER G A, 2017. Temporal variations in baseflow for the Little River experimental watershed in South Georgia, USA [J]. Journal of Hydrology: Regional Studies, 10: 110-121.

FAN X, CHANG J, REN Y, et al., 2018. Recoupling industrial dairy feedlots and industrial farmlands mitigates the environmental impacts of milk production in China [J]. Environmental Science & Technology, 52 (7): 3917-3925.

HAO Z, ZHANG X, GAO Y, et al., 2018. Nitrogen source track and associated isotopic dynamic characteristic in a complex ecosystem: a case study of a subtropical watershed, China [J]. Environmental Pollution, 236: 177-187.

HU M, LIU Y, WANG J, et al., 2018. A modification of the Regional Nutrient Management model (ReNuMa) to identify long-term changes in riverine nitrogen sources [J]. Journal of Hydrology, 561: 31-42.

JI X, XIE R, HAO Y, et al., 2017. Quantitative identification of nitrate pollution sources and uncertainty analysis based on dual isotope approach in an agricultural watershed [J]. Environmental Pollution, 229: 586-594.

KAUSHAL S S, GROFFMAN P M, BAND L E, et al., 2011. Tracking nonpoint source nitrogen pollution in human-impacted watersheds [J]. Environmental Science & Technology, 45 (19): 8225-8232.

KOPACEKk J, HEJZLAR J, POSCH M, 2013. Factors controlling the export of nitrogen from agricultural land in a large central European catchment during 1900—2010 [J]. Environmental Science & Technology, 47 (12): 6400-6407.

LIU J, SHEN Z, YAN T, et al., 2018. Source identification and impact of landscape pattern on riverine nitrogen pollution in a typical urbanized watershed, Beijing, China [J]. Science of the Total Environment, 628-629: 1296-1307.

MUELLER C, ZINK M, SAMANIEGO L, et al., 2016. Discharge driven nitrogen dynamics in a Mesoscale River Basin as constrained by stable isotope patterns [J]. Environmental Science & Technology, 50 (17): 9187-9196.

NASH J E, SUTCLIFFE J V, 1970. River flow forecasting through conceptual models part I–a discussion of principles [J]. Journal of Hydrology, 10 (3): 282–290.

SCHILLING K, ZHANG Y K, 2004. Baseflow contribution to nitrate – nitrogen export from a large, agricultural watershed, USA [J]. Journal of Hydrology, 295 (1–4): 305–316.

SHANG X, WANG X, ZHANG D, et al., 2012. An improved SWAT–based computational framework for identifying critical source areas for agricultural pollution at the lake basin scale [J]. Ecological Modelling, 226: 1–10.

SHEN Z Y, HONG Q, CHU Z, et al., 2011. A framework for priority non–point source area identification and load estimation integrated with APPI and PLOAD model in Fujiang Watershed, China [J]. Agricultural Water Management, 98 (6): 977–989.

WANG M, MA L, STROKAL M, et al., 2018. Hotspots for nitrogen and phosphorus losses from food production in China: a county – scale analysis [J]. Environmental Science & Technology, 52 (10): 5782–5791.

WOLLHEIM W M, BERNAL S, BURNS D A, et al., 2018. River network saturation concept: factors influencing the balance of biogeochemical supply and demand of river networks [J]. Biogeochemistry, 141 (3): 503–521.

WOLLHEIM W M, MULUKUTLA G K, COOK C, et al., 2017. Aquatic nitrate retention at river network scales across flow conditions determined using nested in situ sensors [J]. Water Resources Research, 53 (11): 9740–9756.

YANG Y Y, TOOR G S, 2017. Sources and mechanisms of nitrate and orthophosphate transport in urban stormwater runoff from residential catchments [J]. Water Research, 112: 176–184.

YI Q, CHEN Q, HU L, et al., 2017. Tracking nitrogen sources, transformation, and transport at a basin scale with complex plain river networks [J]. Environmental Science & Technology, 51 (10): 5396–5403.

第三部分

定性评估方法在我国典型流域的应用

11 磷指数法在高原湖泊典型流域的应用

本研究在 Iowa 磷指数模型框架的基础上，根据中国南方高原特征对其进行了简化，仅考虑地表径流和土壤侵蚀造成的磷流失，同时简化了土壤侵蚀磷流失评估方法；并参考其他磷指数模型评价体系对其进行了修正，引入了距离因子，更好地用于流域面源磷素流失风险的评价，建立了中国南方高原农业流域磷指数评价体系。高原农业流域主要为丘陵地形，坡度大，磷素流失主要是以土壤侵蚀和地表径流的方式发生，因此该体系没有考虑淋溶造成的磷素流失。该体系将磷素流失分为颗粒态流失（土壤侵蚀途径）和溶解态流失（地表径流途径），并将其应用到凤羽河流域，分别对磷素的流失风险进行了评价及关键源区的识别。

11.1 磷指数评价体系构建

11.1.1 磷指数评价体系结构

构建的磷指数评价体系结构见图 11.1。

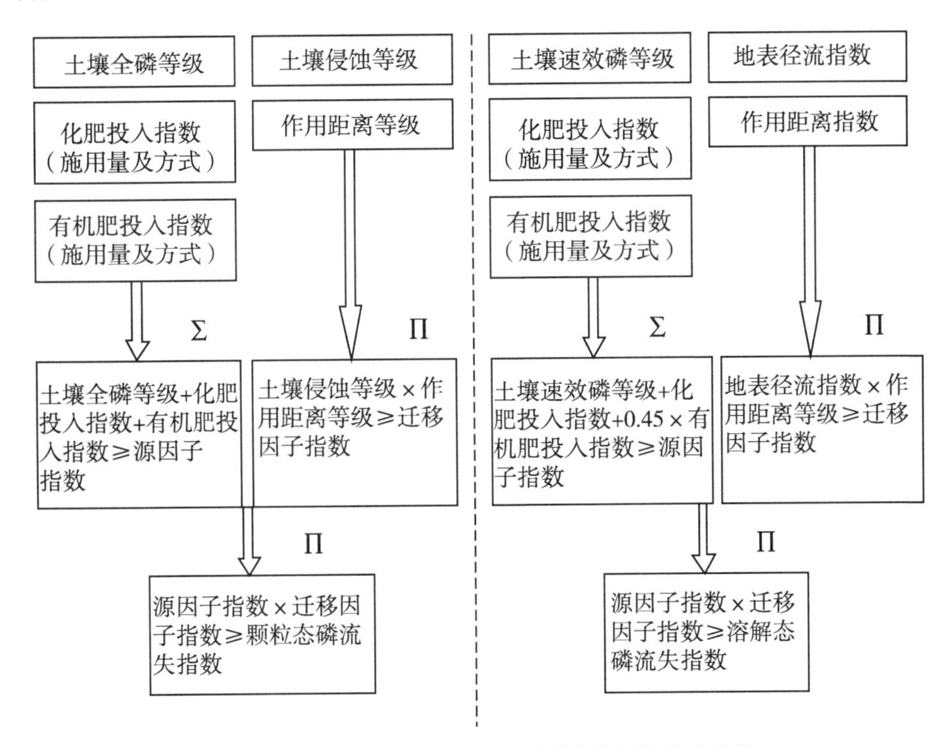

图 11.1 中国南方高原农业流域磷指数评价体系结构

溶解态磷和颗粒态磷指数评价体系见表 11. 1、表 11. 2。

表 11. 1 溶解态磷指数评价体系

因子			溶解态磷流失相对值				
			极低	低	一般	高	很高
源因子	土壤速效磷 (mg · kg^{-1})	测试值	＜15	15~25	25~35	35~45	＞45
		等级	2	4	6	8	10
	化肥磷 (P kg · hm^{-2})	施用量	＜30	30~60	60~90	90~120	＞120
		等级	2	4	6	8	10
	化肥施用方式	方法	不施	底肥深施	底肥+追肥	全部追肥	种前表施
		等级	0	2	4	6	8
	化肥磷投入指数=化肥磷施用量等级×化肥磷施用方式等级						
	有机肥磷 (P kg · hm^{-2})	施用量	＜30	30~60	60~90	90~120	＞120
		等级	2	4	6	8	10
	有机肥磷施用方式	方法	不施	底肥深施	底肥+追肥	全部追肥	种前表施
		等级	0	2	4	6	8
	有机肥磷投入指数=0. 45×有机肥磷施用量等级×有机肥磷施用方式等级						
	源因子指数值=土壤速效磷等级值×2+化肥磷投入指数+有机肥磷投入指数						
迁移因子	地表径流指数	计算值	＜12	12~24	24~48	48~72	＞72
		等级	2	4	6	8	10
	作用距离距排水沟	测定值	＞300	200~300	100~200	50~100	＜50
		等级	1	4	6	8	10
	迁移因子指数值=地表径流等级×作用距离等级						
溶解态磷流失指数=源因子指数值×迁移因子指数值							

表 11. 2 颗粒态磷指数评价体系

因子			颗粒态磷流失相对值				
			很低	低	一般	高	很高
源因子	土壤总磷 (g · kg^{-1})	测试值	＜0. 5	0. 5~0. 8	0. 8~1. 1	1. 1~1. 4	＞1. 4
		等级	2	4	6	8	10
	化肥磷 (P kg · hm^{-2})	施用量	＜30	30~60	60~90	90~120	＞120
		等级	2	4	6	8	10
	化肥施用方式	方法	不施	底肥深施	底肥+追肥	全部追肥	种前表施
		等级	0	2	4	6	8
	化肥磷投入指数=化肥磷施用量等级×化肥磷施用方式等级						
	有机肥磷 (P kg · hm^{-2})	施用量	＜30	30~60	60~90	90~120	＞120
		等级	2	4	6	8	10
	有机肥磷施用方式	方法	不施	底肥深施	底肥+追肥	全部追肥	种前表施
		等级	0	2	4	6	8
	有机肥磷投入指数=有机肥磷施用量等级×有机肥磷施用方式等级						
	源因子指数值=土壤总磷等级值×2+化肥磷投入指数+有机肥磷投入指数						

（续表）

因子			颗粒态磷流失相对值				
			很低	低	一般	高	很高
迁移因子	土壤侵蚀（$t \cdot km^{-2} \cdot a^{-1}$）	计算值	＜2 500	2 500~5 000	5 000~8 000	8 000~15 000	＞15 000
		等级	2	4	6	8	10
	作用距离距排水沟	测定值	＞300	200~300	100~200	50~100	＜50
		等级	1	4	6	8	10
	迁移因子指数值=土壤侵蚀等级×作用距离等级						
颗粒态磷流失指数=源因子指数值×迁移因子指数值							

11.1.2　磷指数计算方法

磷指数结果由源因子指数乘以迁移因子指数得到。由于不同形态磷的流失途径不同，溶解态磷主要通过地表径流流失，颗粒态磷主要受土壤侵蚀流失，因此，本研究对溶解态磷和颗粒态磷的流失风险单独进行计算。不同形态磷的流失风险计算公式如下：

溶解态磷流失风险指数=（土壤速效磷等级×2①+化肥磷施用量等级×化肥磷施用方式等级+有机肥施用量等级×有机肥施用方式等级×0.45②）×地表径流等级×作用距离等级

颗粒态磷流失风险指数=（土壤总磷等级×2①+化肥磷施用量等级×化肥磷施用方式等级+有机肥施用量等级×有机肥施用方式等级）×土壤侵蚀等级×作用距离等级

式中：①表示土壤中的磷相当于化肥以底肥深施的方式施入土壤；②为有机肥的磷源系数（Reid，2011），表示有机肥磷对溶解态磷流失的贡献比例。

11.1.3　数据需求及来源

磷指数所需数据类型及来源如表 11.3 所示。

表 11.3　磷指数所需数据类型及来源

数据	来源
1∶5 万 DEM 图	国家基础地理信息中心
1∶50 万土壤类型图	全国第二次土壤普查
1∶1 万的土地利用图	洱源县土地局
水系图	国家基础地理信息中心
土壤总磷、速效磷、有机质和颗粒组成等	取不同土壤类型的 0~20 cm 土样进行测试
肥料施用量及施用方式	农户调查以及农业统计资料
畜禽养殖情况	农户调查以及农业统计资料
气象数据	洱源县气象资料
土壤侵蚀图	USLE 计算及 ArcGIS 制图

（续表）

数据	来源
作用距离图	ArcGIS 距离制图
土壤径流等级图	根据土壤水文组径流等级和坡度分布划分 ArcGIS 栅格叠加运算

11.1.4 源因子

源因子包括外界肥料投入和土壤磷素水平。相关数据根据调查结果获得，并结合 ArcGIS 得到土壤有机肥、化肥使用量及土壤总磷、速效磷（Olsen－P）分布图（图 11.2）。

11.1.5 迁移因子

11.1.5.1 土壤侵蚀因子

土壤侵蚀是土壤磷流失的主要途径之一，本研究选用目前被广泛应用的修正的通用土壤流失方程（RUSLE）来计算土壤侵蚀量，其计算公式如下：

$$A = R \times K \times LS \times C \times P \times 100 \tag{11.1}$$

式中：A 为年土壤流失量（$t \cdot km^{-2} \cdot a^{-1}$）；$R$ 为降水和径流因子（$MJ \cdot mm \cdot hm^{-2} \cdot h^{-1} \cdot a^{-1}$）；$K$ 为土壤可蚀性因子（$t \cdot hm^2 \cdot h \cdot hm^{-2} \cdot MJ^{-1} \cdot mm^{-1}$）；$LS$ 为坡度坡长因子；C 为土地覆盖和管理因子；P 是保护性措施因子。

（1）降水和径流因子（R）

降水和径流因子值与降水量、降水强度、历时、雨滴的大小以及雨滴下降速度有关，它反映了降水对土壤的潜在侵蚀能力。由于降水侵蚀力难以直接测定，大多采用降水参数（如降水强度、降水量等）来估算降水分侵蚀力。本研究参考黄金良等（2004）和谢中伟等（2009）的计算方法进行降水侵蚀力的估算，计算公式如下：

$$R = -13.86 + 0.1792P \tag{11.2}$$

式中：R 为全年降水侵蚀力（$MJ \cdot mm \cdot hm^{-2} \cdot h^{-1} \cdot a^{-1}$）；$P$ 为流域年降水量（mm）。

（2）土壤可蚀性因子（K）

土壤可蚀性因子与土壤机械组成、有机碳含量、土壤结构等有关，本研究结合研究区的实际情况采用 Williams 等（1983）在 EPIC 模型中发展了的土壤可蚀性因子 K 值的估算方法，公式如下：

$$K = \left\{0.2 + 0.3\exp\left[-0.0256S_a\left(1 - \frac{S_i}{100}\right)\right]\right\}\left(\frac{S_i}{C1 + S_i}\right)^{0.3} \left[1 - \frac{0.25C}{C + \exp(3.72 - 2.95C)}\right]\left[1 - \frac{0.7S_n}{S_n + \exp(-5.51 + 22.9S_n)}\right] \tag{11.3}$$

式中：$S_n = 1 - Sa/100$；S_a 为砂粒含量（%）；S_i 为粉粒含量（%）；$C1$ 为黏粒含量（%）；C 为有机碳含量（%）。

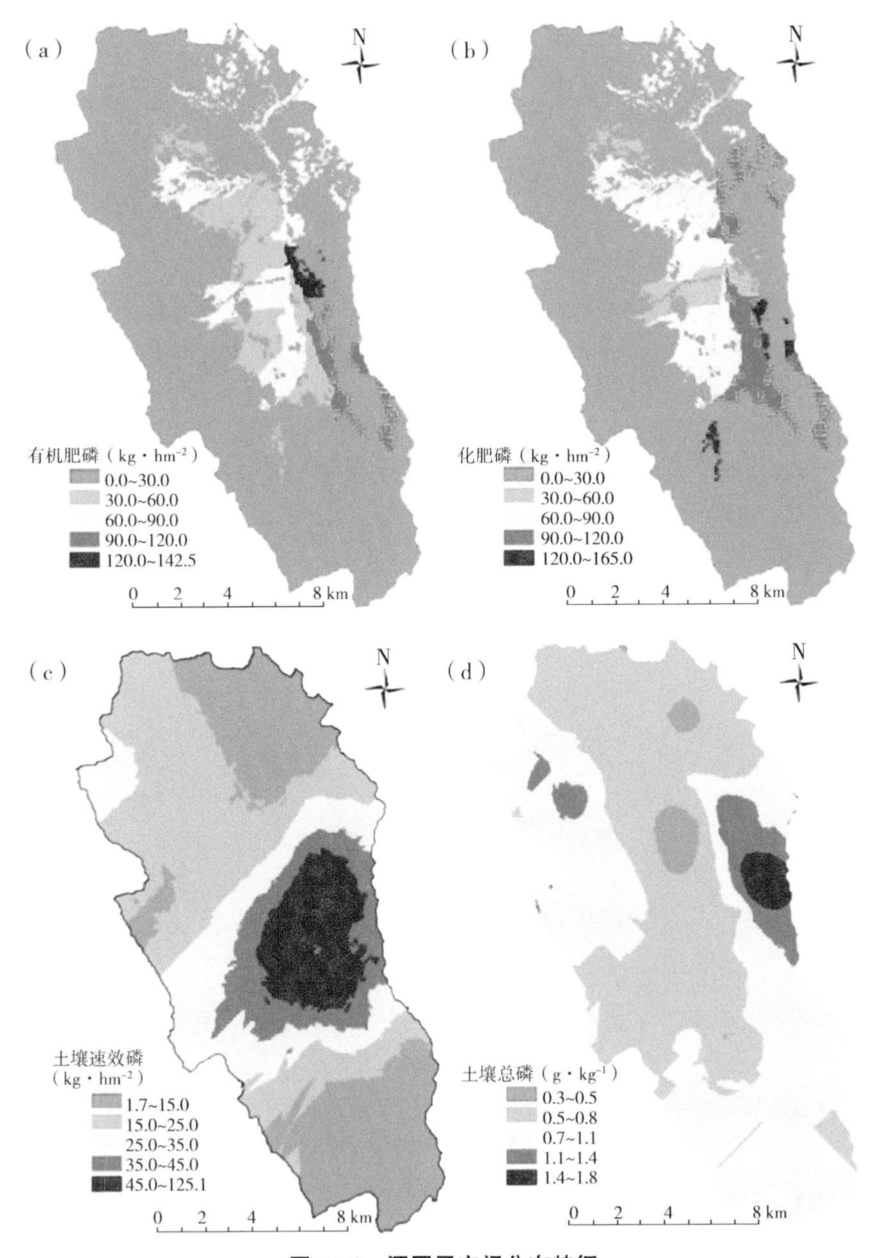

图 11.2　源因子空间分布特征

（3）坡长坡度因子（*LS*）

坡长坡度因子指在某一坡度和坡长的坡面上土壤流失量与标准径流小区典型坡面上土壤流失量之比，包括坡长因子 *L* 和坡度因子 *S* 两部分，而实际上经常把它们作为一个独立的地形因子 *LS* 来估算（王丽华，2006）。*LS* 因子是地表径流长度与坡度的函数，它代表地形条件变化产生侵蚀的主要水力因素。*LS* 因子是通用土壤流失方程中最重要的因子之一，计算公式如下。

$$LS = \left(\frac{\lambda}{22.1}\right)^{m} (65.4\sin^2\theta + 4.56\sin\theta + 0.065)$$

$$m = \begin{cases} 0.5 & s \geqslant 5\% \\ 0.4 & 3\% \leqslant s < 5\% \\ 0.3 & 1\% \leqslant s < 3\% \\ 0.2 & s < 1\% \end{cases} \tag{11.4}$$

式中：λ 为坡长（m）；θ 为坡度（度）；S 为坡度百分比。

（4）土地覆盖和管理因子（C）

土地覆盖和管理因子是指在相同土壤、地形和降水条件下，某一特定作物或植被覆盖的土地的土壤流失量与连续休闲的土地土壤流失量的比值（谢中伟，2009），反映了植被对地表的保护作用，完全没有植被保护的裸地地面 C 值取最大值 1，地面得到良好保护时，C 值取 0.001，C 值介于 0.001~1。通过查阅文献（黄金良等，2004；谢中伟，2009；王丽华，2006；张平等，2011；董群，2011；陈龙等，2012），本研究 C 值取值如表 11.4 所示。

表 11.4　凤羽河流域 C 因子取值

土地利用类型	C 值	土地利用类型	C 值
水田	0.180	灌木林	0.015
水浇地	0.100	疏林地	0.010
旱地	0.310	荒草地	0.400
园地	0.035	居民点	0.150
有林地	0.006	水域	0.000

（5）保护性措施因子（P）

保护性措施因子为特定水土保持措施下的土壤流失量与顺坡种植时的土壤流失量的比值。保护性措施主要通过改变地形和汇流方式减少径流量，降低径流速率等减轻土壤侵蚀（谢中伟，2009）。保护性措施主要有等高耕作、带状耕作、梯田以及排水系统。一般说来，土地覆盖和管理因子 C 反映土壤表面抵抗雨滴的冲击，对土壤颗粒流失的保护；保护性措施因子 P 也涉及有关在源附近阻留释放出的土粒以及防止其进一步迁移的措施（谢中伟，2009）。一般无任何保护性措施的土地利用类型 P 值为 1，其他情况的 P 值在 0~1。根据已有的相关文献（黄金良等，2004；谢中伟，2009；王丽华，2006；张平等，2011；董群，2011；陈龙等，2012），确定了本研究区内不同土地利用类型的 P 值，如表 11.5 所示。

表 11.5　凤羽河流域 P 因子取值

土地利用类型	P 值	土地利用类型	P 值
水田	0.15	灌木林	0.80
水浇地	0.35	疏林地	1.00
旱地	0.35	荒草地	1.00

（续表）

土地利用类型	P 值	土地利用类型	P 值
园地	1.00	居民点	1.00
有林地	1.00	水域	1.00

根据 RUSLE 方法计算得到土壤侵蚀量后，参考水利部颁布的土壤侵蚀分类分级标准确定划分本流域的土壤侵蚀分级（表 11.2），并在 ArcGIS 中生成土壤侵蚀等级栅格图（图 11.3）。

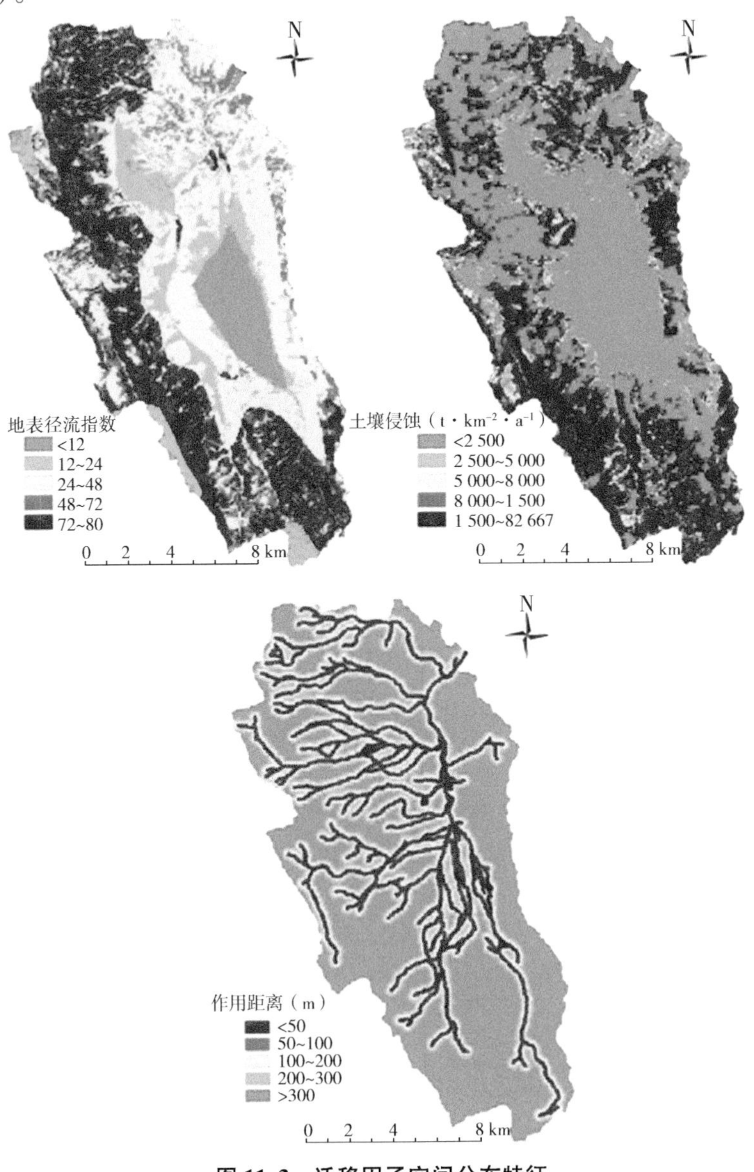

图 11.3　迁移因子空间分布特征

11.1.5.2 地表径流因子

影响地表径流发生的因素包括降水、地形（如坡度）以及土壤渗透性、土壤含水率等。由于缺乏详细的降水资料，本研究参考 Sharpley 等（2001）的研究方法，采用土壤渗透性和坡度因子来反映地表径流的发生潜能。综合考虑土壤渗透性和坡度大小，确定地表径流指数，根据其大小反映地表径流对溶解态磷流失的影响程度（表 11.1）。

11.1.5.3 作用距离因子

作用距离指污染物从流失部位到河流的距离。由于磷在迁移过程中不断被稀释和截留，距离河流较远的磷源区对磷素流失量的贡献一般要比距离较近的源区小，因此，Gburek 等（2000）将污染源与受纳水体之间的距离纳入迁移因子中，来更好地反映磷素的流失情况。此外，Sivertun（2003）等及 sharpley 等（2008b）对作用距离的长度划分以及相应的磷素流失贡献等级的确定方法进行了研究。本研究参考谢中伟（2009）对作用距离长度划分及贡献等级确定的方法制定了本研究区的作用距离因子等级指标（表 11.1，表 11.2），以此生成作用距离分布图（图 11.3）。

11.2 评估结果

11.2.1 源因子空间分布特征

源因子空间分布见图 11.2，流域内土壤总磷含量最低在 0.3~0.5 $g \cdot kg^{-1}$，主要分布于流域偏北部，面积 3.5 km^2，仅仅占到流域总面积的 1.6%；较高的土壤总磷含量为 1.1~1.4 $g \cdot kg^{-1}$，主要分布在流域东部 20.2 km^2 面积上；最高达到了 1.4~1.8 $g \cdot kg^{-1}$，分布于东部 2.4 km^2 面积上；大部分面积的土壤处于 0.5~1.1 $g \cdot kg^{-1}$。土壤速效磷含量最低在 1.7~15.0 $mg \cdot kg^{-1}$，主要分布在流域北部和南部，面积 63.6 km^2，占流域总面积的 28.9%；较高和最高的土壤速效磷含量分别达到了 35.0~45.0 $mg \cdot kg^{-1}$和 45.0~125.1 $mg \cdot kg^{-1}$，分布在流域中东部，面积分别为 16.3 km^2和 12.3 km^2，占流域总面积 7.4%、5.6%；大部分面积的土壤处于 15.0~35.0 $mg \cdot kg^{-1}$。

流域内有机肥磷最高施用量在 120.0~142.5 $kg \cdot hm^{-2}$，主要分布在流域中东部居民区周边的农田上，面积 1.3 km^2，仅占流域总面积的 0.6%；较高有机肥磷施用水平处于 90.0~120.0 $kg \cdot hm^{-2}$，主要分布在流域东南部，面积 5.1 km^2，占流域总面积的 2.3%；大部分的土地处于较低的有机肥磷施用水平，仅为 0.0~60.0 $kg \cdot hm^{-2}$。化肥磷最高施用水平在 120.0~165.0 $kg \cdot hm^{-2}$，零星分布于流域中东部和南部，面积 1.1 km^2，仅占流域总面积的 0.5%；较高化肥磷施用水平处于 90.0~120.0 $kg \cdot hm^{-2}$，主要分布于流域中东部，面积 11.7 km^2，占流域总面积的 5.3%；大部分的土地化肥磷施用量处于较低的水平，仅为 0.0~60.0 $kg \cdot hm^{-2}$。

11.2.2 迁移因子空间分布特征

迁移因子空间分布见图 11.3，地表径流指数地表径流的发生潜力，指数越大，发生地表径流的潜力越大，流域内最大的地表径流指数在 72~80，主要分布在流域北部、西部和南部高海拔区，面积 50.8 km^2，占流域总面积的 23.1%；最小的地表径流指数不到 12，主要分布在流域中部低海拔区，面积 16.3 km^2，占流域总面积的 7.4%。土壤侵蚀量最大在 15 000~ 82 667 $t \cdot km^{-2} \cdot a^{-1}$，主要分布在流域西南部和南部，零星分布于流域其他高海拔区，面积 61.3 km^2，占流域总面积的 27.9%；土壤侵蚀量最小不到 2 500 $t \cdot km^{-2} \cdot a^{-1}$，主要分布在流域中部低海拔区，零星分布于其他地区，面积 120.3 km^2，占流域 54.7%。距河流 50 m 的范围内，磷流失潜力最大，作用距离越大，磷流失潜力越小。

11.2.3　磷指数空间分布特征及关键源区识别

11.2.3.1　溶解态磷流失风险分析及关键源区识别

溶解态磷流失指数代表了磷的流失潜力，指数越大，流失潜力越大，流失风险越高。流域内溶解态磷的流失风险空间分布情况见图 11.4 所示。流失指数在 0.19~0.52 的区域溶解态磷流失风险最高，主要分布在流域中部和北部中下游河流两侧 100 mm 范围内，分布面积较小，仅占流域总面积的 1.3%；指数在 0.11~0.19 的区域溶解态磷流失风险较高，分布范围和风险最高区基本一致，面积 5.5 km^2，占流域总面积的 2.5%；流失指数在 0.6~0.11 的区域溶解态磷流失风险中等，在上中下游河流两侧 100 mm 范围内都有分布，其他大部分区域流失指数极小，溶解态磷流失风险低。

溶解态磷流失风险较高和最高的区域主要为中部和北部中下游河流两侧农田区，从源因子看，就流域整体水平而言该区域农田土壤速效磷仅处于中等水平；从迁移因子水平来看，地表径流指数均处于中到高水平。虽然有部分农田上外界养分投入及土壤速效磷含量较高，但地表径流指数极低，因此未出现较高的磷流失风险。部分林草地区域地表径流指数很高，但由于土壤养分含量和外界养分投入水平均较低，因此也未出现较高的磷流失风险。以上说明溶解态磷流失受源因子和迁移因子的综合作用，只有两个因子都处于中等以上水平时，流失风险才会较高；单独一个因子水平处于很高水平（较高或最高），而另一个因子水平很低，磷流失风险不会很高。

Pionke 等（1996）将污染物来源和迁移相重合的区域定义为污染关键源区，并认为在关键源区采取削减措施可以明显改善受纳水体的水质。Gburek 等（1998）认为易于磷素迁移的磷源区即为控制磷流失的关键区，并且指出流域内的 20%的区域（关键源区）贡献了 80%的磷流失量。实际应用中前人一般将分布面积较小且流失风险高的区域作为面源磷流失防控的关键区（王丽华，2006；欧洋，2008；Zhou et al.，2011）。因此本研究将仅占流域面积 1.3%和 2.5%的流失最高和较高风险区确定为凤羽河流域溶解态磷流失控制的关键源区，即分布在中下游河流两侧 100 m 范围的农田区。

11.2.3.2　颗粒态磷流失风险分析及关键源区识别

流域内颗粒态磷的流失风险空间分布情况见图 11.4。流失指数在 0.19~0.52 的区域颗粒态磷流失风险最高，零星分布河流两侧 100 m 范围内，分布面积极小，仅占流域总面积的 0.2%；指数在 0.08~0.19 的区域颗粒态磷流失风险较高，主要分布在上中下游河流两侧 100 m 的范围内，面积 12.1 km^2，占流域总面积的 5.5%；流失指数在 0.02~0.04 的区域颗粒态磷流失风险中等，主要分布在上中下游河流两侧 100~200 m

的范围内，其他大部分区域流失指数极小，颗粒态磷流失风险低。

颗粒态磷流失风险最高和较高的区域在草地、农田均有分布：磷流失风险较高的草地虽然外界养分投入近乎为零，但局部区域土壤总磷含量处于较高水平，且草地土壤侵蚀指数较大；处于流失高风险区的农田土壤总磷含量为中等水平，外界养分投入量处于较高水平，且土壤侵蚀水平也在中等左右。颗粒态磷流失风险的分布特征和溶解态磷相似，风险受源因子和迁移因子的综合影响，迁移因子水平高而源因子水平很低或源因子水平高而迁移因子水平低均不会出现较高的磷流失风险。

基于和溶解态磷流失关键源区相同的确定方法，本研究将分别占流域面积 0.2%和 5.5%的流失最高和较高风险区确定为颗粒态磷流失控制关键源区，即分布在上中下游河流两侧 100 m 范围的草地和农田区。

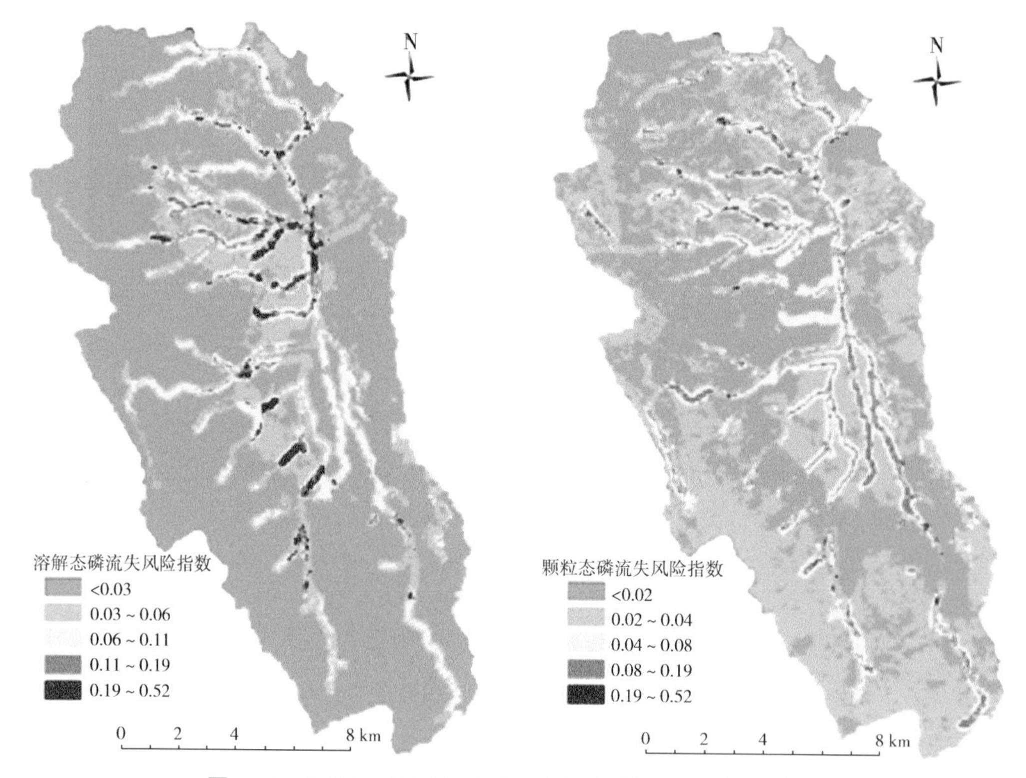

图 11.4 凤羽河流域溶解态磷及颗粒态磷流失风险等级分布

11.3 本章小结

本研究根据高原流域的地形地貌特点，参考其他磷指数评价体系，通过对国外成熟磷指数——Iowa 磷指数评价体系进行简化和修正，建立了云南高原流域尺度的磷指数评价体系。该体系简化了土壤侵蚀因子计算方法，引入了距离因子，使其更适合于流域尺度上的应用。将该体系应用到凤羽河流域，评估了面源磷的流失风险，并对其流失风险关键源区进行了识别。新的磷指数评价体系将磷流失分为地表径流溶解态磷流失和土壤侵蚀颗粒态磷流失两部分。通过分别对溶解态磷和颗粒态磷的流失风险进行评价及关键源区的识别表明，两种形态磷的流失较高和最高风险区均分布于河流两侧 100 m 的范围内，且溶解态磷主要为河流中下游的农田区，而颗粒态磷在河流上游草地和河流中下游的农田区均有分布。基于识别出的关键源区，通过采取针对性措施，可有效控制面源磷的流失。针对磷流失高风险区外界养分投入高其易发生地表径流和土壤侵蚀流失的特点，可以采取养分综合管理措施，如采用平衡施肥、测土配方施肥技术，减少化肥的过量施用；顺坡种植改为横坡、等高、梯田种植，减少地表径流的发生程度；施肥尽量错过暴雨期，并尝试使用缓控释肥等新型肥料。由于磷流失高风险区一般位于河流两侧 100 m，可以通过工程措施，如河岸两侧 100~200 m 建立灌溉缓冲沟，既可以用于农田灌溉，还可以有效阻断流失的磷素直接进入河道；流失风险极高的区域可以建议河岸两侧 100 m 进行退耕还林还草。

参考文献

陈龙，谢高地，张昌顺，等，2012. 澜沧江流域土壤侵蚀的空间分布特征 [J]. 资源科学，34 (7)：1240-1247.

董群，2011. 山东沂蒙山区祊河流域非点源氮磷污染负荷研究 [D]. 泰安：山东农业大学.

黄金良，洪华生，张路平，等，2004. 基于 GIS 和 USLE 的九龙江流域土壤侵蚀量预测研究 [J]. 水土保持学报，18 (5)：75-79.

欧洋，2008. 基于 GIS 的流域非点源污染关键源区识别与控制 [D]. 北京：首都师范大学.

王丽华，2006. 密云县境内密云水库上游地区磷流失风险性评价 [D]. 北京：首都师范大学.

谢中伟，2009. 松华坝流域农业非点源污染关键源区识别 [D]. 昆明：云南师范大学，2009.

张平，高阳昕，刘云慧，等，2011. 基于氮磷指数的小流域氮磷流失风险评价 [J]. 生态环境学报，20 (6-7)：1018-1025.

GBUREK W J，SHARPLEY A N，1998. Hydrologic controls on phosphorus loss from upland agricultural watersheds [J]. Journal of Environmental Quality，27 (2)：267-277.

GBUREK W J，SHARPLEY A N，HEATHWAITE L，et al.，2000. Phosphorus management at the watershed scale：a modification of the phosphorus index [J]. Journal of Environmental Quality，29 (1)：130-144.

PIONKE H B，GBUREK W J，SHARPLEY A N，et al.，1996. Flow and nutrient export patterns for an agricultural hill-land watershed [J]. Water Resources Research，32 (6)：1795-1804.

REID D K，2011. A modified ontario P index as a tool for on-farm phosphorus management [J]. Canadian Joural of Soil Science，91：455-466.

SHARPLEY A N, KLEINMAN P J A, HEATHWAITE A L, et al., 2008b. Integrating contributing areas and indexing phosphorus loss from agricultural watersheds [J]. Journal of Environmental Quality, 37: 1488-1496.

SHARPLEY A N, MCDOWELL R W, WELD J L, et al., 2001. Assessing site vulnerability to phosphorus loss in an agricultural watershed [J]. Journal of Environmental Quality, 30 (6): 2026-2036.

SIVERTUN A, PRANGE L, 2003. Non-point source critical area analysis in the Gisselo watershed using GIS [J]. Environmental Modeling & Software, 18 (10): 887-898.

WILLIAMS J R, RENARD K G, DYKE P T, 1983. EPIC: a new method for assessing erosion's effect on soil productivity [J]. Journal of Soil and Water Conservation, 38 (5): 381.

ZHOU H P, GAO C, 2011. Assessing the risk of phosphorus loss and identifying critical source areas in the Chaohu Lake Watershed, China [J]. Environmental Management, 48: 1033-1043.

12 人类活动净氮/磷输入法在高原湖泊流域的应用

本研究选用 2.7 节所述人类活动净氮/磷输入方法，在高原湖泊典型流域——洱海流域进行了应用。旨在分析该流域人类活动净氮/净磷输入的空间分布及对河流水质的影响。具体研究目标分为：①量化流域氮磷循环特征；②量化流域净氮/净磷及组成因素特征；③探究净氮/净磷输入对环境的影响及不确定性分析。

研究发现，2014 年洱海流域 NANI 总量为 29.81×10^3 t，单位面积输入强度（以氮计）为 10 986 $kg\cdot km^{-2}\cdot a^{-1}$，显著高于我国平均水平。当地旅游人口带入的食品氮输入为 0.26×10^3 t，占到了流域居民食品氮输入的 8%。在空间分布上，乡镇单元的 NANI 分布呈现明显区域化特征，从流域整体上看呈现北高南低的特点。耕地或人口集中的乡镇 NANI 强度偏高；洱海流域人类活动净磷输入量为 6 469 t，折合单位面积输入强度为 2 384 $kg\cdot km^{-2}\cdot a^{-1}$。洱海流域各乡镇 NAPI 呈现明显区域性差异，北部农业主产区的 NAPI 明显高于其他地区。旅游人口带来的磷素输入量占流域当地居民食品及非食品（洗涤剂）磷输入量的 7.6%，占流域净磷输入总量的 1%。从洱海流域氮/磷素在各子系统中的分布和流通特征上看，总输入的氮素中约有 22.08%的氮素转化为气态损失，约有 31.54%的氮素经过直接排放或者径流、侵蚀等途径进入下水道或者自然水体，只有约 11.8%的氮素作为产品输出；约 9.54%的磷素作为产品输出，约有 44.8%的磷素遗留在耕地、养殖和人类 3 个子系统内部，其中耕地子系统遗留磷素最多为 37.2%。研究结果为洱海流域氮/磷素管理提供了科学依据，加深了流动人口对地表水环境效应的认识。

12.1 评估方法构建

在模型构建过程中使用的数据主要有：

（1）2014 年乡镇人口数量、畜禽养殖量、农产品产量和肥料施用量，另外由于本流域属于旅游热点地区，因此在传统的计算过程中考虑了旅游人口对于当地人口净氮/磷输入的影响，方法是根据统计得到的年旅游人次和平均停留时间（2.33 d）折算为居民数量。

（2）居民蛋白质摄入量为城镇居民每人 69 $g\cdot d^{-1}$，农村居民每人 64.6 $g\cdot d^{-1}$，磷素摄入量为城镇居民每人 973.2 $mg\cdot d^{-1}$，农村居民每人 981.0 $mg\cdot d^{-1}$（翟凤英等，2005），由当地消费水平确定每人的年洗涤剂磷用量为 0.63 kg。畜产品可食用部分比例（表 12.1）（高伟等，2014；刘晓利等，2006）、畜禽氮/磷素摄入（表 12.1）（高伟等，2014；陈天宝等，2012；许俊香等，2005；肖林财和沈维力，2014；Hong et al.，2012）及排泄水平（表 12.1）（董红敏等，2011；肖林财和沈维力，2014；王方浩等，

2006；Tang et al.，2012）、豆科作物固氮能力：本地区豆科作物主要为大豆和蚕豆，固氮能力分别为 9 600 $kg \cdot km^{-2} \cdot a^{-1}$和 7 500 $kg \cdot km^{-2} \cdot a^{-1}$（汤丽琳等，2002；关大伟等，2014）、农产品含氮/磷量（表 12.2）（王光亚，2009）、氮沉降数值 1 161.79 $kg \cdot km^{-2} \cdot a^{-1}$（许稳，2016）等数据则通过查阅资料获得。农作物及畜产品在转换为食物的过程中有 10%的损失（高伟等，2014）。

（3）乡镇的面积根据 GIS 乡镇边界图计算得到。

（4）对于流域氮/磷素流通特征的计算：包括了进入大气及自然水体或者污水管网的氮/磷素损失，主要是通过查阅文献获取排放系数来进行估算。进入大气的含氮气体中，其中：来自化肥和有机肥的氨氮损失，平均排放因子设置为总氮肥施用量的 25%；硝态氮损失，排放因子为化肥氮施用量的 0.86%和有机肥氮施用量的 1%。畜禽粪便在存储过程中有平均 27%的氮以氨氮形式排放，0.5%的氮以硝态氮的形式排放，5%的氮以氮气的形式排放（Ma et al.，2010）。进入自然水体或污水管网的氮素，其中：人类的排泄物中城镇人口的进入污水管网，剩余部分计算同畜禽粪便；流域耕地的年水土流失量为 11 420 $t \cdot km^{-2}$（付斌，2009）。

表 12.1　畜禽的氮/磷素摄入及排泄水平和畜禽产品可食用部分比例

（单位：$kg \cdot h^{-1} \cdot a^{-1}$）

畜禽种类	氮素		磷素		可食用部分比例
	摄入水平	排泄水平	摄入范围	排泄范围	
奶牛	126.5	78.30	13.90~26.13	6.54~22.80	0.795
肉牛/役用牛	109.4	37.99	5.1~10.99	3.48~9.49	0.795
猪	9.5	7.21	1.23~4.59	0.32~0.63	0.871
家禽	0.188	0.10	0.03~0.18	0.003~0.03	0.850
羊	14.45	5.69	1.22~3.81	0.17~1.06	0.757

表 12.2　食品中蛋白质及磷的含量　（单位：%）

名称	蛋白质含量	磷含量
小麦	12.0	0.167
蚕豆	25.4	0.418
马铃薯	2.0	0.046
大麦	10.2	0.390
稻谷	9.9	0.082
玉米	8.8	0.196
大豆	35.1	0.465
油菜籽	24.0	0.210
向日葵	23.9	0.238
蔬菜（以青菜、白菜计）	1.5	0.028
瓜类	0.6	0.014

12.2　评估结果

12.2.1　洱海流域社会生态系统氮/磷素流通特征

由洱海流域氮素循环图（图 12.1）、磷素循环图（图 12.2）可以清晰地了解本流域氮素和磷素的输入、输出及内部的社会生态系统氮/磷素流通特征。洱海流域氮素的净输入来源主要为饲料净输入（图 12.1），占到了总输入量的 65.90%（66.10%减去农产品中饲料 0.14%），其次为化肥氮投入，占到了总投入量的 31.54%；总输入的氮素中约有 22.10%的氮素转化为气态损失，约有 31.50%的氮素经过直接排放或者径流、侵蚀等途径进入下水道或者自然水体，只有约 11.80%的氮素作为产品输出；约有 34.62%的氮素存留在流域 3 个子系统内部，其中，养殖子系统留存的氮素占比最大为 19.38%，其次约有 14.30%的氮素留存在了土壤中。

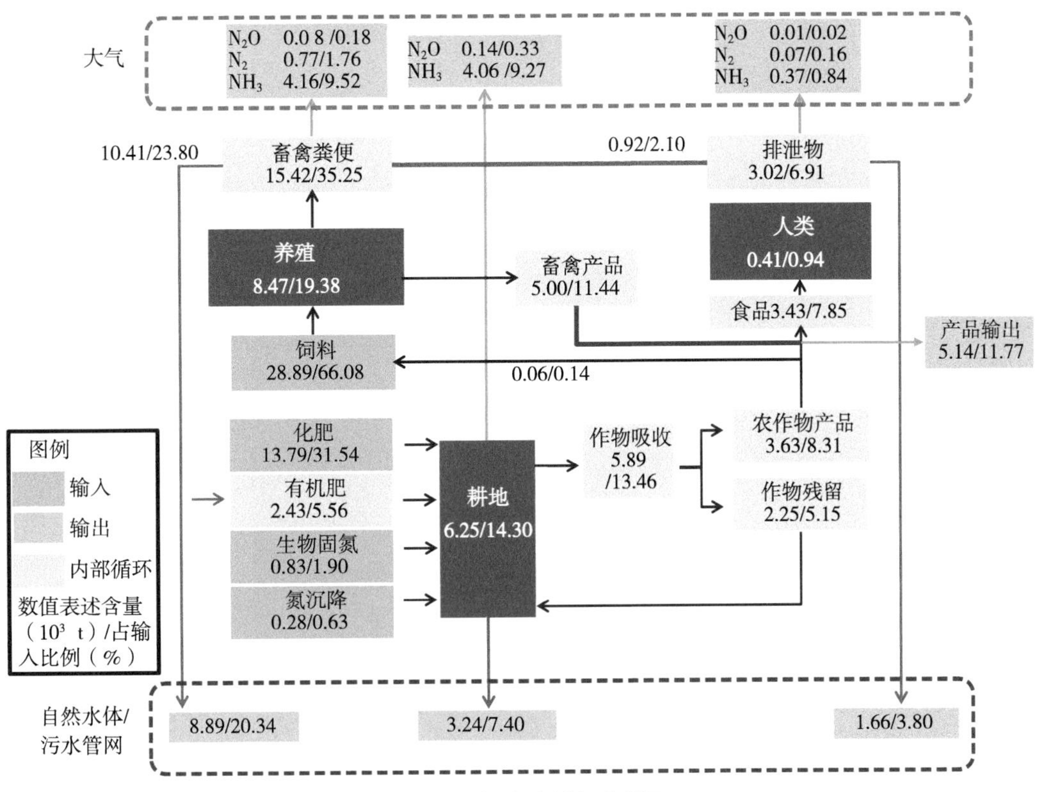

图 12.1　洱海流域氮素循环

2014 年洱海流域磷素的输入来源主要为饲料输入（图 12.2），为 3 986 t 占到了总净人为磷输入量的 50.20%，其次为化肥磷投入（43.10%）；输入的磷素中约有 45.70%的磷素经过直接排放或者淋溶、侵蚀等途径进入下水道或者自然水体；当地农产品及畜产品中的磷素总量可以满足当地居民的生活需求，食品/饲料的净磷输入主要为饲料的输入减去磷产品的输出。洱海流域磷素利用水平不高，只有约 9.54%的磷素作为产品输出；约有 44.80%的磷素存留在流域除水体外的 3 个子系统内部，其中，耕地子系统留存的磷素最多为总输入量的 37.20%，占到了 3 个子系统存留磷素的 83.10%，Chen 等（2015）在永安江流域的研究表明约有 40%~60%的净人为磷输入存留在了农业土壤中，洱海流域的结果相对较低，因为洱海流域属于高原山地地形，水土流失更为严重；其次约有 7.10%的磷素留存在了养殖子系统中。已有研究表明，净人为磷输入的 2%~10%将由河流输出到流域出口（Hong et al.，2017），因此，洱海流域约有 26.9%~34.9%的磷素存留在了水体、河道底泥中。

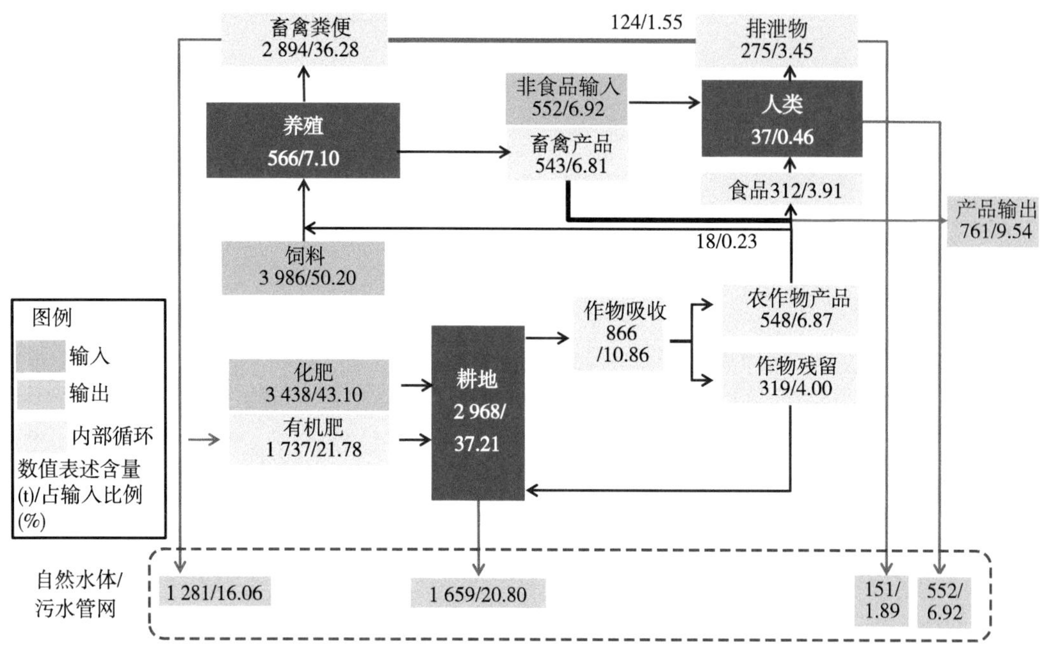

图 12.2　洱海流域磷素循环

12.2.2　总量特征

基于统计数据和核算方法，计算得出（表 12.3）2014 年洱海流域 16 个乡镇居民活动净氮输入总量为 29.81×10^3 t（不包括洱海），折合单位面积输入强度为 10 986 kg·km^{-2}·a^{-1}；洱海流域较全国平均，2009 年我国平均输入强度为 5 013 kg·km^{-2}·a^{-1}（高伟等，2014）水平高出一倍。其中三营镇、茈碧湖镇和右所镇为净氮输入总量最多的 3 个乡镇，对整个流域的贡献超过了 40%。洱海水面净氮输入总量为 0.29×10^3 t 约占整个流域输入总量的 1%；流域当地居民的食品氮需求总量为 3.24×10^6 kg，当地旅游人口每年带入的食品氮需求为 0.26×10^6 kg，占到了流域当地居民食品氮需求的 8%，占到了流域人类活动净氮输入总量的 0.9%。

2014 年洱海流域 16 个乡镇人类活动净人为磷输入总量为 6 469 t（不包括洱海）（表 12.3），折合单位面积输入强度为 2 384 kg·km^{-2}·a^{-1}，显著高于全国平均

[2009 年我国平均输入强度为 275 $kg \cdot km^2 \cdot a^{-1}$（Han et al., 2013）] 水平。其中右所镇、三营镇和茈碧湖镇和为净人为磷输入总量最多的 3 个乡镇，对整个流域的贡献超过了 40%。流域当地居民的食品及非食物（洗涤剂）磷需求总量为 892 t，占总输入量的 13.79%；当地旅游人口每年带入的食品及非食品磷需求为 68 t，占到了流域本土居民食品及非食品磷需求的 7.6%，占到了流域净人为磷输入总量的 1%。

表 12.3　2014 年洱海流域各乡镇净氮输入总量及其 4 个组成部分

项目	食品/饲料输入（氮/磷）（10^3 t）	化肥输入（氮/磷）（10^3t）	作物固氮（10^3t）	氮沉降（10^3t）	非食品磷输入（t）	NANI 总量（10^3t）	NAPI 总量（t）	对流域的贡献率（氮/磷）（%）
下关镇	0.79/0.10	0.43/0.09	0.02	0.22	133	1.45	323	4.88/4.99
大理镇	0.12/0.04	1.01/0.23	0.01	0.11	46	1.26	311	4.22/4.80
凤仪镇	0.33/0.08	0.74/0.12	0.05	0.35	55	1.48	255	4.97/3.94
喜洲镇	0.64/0.15	0.94/0.13	0.06	0.20	39	1.84	322	6.18/4.97
海东镇	0.13/0.03	0.85/0.24	0.02	0.14	19	1.14	288	3.81/4.45
挖色镇	0.09/0.03	0.32/0.05	0.02	0.14	18	0.56	101	1.88/1.56
湾桥镇	0.22/0.07	0.38/0.10	0.04	0.07	16	0.71	181	2.38/2.79
银桥镇	0.07/0.04	0.53/0.10	0.05	0.08	19	0.74	189	2.47/2.92
双廊镇	0.68/0.09	0.48/0.68	0.01	0.21	75	1.39	230	4.66/3.55
上关镇	1.31/0.26	0.28/0.61	0.06	0.12	30	1.78	349	5.96/5.39
茈碧湖镇	1.51/0.31	2.04/0.54	0.12	0.32	36	4.00	885	13.42/13.68
邓川镇	0.67/0.14	0.51/0.14	0.02	0.07	10	1.27	288	4.26/4.45
右所镇	1.87/0.36	1.42/0.30	0.07	0.30	40	3.67	700	12.30/10.81
三营镇	1.86/0.32	2.33/0.89	0.16	0.29	24	4.65	1 230	15.59/19.01
凤羽镇	0.67/0.14	1.38/0.33	0.03	0.21	20	2.29	484	7.68/7.49
牛街乡	0.78/0.15	0.42/0.17	0.08	0.30	14	1.59	337	5.33/5.21
整个流域	11.75/2.29	14.07/3.59	0.83	3.15	594	29.81	6 469	100.00

从洱海流域各个乡镇单元 NANI/ NAPI 强度及各输入源在数值上的范围差距以及各项的标准差的差异（表 12.4），均显示出洱海流域的氮/磷源输入具有高度的空间异质性。其中 NANI 的几个组成中，除去氮沉降流域采用统一值外，凤羽河流域作物固氮的标准差及数据范围最小；食品/饲料的净氮输入范围差和标准差最大为 11 876 $kg \cdot km^{-2} \cdot a^{-1}$和 3 592 $kg \cdot km^{-2} \cdot a^{-1}$，说明在 4 个组成部分中食品/饲料的净氮输入在空间上的差异性最大；而 NAPI 的 3 个组成部分中，非食品磷输入的标准差及数据范围最小；由肥料施用输入磷的范围差和标准差最大为 3 135 $kg \cdot km^{-2} \cdot a^{-1}$和

899 kg · km^{-2} · a^{-1}，说明在 3 个组成部分中由肥料施用带入的磷在空间上的差异性最大。

表 12.4　洱海流域 NANI 强度统计特征值　（单位：kg · km^{-2} · a^{-1}）

输入项	范围	平均值/中值	标准差
氮肥施用	1 607~10 778	5 565/5 719	2 866
作物固氮	62~714	324/300	209
氮沉降	1 162	1 162/1 162	—
食品/饲料净氮输入	502~12 378	4 313/3 545	3 592
磷肥施用	370~3 505	1 471/1 322	899
非食品磷输入	55~715	253/183	164
食品/饲料净磷输入	245~2 483	956/738	658
NANI	4 633~21 074	11 470/10 897	4 801
NAPI	836~4 852	2 681/2 618	1 181

12.2.3　空间分布特征

洱海流域人类活动净氮/磷输入强度及其组成部分的空间分布存在明显的空间差异（图 12.3 至图 12.5）。NANI 的高值出现在邓川镇、三营镇和右所镇，其中邓川镇的 NANI 最高，达到了 21 074 kg · km^{-2} · a^{-1}；最低出现在挖色镇，为 4 633 kg · km^{-2} · a^{-1}。N_{im}的高值分布较为集中，出现在三营镇、右所镇、邓川镇和上关镇，最高的为上关镇 12 378 kg · km^{-2} · a^{-1}，最低为挖色镇 502 kg · km^{-2} · a^{-1}。N_{im}（图 12.3a）的空间分布可能与乡镇的发展程度有关；N_{fer}（图 12.3b）的高值较为分散，出现在三营镇、邓川镇和大理镇，最高为大理镇 10 778 kg · km^{-2} · a^{-1}；而最低值出现在牛街乡，为 1 607 kg · km^{-2} · a^{-1}，这是由各乡镇的施肥习惯所决定。N_{cro}（图 12.3c）的分布与各乡镇的种植结构关系密切，最高值出现在银桥镇，为 714 kg · km^{-2} · a^{-1}；最低出现在双廊镇，为 62 kg · km^{-2} · a^{-1}。除了邓川镇、右所镇、牛街乡等 6 个乡镇最大的输入源为食品/饲料输入外，其余乡镇的最大输入源均为施用的化肥（图 12.5）。从整个流域氮素输入量的构成（图 12.5）来看，化肥氮的输入是最大的贡献源，占到了净氮输入的 47%，其次为食品饲料的净氮输入。因此，施用的化肥是洱海流域氮素的主要输入源。

NAPI 强度的高值出现在三营镇、邓川镇和上关镇，其中三营镇的 NAPI 强度最高，达到了 4 852 kg · km^{-2} · a^{-1}；最低出现在挖色镇，为 836 kg · km^{-2} · a^{-1}。P_{im}（图 12.4a）的高值分布较为集中，出现在邓川镇和上关镇，最高的为上关镇 2 483 kg · km^{-2} · a^{-1}，最低的为海东镇 245 kg · km^{-2} · a^{-1}。P_{fer}（图 12.4b）的高值较为分散，流域南部北部均有高值出现，分别出现在三营镇、邓川镇和大理镇，最高为三营

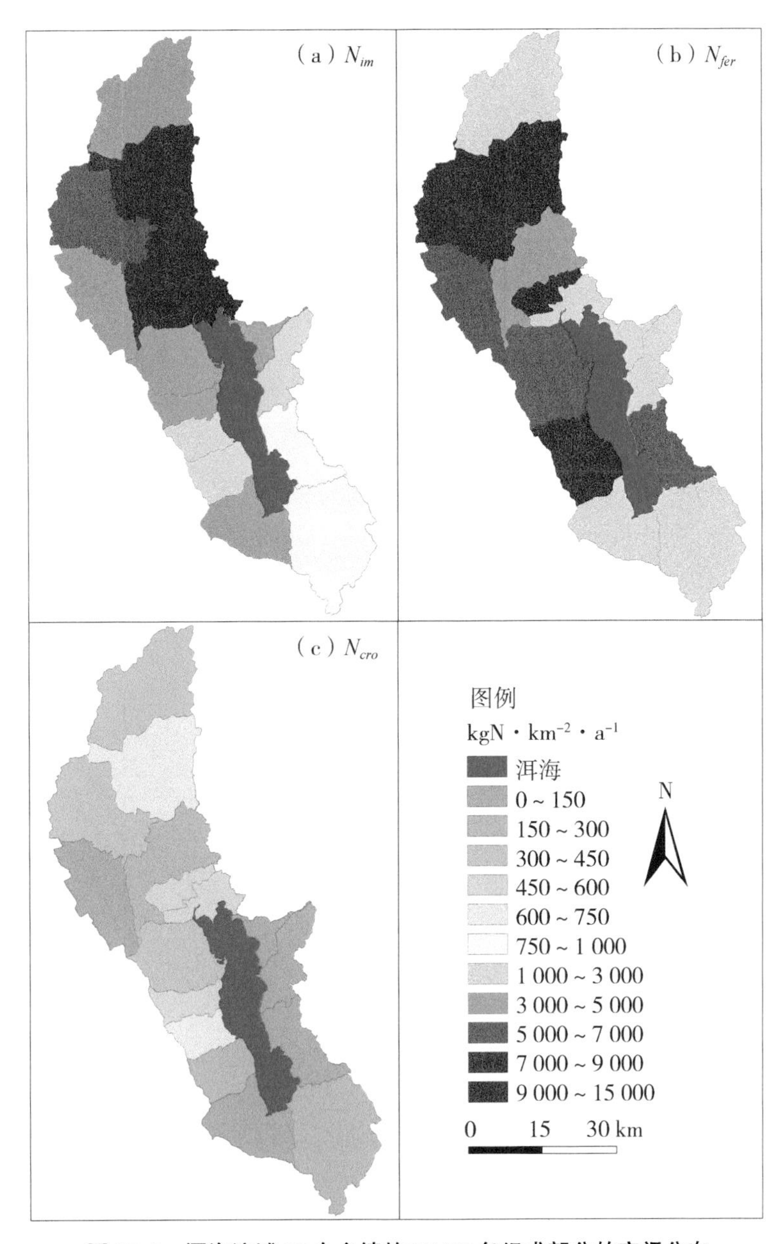

图 12.3　洱海流域 16 个乡镇的 NANI 各组成部分的空间分布

镇 3 505 kg · km^{-2} · a^{-1}；最低值出现在双廊镇，为 370 kg · km^{-2} · a^{-1}，这是由各乡镇的施肥习惯不同造成的。P_{nf}（图 12.4c）的分布与各乡镇的人口结构关系密切，最高值出现在城镇化程度最高的下关镇，为 715 kg · km^{-2} · a^{-1}；最低出现在牛街乡，为 55 kg · km^{-2} · a^{-1}。除了下关镇、右所镇、上关镇等 5 个乡镇外，其余乡镇的最大输入源均为磷肥的输入（图 12.5）。从整个流域磷素输入量的构成（图 12.5）来看，化肥磷的输入是最大的贡献源，占到了净人为磷输入强度的 56%，其次为非食品磷的输入。因此，磷肥的施用是洱海流域磷素的主要输入源。

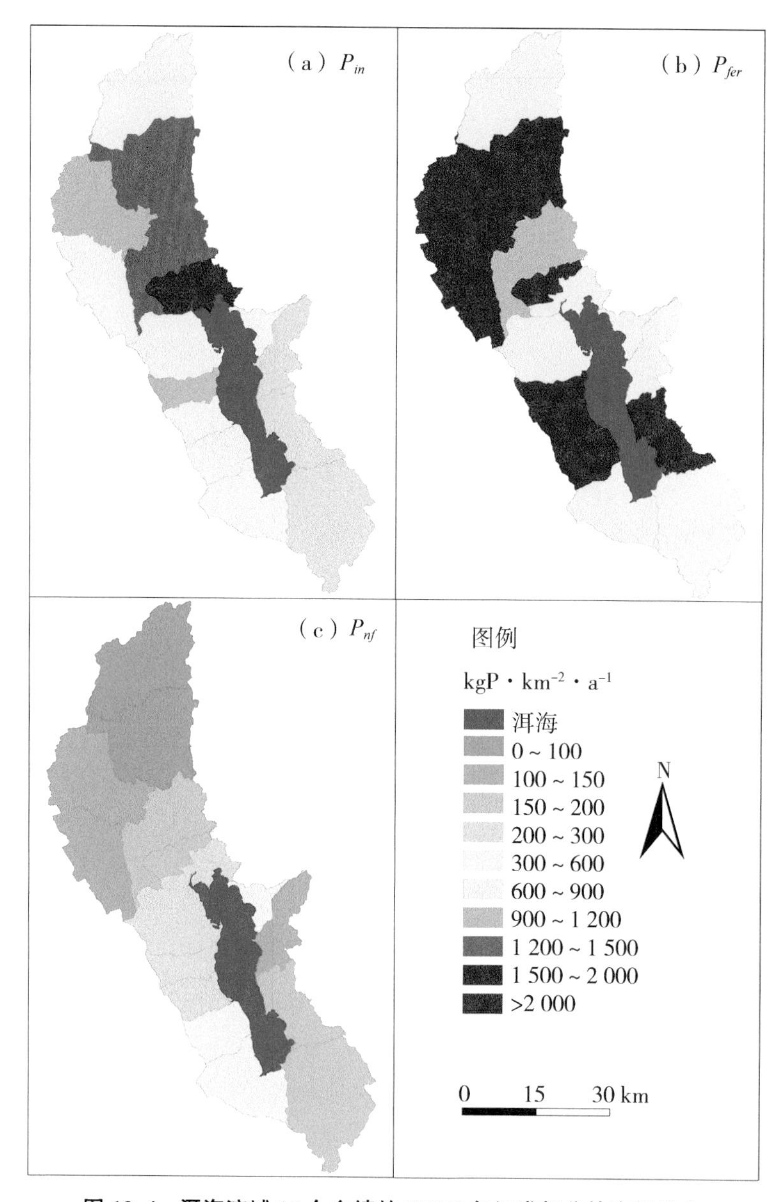

图 12.4　洱海流域 16 个乡镇的 NAPI 各组成部分的空间分布

整体上来看，洱海流域净氮/磷输入强度存在明显的南北区域差异（图 12.5），北部在各组成上都要高于南部，这与其他学者研究得出洱海流域北部为洱海的主要污染区的结果一致（翟玥等，2012），这可能是由于洱海流域南北城镇化发展不均衡造成的，洱海流域北部主要以农业为主城镇化水平只有 33%，而南部却高达 68%。从局部来看，洱海流域净氮输入的关键乡镇为三营镇、上关镇和邓川镇。此结果与陈纬栋（2011）得到的三营镇和上关镇是洱海流域农业面源污染的关键区的分析结果相一致。因此，NANI/NAPI 核算模型可以很好地用于流域面源污染的估算，并且可以较好地进行关键污染区的识别。

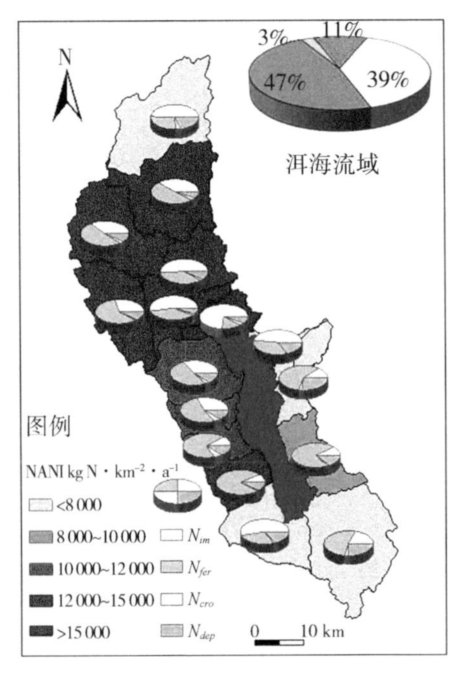

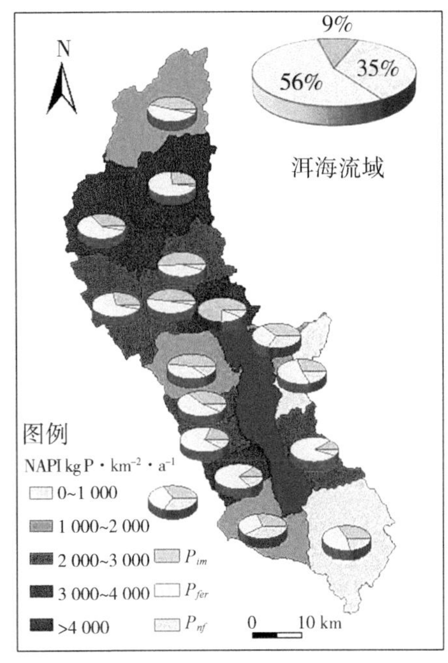

图 12.5　洱海流域 16 个乡镇的 NANI/NAPI 的空间分布及其 4 个组成部分所占比例

12.2.4　结构特征

从 NANI 与其输入源的相关关系（图 12.6）看，NANI 与食品/饲料的氮输入的相关性最强（图 12.6a），R^2 达到 0.640（$P<0.01$），仅此项就可解释 NANI 变化的 64.0%，表明人口的食品消费对洱海流域氮通量有巨大影响。其次，肥料的施用决定了净氮输入变化的 42.2%（图 12.6b），因此控制施肥对于削减洱海流域人类活动造成的氮输入具有重要意义。相对而言，植物固氮与 NANI 的线性相关系数较低（图 12.6c），这与它本身对 NANI 的贡献较小有关。

从 NAPI 强度与其输入源的相关关系（图 12.7）看，NAPI 强度与肥料的磷输入相关性最强（图 12.7b），R^2 达到 0.703（$P<0.01$），仅此项就可解释 NAPI 强度变化的 70.3%，表明控制施肥对于削减洱海流域人类活动造成的磷输入具有重要意义。其次，食品/饲料的磷输入决定了净人为磷输入强度变化的 46.97%（图 12.7a），因此人口的食品消费对洱海流域磷通量有巨大影响。相对而言，非食品磷输入与 NAPI 强度不存在显著的相关关系（图 12.7c），这与它本身对 NAPI 的贡献较小有关。

12.2.5　人类活动与 NANI/NAPI 的关系

为进一步分析人类活动对 NANI/NAPI 空间分布的影响，本研究分析了各乡镇建设用地比例、耕地施肥强度、耕地面积占比与人口密度对 NANI/NAPI 分布格局的影响。研究发现，人类活动强度越大，NANI/NAPI 越大。

其中，NANI 与总人口密度关系不显著，但与城镇人口密度显著相关（表 12.5）。

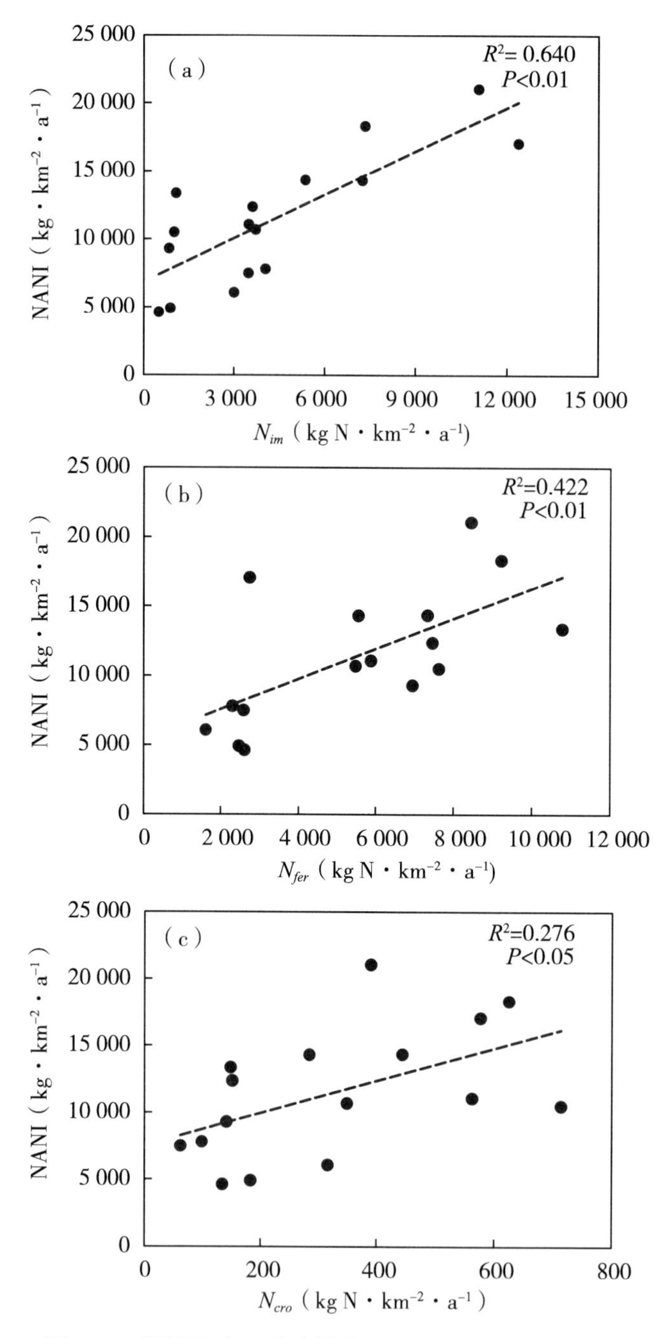

图 12.6 洱海流域 16 个乡镇的 NANI 与其组分的相关性

同时，可以看出人类的耕作活动对净氮输入强度的影响显著。上文提到施肥决定了净氮输入强度变化的 42.21%，但是耕地上的施肥强度与净氮输入强度之间没有显著的相关关系（表 12.5），所以相较于耕地的施肥强度，施肥面积是更主要的决定因素。对于磷

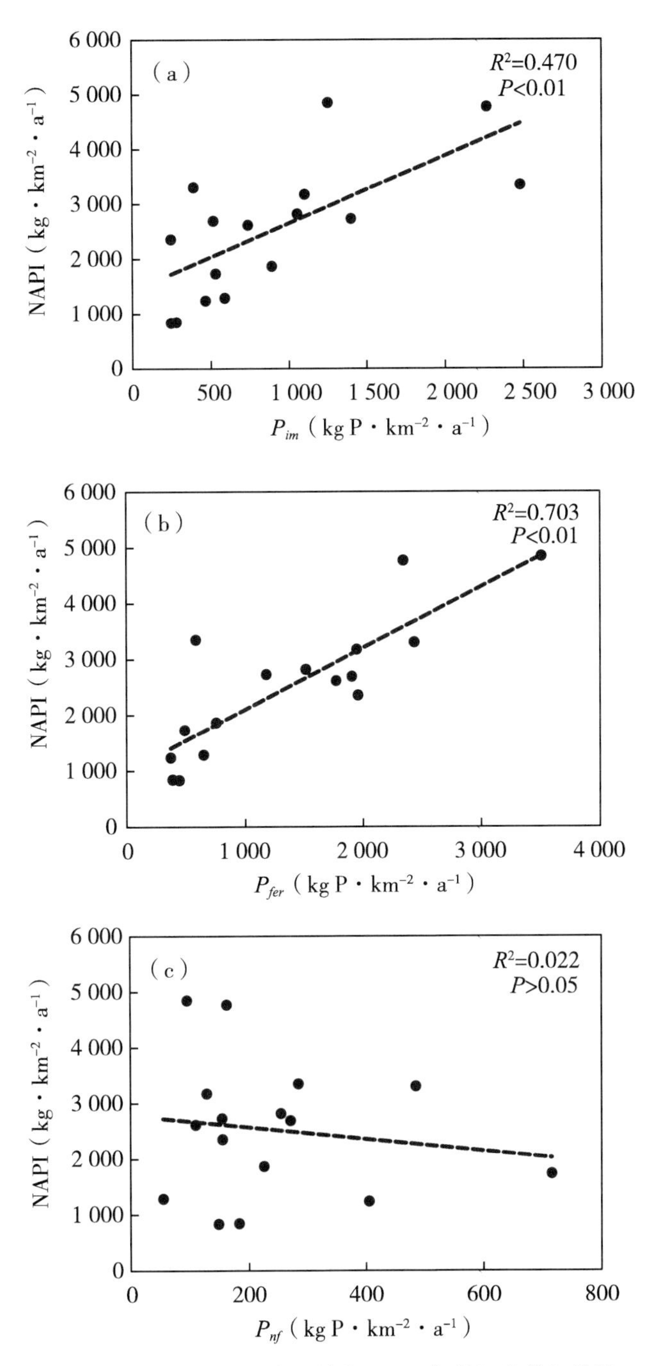

图 12.7　洱海流域 16 个乡镇的 NAPI 与其组分的相关性

素来说，NAPI 强度与人口密度关系不显著，而该流域人类的耕作活动对净人为磷输入强度的影响显著。上文提到施肥决定了净人为磷输入强度变化的 70.3%，并且耕地上的磷肥施用强度与净人为磷输入强度也存在显著的相关关系，说明在洱海流域 NAPI 强度的主要决定因素是耕作活动中磷肥的施用。

表 12.5　人类活动与 NANI/NAPI 的决定系数（R^2）

项目	总人口密度（人·km^{-2}）	城镇人口密度（10^4 人·km^{-2}）	建设用地占比	耕地面积占比	耕地施肥强度（t·km^{-2}）
NANI	0.051 1	0.311 6*	0.025 2	0.326 6*	0.217 1
NAPI	0.012 1	0.209 4	0.018 8	0.138 5**	0.470 5**

注：* 为 $P<0.05$，** 为 $P<0.01$。

12.3　讨论

12.3.1　流域氮磷流失风险较高

张汪寿等（2014a）在对已有的 NANI 研究进行总结分析发现：化肥施用是最主要的氮素输入源，占人类活动净氮输入总量的 79.0%，其次为作物固氮作用占 17.6%，食品/饲料氮净输入量占-14.5%，大气沉降占 15.7%。食品/饲料氮净输入量为负值说明区域的食品和饲料以出口为主。在洱海流域氮肥的施用占到了 47%，也是主要的输入源，食品/饲料的净氮输入占到了 39%，成为该地区的第二大输入源，主要是因为洱海流域的养殖业发达且多为分散养殖。

我国在 2009 年我国各省的人类活动净氮输入强度为 870~24 896 kg·km^{-2}·a^{-1}（Han et al.，2014），目前，洱海流域的人类活动氮/磷输入强度属于偏高水平。通过与其他流域对比发现，洱海流域 NANI 高于长江流域 6 734.5~ 9 618.7 kg·km^{-2}·a^{-1}（Chen et al.，2016）、滇池流域 12 600 kg·km^{-2}·a^{-1}（Gao et al.，2015）及鄱阳湖流域年均人为氮输入量为 6 913 kg·km^{-2}·a^{-1}（高伟等，2016），低于淮河流域 2010 年 NANI 为 26 415 kg·km^{-2}·a^{-1}（张汪寿等，2015）。此外，洱海流域 NANI 强度也高于世界其他地区。如在美国，人为氮的输入强度为 560~ 4 900 kg·km^{-2}·a^{-1}（Schaefer and Alber，2007；Howarth et al.，2006），欧洲环波罗的海区域为 300~8 800 kg·km^{-2}·a^{-1}（Billen et al.，2011），印度全国平均为 4 616 kg·km^{-2}·a^{-1}（Swaney et al.，2015），都远远低于洱海流域。与此同时，该流域的 NAPI 强度为 2 384 kg·km^{-2}·a^{-1}是我国平均水平的 5 倍［2009 年我国平均输入强度为 465 kg·km^{-2}·a^{-1}（Han et al.，2013）］。与现有的研究相比也处于较高水平，如我国鄱阳湖流域 NAPI 为 620~1 444 kg·km^{-2}·a^{-1}（高伟等，2016），欧洲波罗的海流域 NAPI 也只有 38~1 142 kg·km^{-2}·a^{-1}（Hong et al.，2012），在伊利湖和密歇根湖流域分别为 1 112 kg·km^{-2}·a^{-1}和 558 kg·km^{-2}·a^{-1}，而美国切萨皮克湾 NAPI 仅有 486 kg·km^{-2}·a^{-1}（Han et al.，2011）。

当前已有研究表明，区域养分输入与河流营养输出关系显著（Swaney et al.，2015；Schaefer and Alber，2007；Howarth et al.，2006；Howarth et al.，2012b；Hong et al.，2012），人类活动导致的区域营养输入中约有 15%~30%的氮，2%~10%的磷最终到达流域出口（Russell et al.，2008；Hong et al.，2017；Han et al.，2011），绝大部分的养分会

滞留在流域系统内部，滞留时间可以达到几十年（Zhang et al., 2017），而滞留的氮/磷素会积累在土壤中，存在进入水体环境的潜在风险。而洱海流域的养分利用率不高，只有约 11.77%的氮素、9.54%的磷素作为产品输出，加上流域高的养分输入，导致流域内有大量的滞留养分，反映出该地区无论在当年还是未来几年内都具有较高的环境污染风险，根据研究结果应该对洱海流域北部进行重点防治。

12.3.2　NANI/NAPI 模型的不确定性

经验模型的不确定性多表现在内涵和参数上，净人为氮/磷输入模型（NANI/NAPI）虽然可以快速评估区域养分通量，但其在核算项目和计算方法上存在较大不确定性（张汪寿等，2014b），估算结果对数据精度和来源有很大依赖性（Hong et al., 2013b）。在本研究区中，旅游业带来的流动人口的冲击较大，在本研究中当地旅游人口食品氮素输入占到了流域本土居民的 8%，占到了流域人类活动净氮输入总量的 0.9%；当年由旅游人口带入的食品及非食品磷素输入占到了流域净人为磷输入总量的 1%，占流域当地常住人口的 7.6%。在更大尺度或者人口流动更为频繁的地区，流动人口对当地的影响更是不可忽视的。此外，采用文献调研进行参数估算的时候同样存在较大的不确定性，以净磷输入计算为例，本研究利用文献中的系数得到的洱海流域平均净人为磷输入强度的范围为 1 802～2 124 $kg \cdot km^{-2} \cdot a^{-1}$，相差了 18%。因此，除了统计资料的准确性，所用参数的可靠性也是影响结果准确的重要因素。因此，为了进一步提高估算结果的可靠性，需要采用更翔实全面的数据及本地化的参数进行分析。

12.4　本章小结

（1）存留氮/磷素存在较大的环境污染风险。由洱海流域氮/磷素在各子系统中的分布及循环，可以得出洱海流域氮素转化为产品的效率不高，只有约 11.77%的氮素作为产品输出，约有 53.62%的氮素通过气体或径流、侵蚀等方式损失，约有 34.61%的氮素存留在系统内部；只有约 9.54%的磷素作为产品输出，流域存留磷素达到了 67.64%～75.64%，其中约有 44.77%的磷素存留在耕地、养殖和人类 3 个子系统内部，其中耕地子系统存留磷素最多，为 37.21%，当年净人为磷输入的约 26.86%～34.86%存留在了水体、河道底泥中。

（2）2014 年洱海流域 NANI 为 29.81×10^3 t，输入强度为 10 986 $kg \cdot km^{-2} \cdot a^{-1}$，当地旅游人口每年带入的食品氮输入需求为 0.26×10^3 t，占到了流域本土居民食品氮输入需求的 8%，占到了流域人类活动净氮输入总量的 0.9%。2014 年洱海流域净人为磷输入总量为 6 469 t，折合单位面积输入强度为 2 384 $kg \cdot km^{-2} \cdot a^{-1}$。流动人口带来的磷素输入需求占流域本土居民食品及非食品磷输入需求的 7.6%，占到了流域净人为磷输入总量的 1%。

（3）洱海流域各乡镇单元的净氮/磷输入的空间分布具有区域化特征，洱海流域北部以农业发展为主的地区成为 NANI/NAPI 高值关键区。不同乡镇单元的重点氮素输入源存在差异，有 62.5%（10 个）的乡镇单元以氮肥施用为最大氮素输入项，其余 37.5%（6 个）的乡镇单元以食品/饲料输入为主。同样地，对于磷素来说，磷肥在

68.75%（11 个）的乡镇单元为最大输入项，有 31.25%（5 个）的乡镇单元以食品/饲料输入为主。

（4）人类活动中的耕作活动是影响洱海流域 NANI/NAPI 强度的主要因素。氮肥施用占输入总量的 47%，其次是食品/饲料输入；磷肥施用占输入总量的 56%，可以解释 NAPI 强度变化的 70.3%。化肥的施用是本流域的重点源，化肥的施用是控制洱海流域人类活动氮/磷通量的最重要因子。

（5）经验模型的不确定性多表现在内涵和参数上，NANI/NAPI 模型在概念及系数选择上存在较大的不确定性，因而，在应用时应充分考虑各计算部分的内涵，采用更翔实全面的数据并使用本地化的系数进行计算，以增加结果的可靠性。

参考文献

陈天宝，万昭军，付茂忠，等，2012. 基于氮素循环的耕地畜禽承载能力评估模型建立与应用［J］. 农业工程学报，28（2）：191-195.

陈纬栋，2011. 洱海流域农业面源污染负荷模型计算研究［D］. 上海：上海交通大学.

董红敏，朱志平，黄宏坤，等，2011. 畜禽养殖业产污系数和排污系数计算方法［J］. 农业工程学报，27（1）：303-308.

付斌，2009. 不同农作处理对坡耕地水土流失和养分流失的影响研究——以云南红壤为例［D］. 重庆：西南大学.

高伟，高波，严长安，等，2016. 鄱阳湖流域人为氮磷输入演变及湖泊水环境响应［J］. 环境科学学报（9）：3137-3145.

高伟，郭怀成，后希康，2014. 中国大陆市域人类活动净氮输入量（NANI）评估［J］. 北京大学学报（自然科学版）（5）：951-959.

关大伟，李力，岳现录，等，2014. 我国大豆的生物固氮潜力研究［J］. 植物营养与肥料学报，20（6）：1497-1504.

刘晓利，许俊香，王方浩，等，2006. 畜牧系统中氮素平衡计算参数的探讨［J］. 应用生态学报，17（3）：417-423.

汤丽琳，夏先林，陈超，等，2002. 几种常见牧草叶蛋白营养物质含量研究［J］. 云南畜牧兽医（1）：7-8.

王方浩，马文奇，窦争霞，等，2006. 中国畜禽粪便产生量估算及环境效应［J］. 中国环境科学，26（5）：614-617.

王光亚，2009. 中国食物成分表［M］. 北京：北京大学医学出版社.

肖林财，沈维力，2014. 蛋白质对鸡的营养作用及其需要量［J］. 现代畜牧科技（1）：57.

许俊香，刘晓利，王方浩，等，2005. 我国畜禽生产体系中磷素平衡及其环境效应［J］. 生态学报，25（11）：2911-2918.

许稳，2016. 中国大气活性氮干湿沉降与大气污染减排效应研究［D］. 北京：中国农业大学.

翟凤英，何宇娜，王志宏，等，2005. 中国城乡居民膳食营养素摄入状况及变化趋势［J］. 营养学报，27（3）：181-184.

翟玥，尚晓，沈剑，等，2012. SWAT 模型在洱海流域面源污染评价中的应用［J］. 环境科学研究，25（6）：666-671.

张汪寿，李叙勇，杜新忠，等，2014b. 流域人类活动净氮输入量的估算、不确定性及影响因素［J］. 生态学报（24）：7454-7464.

张汪寿，李叙勇，苏静君，2014a. 河流氮输出对流域人类活动净氮输入的响应研究综述［J］. 应用生态学报（1）：272-278.

张汪寿，苏静君，杜新忠，等，2015. 1990—2010 年淮河流域人类活动净氮输入［J］. 应用生态学报（6）：1831-1839.

BILLEN G，SILVESTRE M，GRIZZETTI B，et al.，2011. Nitrogen flows from European regional watersheds to coastal marine waters［M］. Cambridge：Cambridge University Press.

CHEN D，HU M，GUO Y，et al.，2015. Influence of legacy phosphorus，land use，and climate change on anthropogenic phosphorus inputs and riverine export dynamics［J］. Biogeochemistry，123（1-2）：99-116.

CHEN F，HOU L，LIU M，et al.，2016. Net anthropogenic nitrogen inputs（NANI）into the Yangtze River basin and the relationship with riverine nitrogen export［J］. Journal of Geophysical Research Biogeosciences，121（2）：451-465.

GAO W，HOWARTH R W，SWANEY D P，et al.，2015. Enhanced N input to Lake Dianchi Basin from 1980 to 2010：drivers and consequences［J］. Science of the Total Environment，505：376.

HAN H，BOSCH N，ALLAN J D，2011. Spatial and temporal variation in phosphorus budgets for 24 watersheds in the Lake Erie and Lake Michigan basins［J］. Biogeochemistry，102（1/3）：45-58.

HAN Y，FAN Y，YANG P，et al.，2014. Net anthropogenic nitrogen inputs（NANI）index application in Mainland China［J］. Geoderma，213：87-94.

HAN Y，YU X，WANG X，et al.，2013. Net anthropogenic phosphorus inputs（NAPI）index application in Mainland China［J］. Chemosphere，90（2）：329-337.

HONG B，SWANEY D P，HOWARTH R W，2013. Estimating net anthropogenic nitrogen inputs to U. S. watersheds：comparison of methodologies［J］. Environmental Science & Technology，47（10）：5199-207.

HONG B，SWANEY D P，MCCRACKIN M，et al.，2017. Advances in NANI and NAPI accounting for the Baltic drainage basin：spatial and temporal trends and relationships to watershed TN and TP fluxes［J］. Biogeochemistry，133（3）：245-261.

HONG B，SWANEY D P，MORTH C M，et al.，2012. Evaluating regional variation of net anthropogenic nitrogen and phosphorus inputs（NANI/NAPI），major drivers，nutrient retention pattern and management implications in the multinational areas of Baltic Sea basin [J]. Ecological Modelling, 227: 117-135.

HOWARTH R W, SWANEY D P, BOYER E W, et al., 2006. The influence of climate on average nitrogen export from large watersheds in the Northeastern United States [J]. Biogeochemistry, 79 (1-2): 163-186.

HOWARTH R, SWANEY D, BILLEN G, et al., 2012b. Nitrogen fluxes from the landscape are controlled by net anthropogenic nitrogen inputs and by climate [J]. Frontiers in Ecology & the Environment, 10 (1): 37-43.

MA L, MA W Q, VELTHOF G L, et al., 2010. Modeling nutrient flows in the food chain of China [J]. Journal of Environmental Quality, 39 (4): 1279.

RUSSELL M J, WELLER D E, JORDAN T E, et al., 2008. Net anthropogenic phosphorus inputs: spatial and temporal variability in the Chesapeake Bay region [J]. Biogeochemistry, 88 (3): 285-304.

SCHAEFER S C, ALBER M, 2007. Temporal and spatial trends in nitrogen and phosphorus inputs to the watershed of the Altamaha River, Georgia, USA [J]. Biogeochemistry, 86 (3): 231-249.

SWANEY D P, HONG B, SELVAM A P, et al., 2015. Net anthropogenic nitrogen inputs and nitrogen fluxes from Indian watersheds: an initial assessment [J]. Journal of Marine Systems, 141: 45-58.

TANG Q X, REN T Z, WILKO S, et al., 2012. Study on environmental risk and economic benefits of rotation systems in farmland of Erhai Lake basin [J]. Journal of Integrative Agriculture, 11 (6): 1038-1047.

ZHANG W S, SWANEY D P, HONG B, et al., 2017. Anthropogenic phosphorus inputs to a river basin and their impacts on phosphorus fluxes along its upstream-downstream continuum [J]. Journal of Geophysical Research-Biogeosciences, 122 (12): 3273-3287.